KB185810

쉽/게/ 배/우/는

Jira Project

애자일 스크럼 프로젝트 관리 개정판

쉽 / 게 / 배 / 우 / 는 Jira Project 애자일 스크럼 프로젝트 관리

저　　자　안재성

초판 발행　2021년 8월 15일
개정판 발행　2024년 10월 25일

발 행 처　JSCAMPUS
발 행 인　안재성
기　　획　JSCAMPUS
편　　집　JSCAMPUS
제　　작　(주) 현문

등록번호　제974712호
등록일자　2021년 5월 15일

출판사업부 02)538-0931, 이메일 : jsc@jscampus.co.kr

* 책값은 뒤표지에있습니다.

ISBN 979-11-974712-4-7

JSCAMPUS는독자여러분을 위한좋은책만들기에 정성을 다하고있습니다

Jira

Project

쉽/게/배/우/는 Jira Project 애자일 스크럼 프로젝트 관리

안 재 성 지음

서문

Jira 는 애자일 프로젝트 관리 업무에 매우 유용한 툴입니다. 그러나 많은 사람들은 Jira 가 업무에 반드시 필요함에도 불구하고 사용법이 어려워 쓰지 못하는 경우가 많이 있었습니다. 그런 분들께 도움을 드리고자 이 책을 출간하였습니다.

Jira 는 MS EXCEL에 비교하면 기능 측면에서 단순하고 간단한 툴입니다. 그런데 왜 많은 사람들은 MS EXCEL에 비해 Jira 가 사용하기 어렵다고 생각할까요? 그 이유는 MS EXCEL을 사용할 때에는 관련된 수학 이론을 이미알고 있는 상태이기 때문에 쉽게 느끼며 사용할 수 있는 것입니다. 만일 수학적 기초지식이 없는 사람에게 MS EXCEL을 쓰라고 한다면 너무 어렵게 느끼고 전혀 사용할 수 없는 경우가 대부분일 것입니다.

이와 마찬가지로 Jira 역시 애자일 프로젝트 관리 이론을 이해하여야만 사용할 수 있는 툴입니다. 많은 사람들이 Jira 를 사용하기 어려워하는 가장 핵심적인 이유는 Jira 의 구현기능이 어려운 것이 아니라, 애자일 프로젝트 관리 이론을 제대로 이해하지 못하기 때문인 것입니다.

이점에 착안하여 이 책을 집필하였습니다.

이 책을 쓰면서 최대한 애자일 프로젝트 관리 이론을 쉽게 설명하려 노력하였고, 꼭 필요한 기능 위주로 자세히 기술하였습니다. 또한 Jira 의 사용법을 독자분들에게 쉽게 알려드리기 위해 Jira MAP을 제공하여 지도를 보며 원하는 곳을 가는 방식으로 설명하였습니다. 이 책에서 제공한 Jira MAP을 따라가다 보면 원하는 목표 즉, Jira 사용법을 자연스럽게 익힐 수 있을 것입니다.

아무리 좋은 장비도 쓰기가 어려워 사용하지 못한다면 고철 덩어리에 불과할 것입니다. 많은 분들이 이 책을 통하여 Jira 사용법을 쉽게 습득하여 효율적으로 업무에 활용하셨으면 합니다.

이 책을 보시는 모든 분들의 성공적인 프로젝트 수행을 기원합니다.

목차

Part 1
Jira Project 개요

001

031

Part 2
계획 수립

Part 3 스프린트 수행

109

169

Part 4
고급 기능

Jira Scrum Project Map

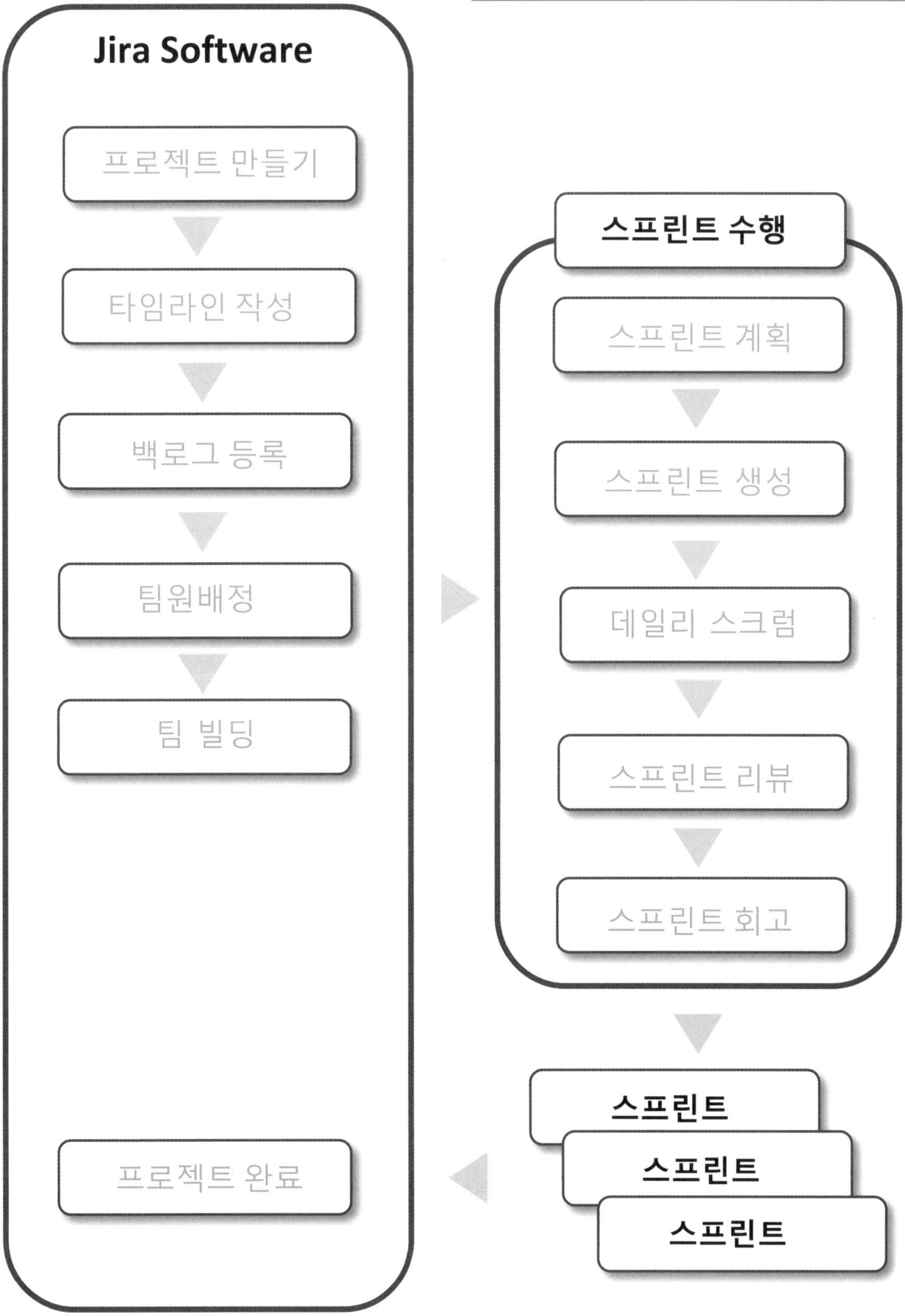

Jira Software

프로젝트 만들기

타임라인 작성

백로그 등록

팀원배정

팀 빌딩

프로젝트 완료

스프린트 수행

스프린트 계획

스프린트 생성

데일리 스크럼

스프린트 리뷰

스프린트 회고

스프린트

스프린트

스프린트

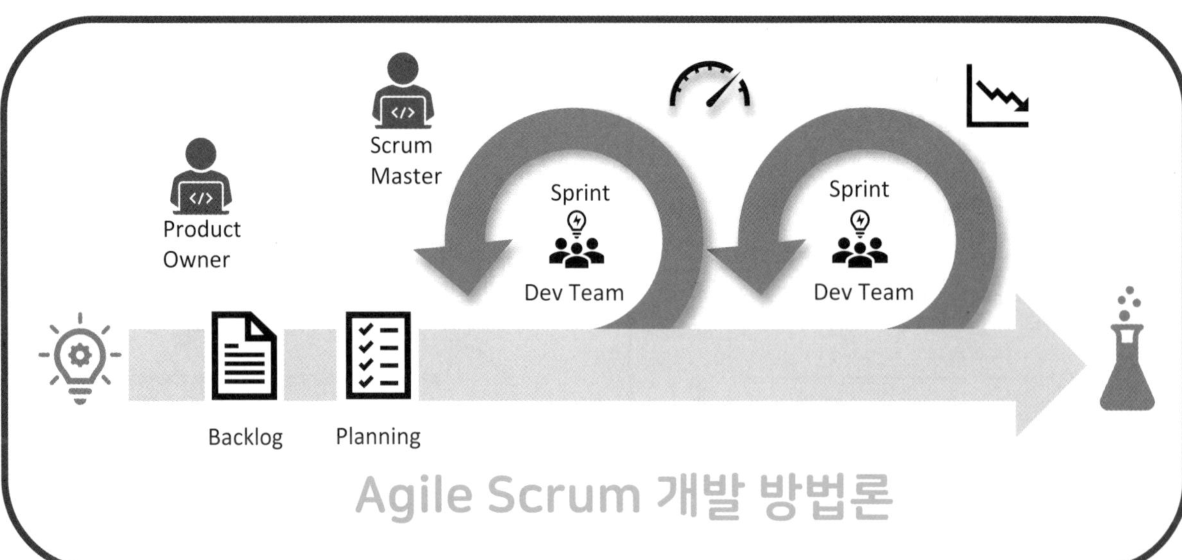
Scrum
Master
Product
Owner
Sprint
Dev Team
Sprint
Dev Team
Backlog
Planning
Agile Scrum 개발 방법론

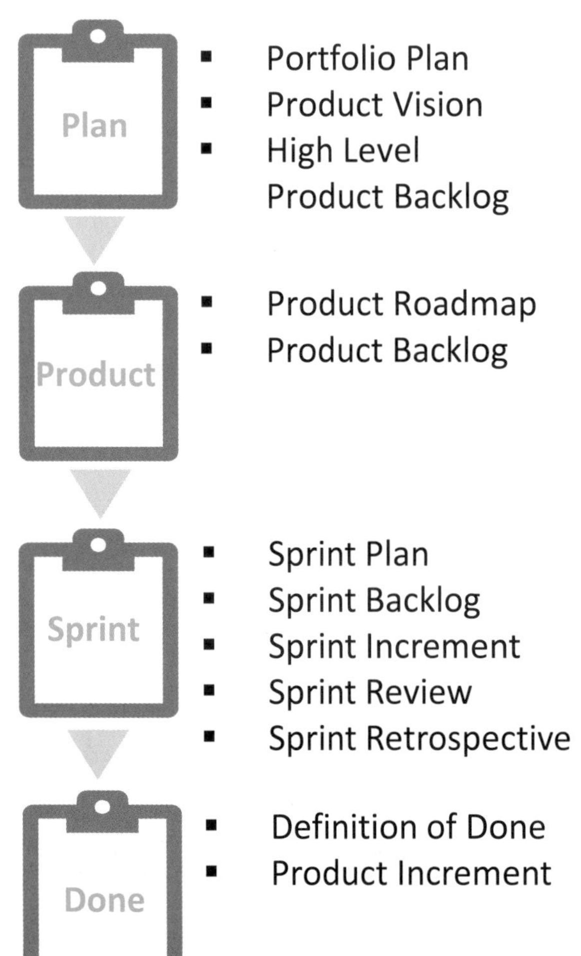
Scrum
Artifacts
Plan
Portfolio Plan
Product Vision
High Level
Product Backlog
Product
Product Roadmap
Product Backlog
Sprint
Sprint Plan
Sprint Backlog
Sprint Increment
Sprint Review
Sprint Retrospective
Done
Definition of Done
Product Increment

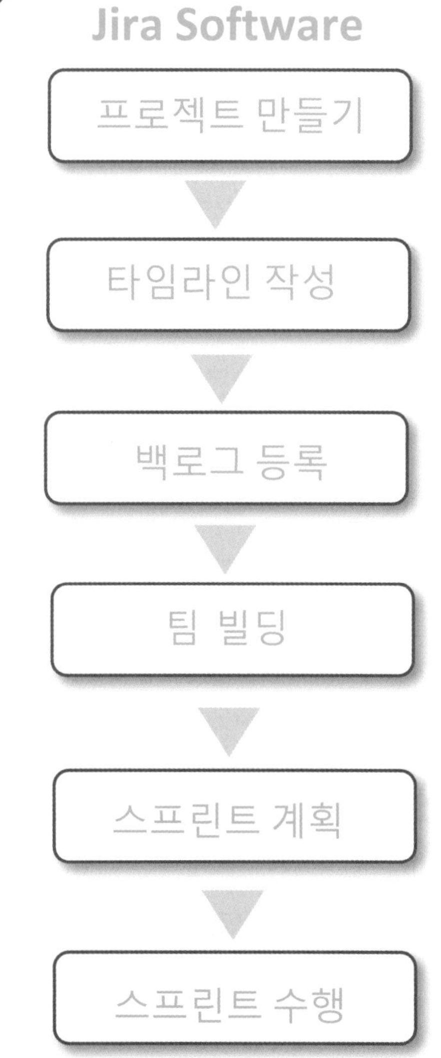
Jira Software
프로젝트 만들기
타임라인 작성
백로그 등록
팀 빌딩
스프린트 계획
스프린트 수행

Part 01

Jira Project 개요

Key Point

- 프로젝트 이슈에 대한 모든 정보를 추적 관리한다.
- 프로젝트 관리 계획을 수립하고 스크럼 Team 시너지를 발휘한다.
- 스크럼 프로젝트 보드를 활용하여 프로젝트 진척사항을 가시화한다.
- 스크럼 Team 의사소통을 활성화시켜 협업을 원활히 한다.

Jira Project

Jira 를 활용하는 프로젝트가 늘어나는 이유 •••

프로젝트를 관리하면서 컴퓨터를 기반으로 하는 프로젝트 관리 전용 소프트웨어의 도움을 받지 않는 경우를 생각해 보자. 그런 경우 프로젝트와 관련된 대용량의 자료를 보관하기가 쉽지 않다. 일반적으로 프로젝트는 다양한 정보를 기반으로 진행된다. 따라서 프로젝트는 작업에 관한 정보, 산출물에 관한 정보, 일정에 관한 정보, 분석 정보 등 무수한 정보를 사용하여 프로젝트의 진행을 관리하지 않을 수 없다. 이 때 절대적으로 필요한 것이 프로젝트 관리 전용 소프트웨어이다. 프로젝트 관리 소프트웨어의 방대한자료 저장 능력, 검색 능력, 비교연산 능력을 효과적으로 활용하면 최단 시간 내에 프로젝트에서 필요한 자료를 얻을 수 있으며, 적절한 조치를 적기에 취할 수 있어 자료 처리에 소요되는 시간을 절약하고 효율적으로 업무를 처리할 수 있게 된다. 프로젝트 관리 소프트웨어의 다른 이점은 각종 보고서를 다양한 형태로 제공하여 프로젝트와 관련된 사람 간에 정보를 공유하고 협업할 수 있게 한다는 것이다. 좀더 발전된 형태로 나아가면 웹 브라우저를 통한 정보의 공유까지도 확장이 가능해진다. 이런 것들이 많은 프로젝트에서 Jira를 사용하는 기본적인 이유이다. 또 다른 이유의 한가지는 애자일 방식으로 수행하는 프로젝트의 폭발적인 증가이다. 특별히 애자일 프레임워크들 중에 스크럼과 칸반을 적용하는 경우에서 Jira는 뛰어난 기능을 제공한다.

또한 Jira는 이슈 관리 데이터베이스로서 Jira의 내부에는 이슈와 관련된 자료를 저장할 수 있는 테이블들이 들어있다. Jira를 한마디로 표현한다면 애자일 프로젝트 팀의 원활한 협업을 위한 이슈 및 진척 관리 솔루션이다. 프로젝트에서 Jira와 같은 이슈 및 진척 관리 솔루션을 사용하지 않고 수작업에 가까운 업무처리로 만든 결과물은 매우 효율성이 낮거나 아니면 신뢰성에 문제가 있어서, Jira와 동일한 결과를 내기 위해서라면 매우 많은 노력이 들게 될 것이다.

Chapter 01

간단한 Jira Software 사용법

1. Jira를 사용하는 이유와 구성에 대하여 알아본다.
2. Jira 스크럼 핵심 용어의 정의를 이해한다.
3. 이슈의 유형에 대해 알아본다.
4. Jira 스크럼 사용 맵을 통해 Jira Software의 사용 절차를 이해한다.
5. 백로그 작성 방법과 타임라인 사용 방법을 알아본다.
6. 스프린트 생성과 관리 방법을 알아본다.
7. 진척 입력 방법을 익히고 Jira Software에 적용하여 본다.

Jira Software는 그 사용법을 익히기 전에 기본적으로 애자일 스크럼 프로젝트 관리에 대한 기본 개념이 확립되어 있어야 한다. 「Chapter 1. 간단한 Jira Software 사용법」 에서는 Jira 스크럼에서 나오는 중요한 애자일 스크럼 용어 개념에 대하여 이해하여 본다. 그 다음 Jira Software 의 사용법으로 프로젝트 관리시에 Jira Software를 어떻게 사용하는가에 대한 전반적인 절차에 대하여 익혀본다.

핵심정리 01

1.1 Jira Software 소개

프로젝트 관리의 기본은 이해관계자 요구사항을 도출하고 구현하는 하는 것이다. 이해관계자의 요구사항이 구현되기 위해서는 프로젝트 팀의 원활한 의사소통과 협업이 중요하다. 또한 프로젝트가 실행되는 과정에서 프로젝트의 이슈와 진척상황을 주기적으로 점검하고, 프로젝트의 위험, 문제, 변경사항을 반영하여 프로젝트 계획을 수정하고 관리하는 것 또한 성공적인 프로젝트 수행을 위해 필수적이다. 특히 애자일 팀은 신속한 의사소통과 협업이 반드시 이루어져야 하며 애자일 팀을 지원할 수 있는 프로젝트 관리 솔루션이 반드시 필요하다.

본서에서는 애자일 프로젝트 관리를 지원하기 위한 대표적인 솔루션으로 Jira를 소개한다.

Jira Software 제품군을 간략히 설명하면 다음과 같다.

▮ Team Solution : 클라우드 / 온 프레미스 솔루션

프로젝트 팀이 전사 자원과의 연동 없이 단독으로 진행하는 프로젝트에서 사용한다. 그러나 프로젝트 규모가 커서 한 명의 스크럼 프로젝트 관리자가 모든 프로젝트 작업을 관리하기 힘들 때는 프로젝트를 이슈단위로 나누어 프로젝트 팀원에게 관리 권한을 위임하는 것이 좋다. 각 팀원들이 작성한 이슈는 프로젝트 보드에서 통합되어 관리된다. 이슈들을 통해 스크럼 프로젝트 보드에서 통합 관리를 수행할 수 있는 기능을 Jira Software는 제공하고 있다

[Jira Software Cloud Standard / Premium] 단일 혹은 다중 프로젝트 관리

▮ Enterprise Solution : 클라우드 / 온 프레미스 솔루션

기업에서 수행되는 프로젝트는 각 프로젝트의 성공적인 수행을 위해 거버넌스 차원에서 프로젝트의 지원과 통제가 필요하다. Jira Software Enterprise 제품별 특성을 살펴보면 아래와 같다.

[Jira Software Cloud Enterprise] 글로벌 규모의 기업이며 보안 및 거버넌스 관리가 필요한 경우 사용하며 조직의 상위 관리자는 조직의 전략적 목표에 맞게 프로젝트 선정과 우선순위를 결정하고 프로젝트 수행 과정을 조직의 전략적 목표에 맞춰 모니터링 한다.

[Jira Software Data Center] 기업 자체 관리형 제품으로 기업 소유 하드웨어 또는 AWS와 같은 클라우드 호스팅 서비스를 통해 제품을 직접 설치, 호스팅 및 실행할 수 있다. 기업이 원하는 대로 설정을 사용자 지정할 수 있으며 기업내에 자체 관리 응용 프로그램에 대한 경험을 보유한 경우 사용하는 것이 바람직하다.

- Jira Software Cloud Enterprise, Data Center : 글로벌 거버넌스 기업

- Jira Software Cloud Standard / Premium : 단일 혹은 다중 프로젝트 팀

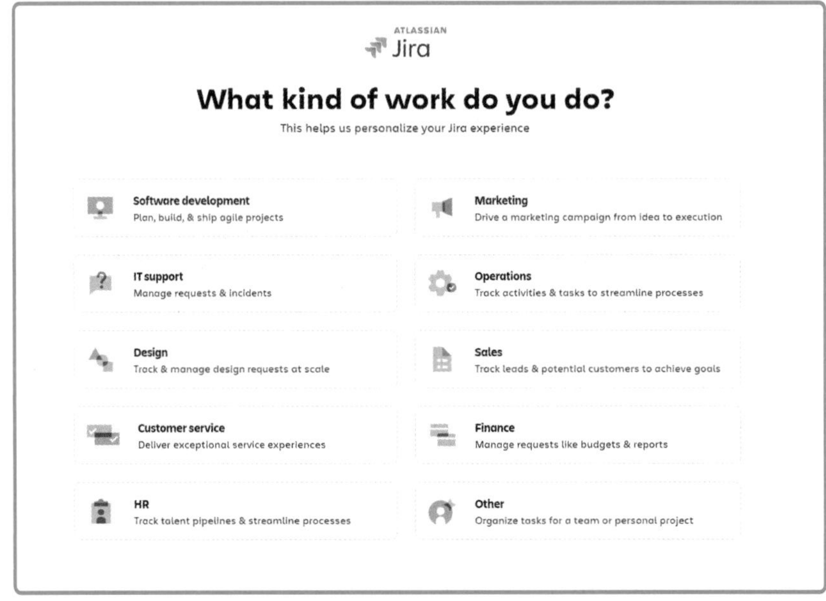

1.2 Jira Software 스크럼 화면구성

Jira SoftWare 프로젝트의 주요화면 구성은 위 그림과 같다.

1. 프로젝트 : 프로젝트를 선택하는 기능을 제공한다.
2. 타임라인 : 이슈를 등록하고 스프린트와 함께 시각화 시키는 기능을 제공 한다.
3. 백로그 : 백로그 Item을 등록하며 스프린트를 생성시키는 기능을 제공 한다.
4. 활성 스프린트 : 현재 작업 중인 이슈의 진척사항을 등록하고 시각화 시킨다.
5. 보고서 : 애자일 프로젝트를 관리하기 위한 다양한 시각적 보고서를 제공 한다.
6. 이슈 : 프로젝트 이슈의 정보 표시와 관리 기능을 제공 한다.
7. 프로젝트 설정 : 프로젝트의 설정 정보 표시와 관리 기능을 제공 한다.

1.2.1 타임라인 화면

이슈 등록 및 표시하고 스프린트와 함께 Roadmap을 시각화 시키는 기능을 제공 한다.

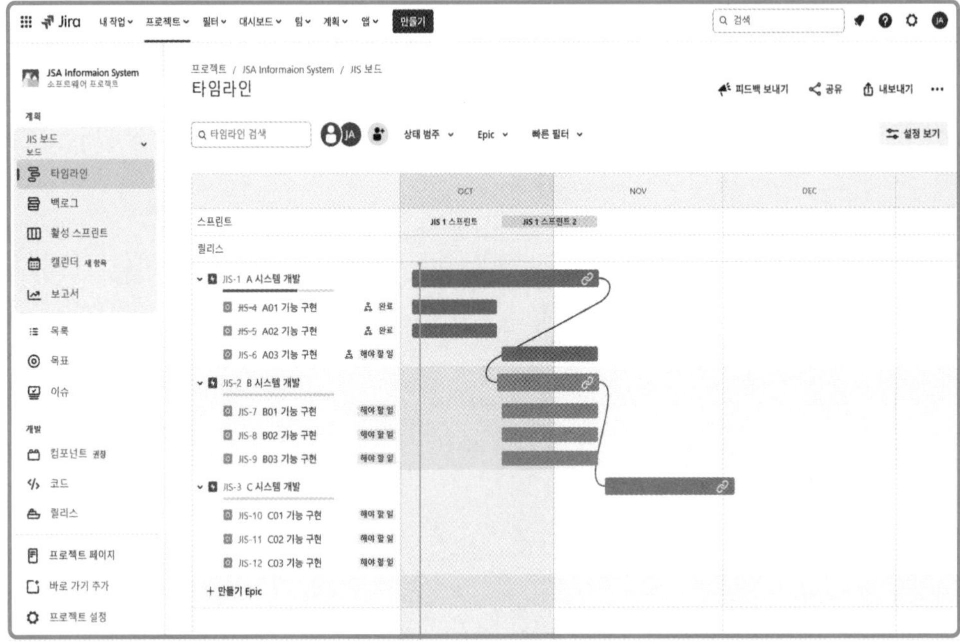

1.2.2 백로그 화면

백로그 Item을 등록하며 스프린트를 생성시키는 기능을 제공 한다.

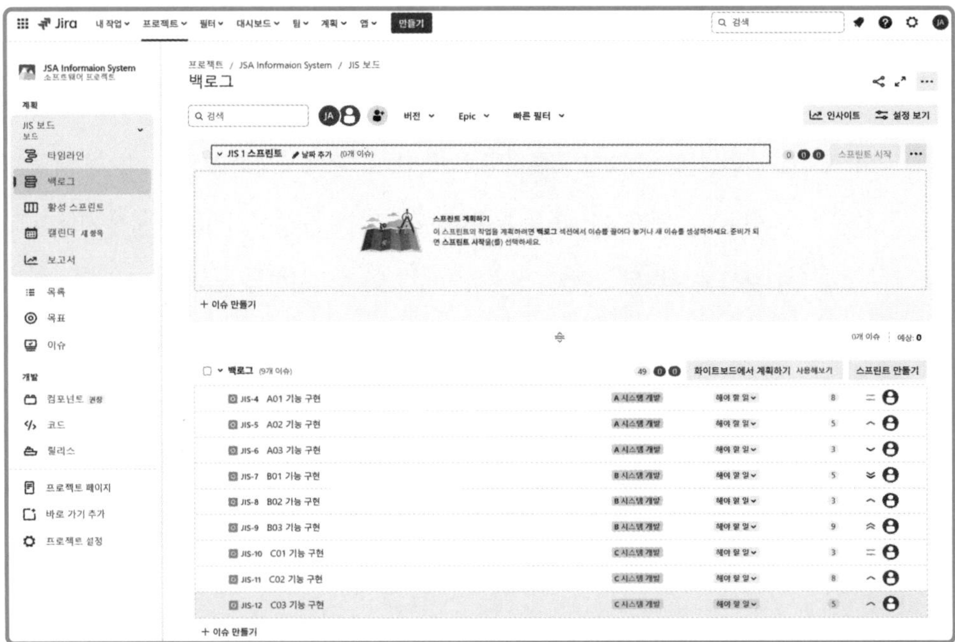

1.2.3 활성 스프린트 화면

현재 스프린트의 진행 사항을 등록하고 시각화 시킨다.

1.2.4 보고서 화면

애자일 프로젝트를 관리하기 위한 다양한 시각적 보고서를 제공 한다.

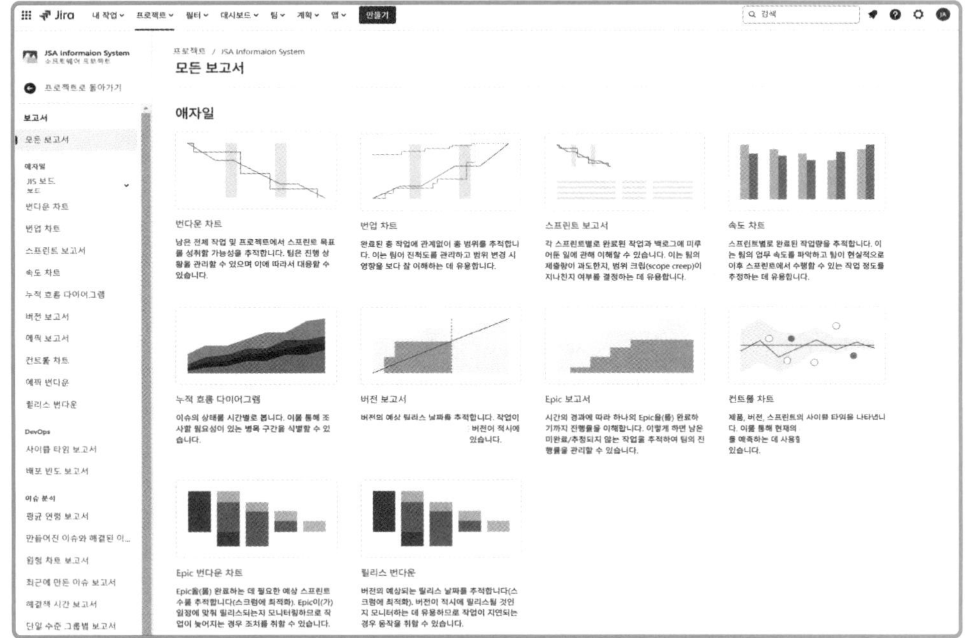

1.2.3 이슈 화면

프로젝트 이슈 정보 표시와 검색 및 관리 기능을 제공 한다.

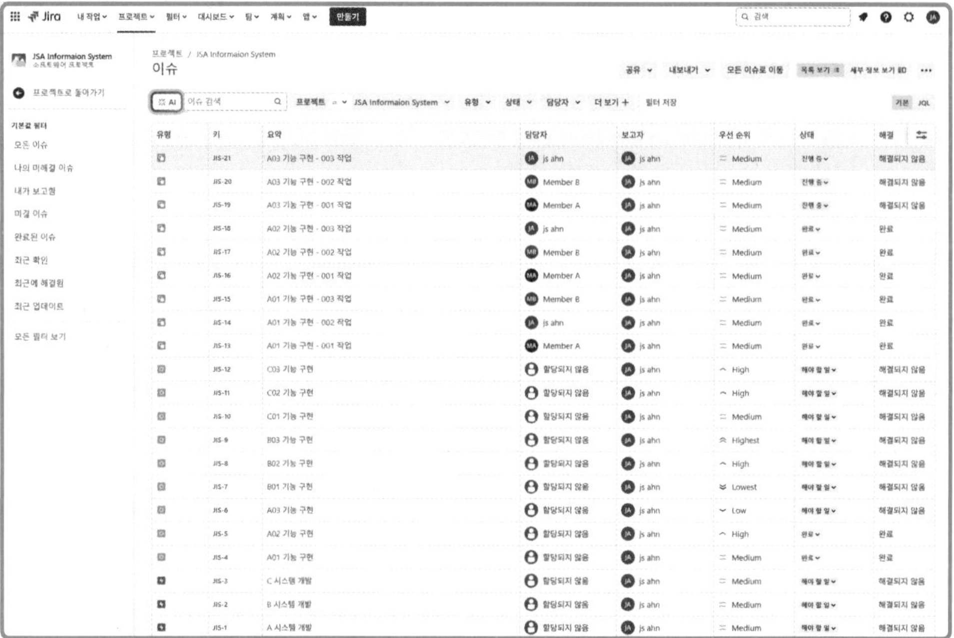

1.2.4 프로젝트 설정 화면

프로젝트의 설정 정보 표시와 관리 기능을 제공 한다.

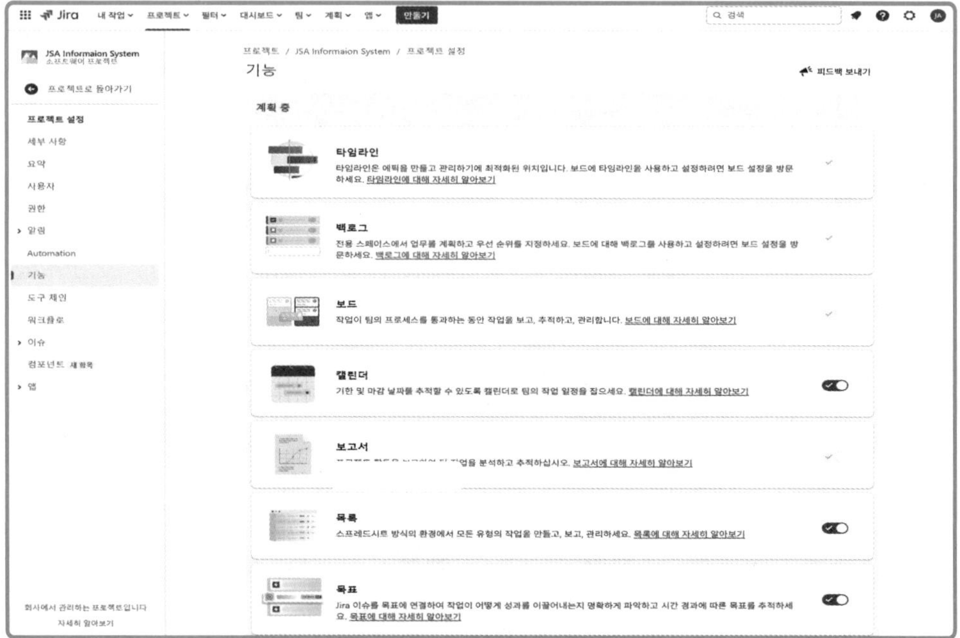

1.3 이슈(Issue) 의 정의

1.3.1 이슈(Issue)

Jira 에 나오는 "이슈"란 무엇일까?

"이슈"란, 사람들의 관심 대상이 되어 이야기할 만한 재료나 소재, 다시 말해 "이야깃거리"를 말한다. Jira에서의 "이슈"는 애자일 프로젝트의 관심 대상을 말하며 "이슈"를 이슈유형(Issue Type)으로 정리하면 Epic, 사용자스토리, Task, Subtask, Bug가 있다.

Jira에서 애자일 프로젝트의 관심 대상인 "이슈"는 결론적으로 이야기하면 애자일에서 일반적으로 말하는 Backlog Item과 Backlog Item을 기술한 표현이라 볼 수 있다. 그렇지만 이슈유형(Issue Type) 또한 애자일 혹은 스크럼 전문 용어라 이해하기가 쉽지 않다.

지금부터 Jira를 이해하기 위해 필요한 최소한의 애자일 및 스크럼 용어를 하나씩 최대한 쉽게 설명해 보자. 좀 더 정확하고 자세한 설명은 뒷장에서 이야기할 것이다.

1. 애자일 방법론 : 신속 개발 방법론을 통칭하며 대표적인 방법론에는 스크럼, 칸반, XP, 린 소프트웨어 방법론이 있다.

2. 스크럼 : 애자일 방법론 중에 하나이며 사람과 팀, 조직이 복잡하고 어려운 일을 해결하기 위해 선택하는 행동 방식을 이용하여 만든 경량 프레임워크이다.

3. 프로덕트 : 프로젝트에서 구현하고자 하는 목표 대상물

4. 백로그 : 이해관계자 요구사항 및 수행 해야 할 작업의 목록

5. Epic : 구현해야 할 산출물, 기능, 서비스 중 WBS의 최상위 레벨이며 사용자 스토리의 집합체로 볼 수 있다.

6. 사용자 스토리 : 사용자의 세부 요구사항을 이야기 형태로 기술 한 것

7. Task : 프로젝트 팀이 수행 해야 할 작업

8. Subtask : Task 의 하위 레벨 작업

9. Bug : 결함 수정 항목

10. 스프린트 : 일정한 기간 내에 정해진 백로그 Item을 구현 하기 위해 수행하는 스크럼 팀 이벤트

11. 데일리 스크럼 : 스크럼 팀이 매일 15분 정도 진행하는 스프린트 동기화를 위한 협업 회의

12. 스크럼 아티벡트 : 스크럼 수행 산출물

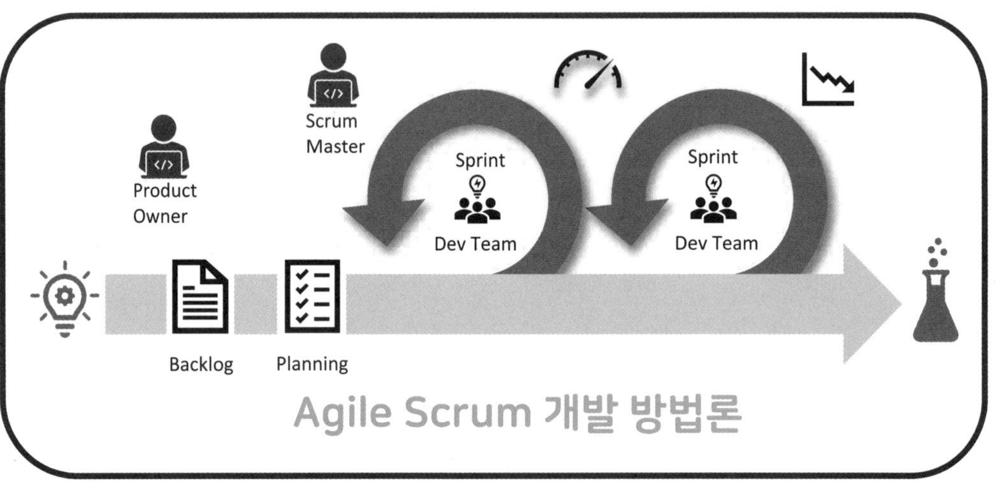

애자일 스크럼 방법론과 스크럼 아티벡트 그리고 Jira Software의 상호 연관관계를 표현하면 아래와 같다.

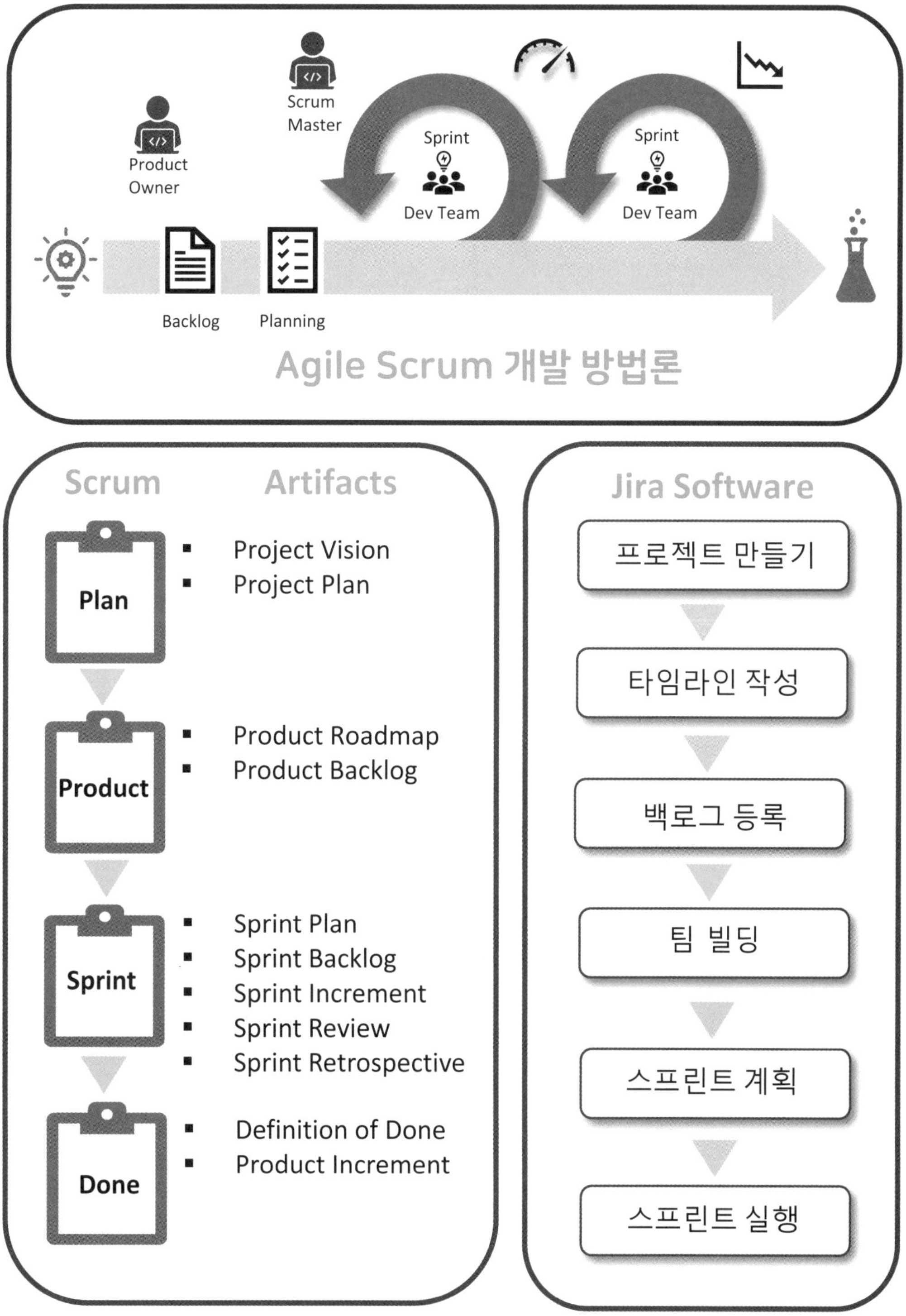

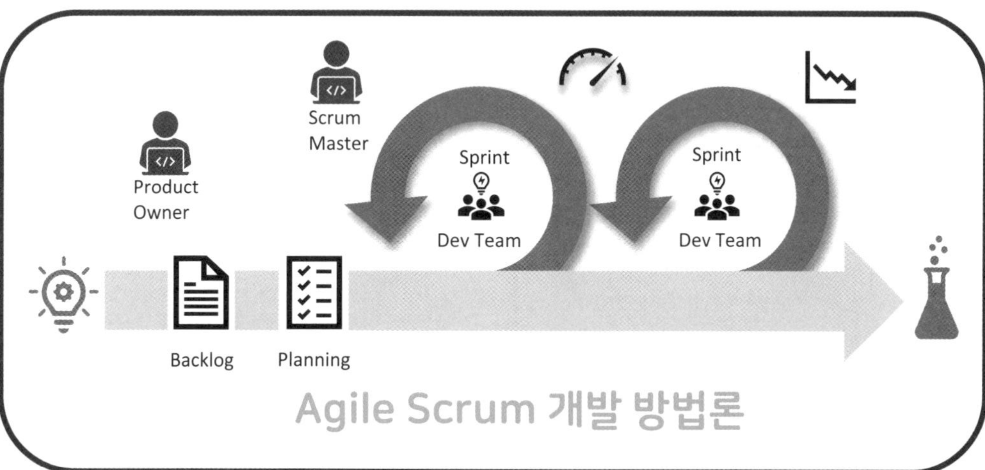

Scrum Artifacts

Plan
- Project Vision
- Project Plan

Product
- Product Roadmap
- Product Backlog

Sprint
- Sprint Plan
- Sprint Backlog
- Sprint Increment
- Sprint Review
- Sprint Retrospective

Done
- Definition of Done
- Product Increment

Jira Software

프로젝트 만들기
타임라인 작성
백로그 등록
팀 빌딩
스프린트 계획
스프린트 실행

Jira Software 활용하기 02

본 교재는 Jira Software 사용 맵을 중심으로 단계 별로 구성되어 있다. 따라서 현재 알고싶어 하는 Jira Software 의 기능을 손쉽게 찾아서 학습할 수 있도록 하였다.

Jira Software

- 프로젝트 만들기
- 타임라인 작성
- 백로그 등록
- 팀원배정
- 팀 빌딩
- → 스프린트
  - 스프린트 계획
  - 스프린트 생성
  - 데일리 스크럼
  - 스프린트 리뷰
  - 스프린트 회고
- 스프린트 / 스프린트 / 스프린트
- 프로젝트 완료

2.1 Jira Software 스크럼 사용절차

● 간단한 Jira Software 스크럼 사용하기

초보 사용자들은 Jira로 프로젝트 관리하기가 매우 어렵고 거창한 작업이라고 생각하기 쉽다. 하지만 Jira Software 로 프로젝트를 관리하는 일은 아래와 같이 매우 쉽고 간단하다.

:: 스크럼 프로젝트 관리 시 Jira Software 사용 절차 ::

① 프로젝트 만들기
② 타임라인 작성
③ 백로그 등록
④ 스프린트 생성
⑤ 스프린트 수행

1 프로젝트 만들기

Jira Software 계정에 들어가 [프로젝트 > 프로젝트 만들기] 를 선택한다.

프로젝트 템플릿 에서 [소프트웨어 개발 > 스크럼]을 선택한다.

다음 화면에서 프로젝트 유형 선택을 [회사가 관리 하는 프로젝트 선택]로 선택한 후 [프로젝트 명]을 입력하면 [키]가 자동 생성 되면서 스크럼 프로젝트가 만들어 진다.

2 타임라인 작성

좌측 메뉴에서 [타임라인]을 선택하면 이슈를 등록할 수 있는 화면이 나타난다.

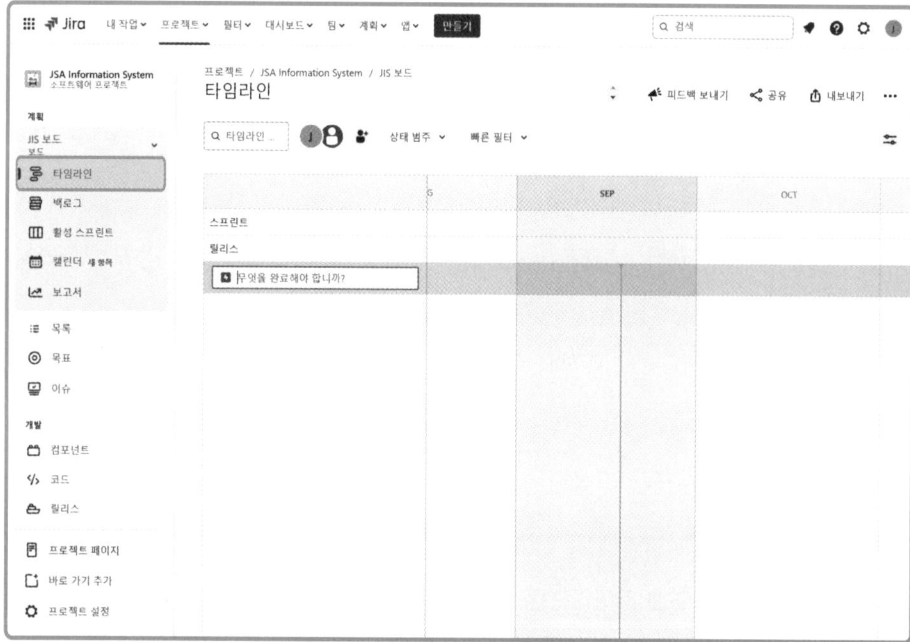

타임라인에 등록할 수 있는 이슈의 유형은 Epic, 작업, 스토리, 버그이다.

: : Note : :

이슈의 유형은 아래와 같다.

① Epic
② 작업
③ 스토리
④ 버그

타임라인에 Epic을 입력하면 순차적으로 등록되고 각 Epic에 이슈 번호가 나타난다.

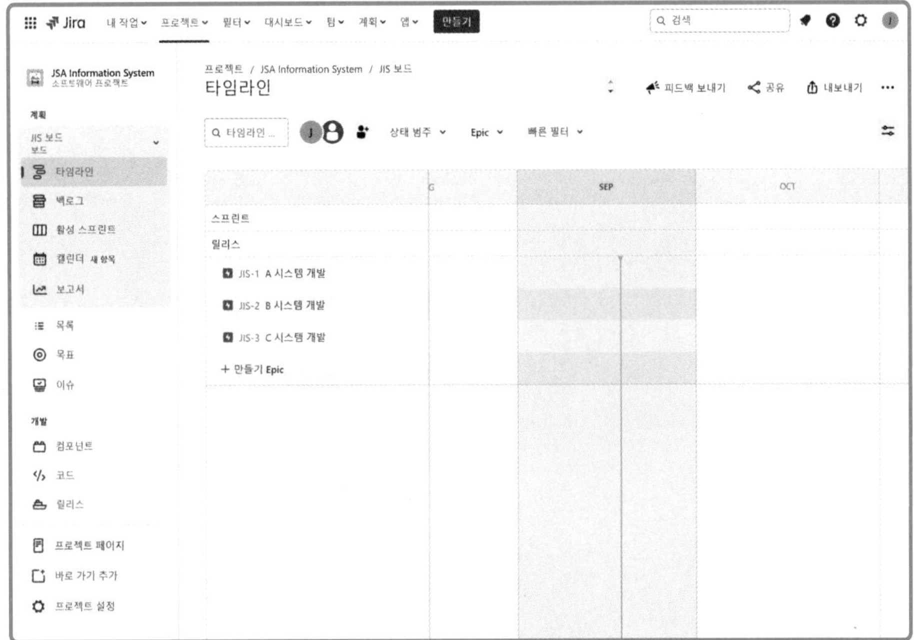

아래 화면과 같이 일정표시 화면에 마우스를 이동하면 Epic에 작업 일정을 표시할 수 있다.

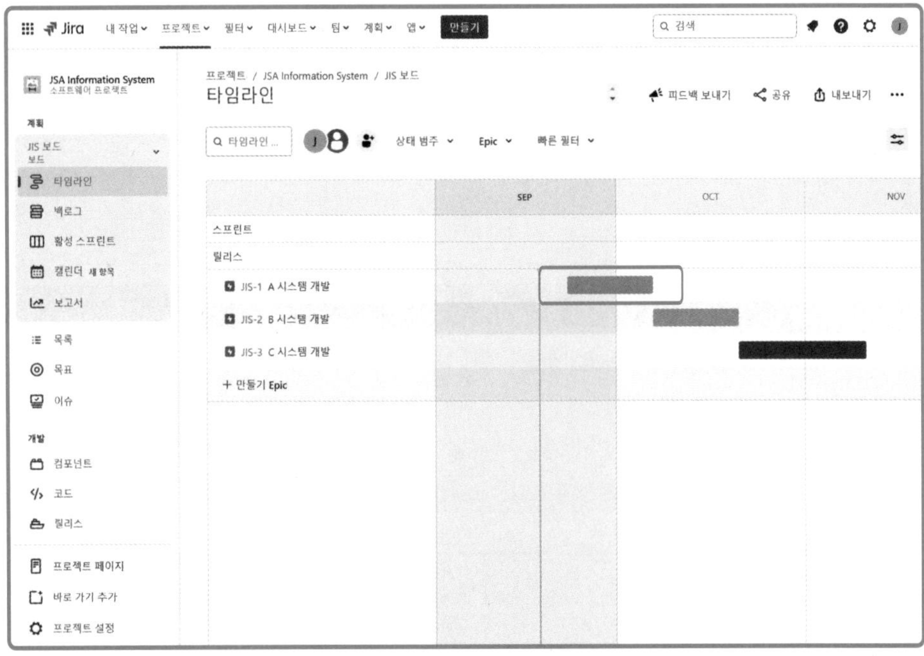

3 백 로그 등록

좌측 메뉴에서 [백로그]를 선택하면 백로그 이슈를 등록할 수 있는 화면이 나타난다.

아래와 같이 백로그에 등록할 수 있는 백로그 이슈는 스토리, 작업, 버그 세가지 종류가 있다.

백로그에 백로그 이슈를 순차적으로 등록한다. 백로그 이슈를 표현하는 방법은 프로젝트 초기에 프로젝트에 사용할 표준절차매뉴얼을 만들어 표기 방식을 미리 정하는 것이 좋다.

[백로그 이슈] 항목을 클릭하면 [이슈 정보] 창이 우측에 나타난다..

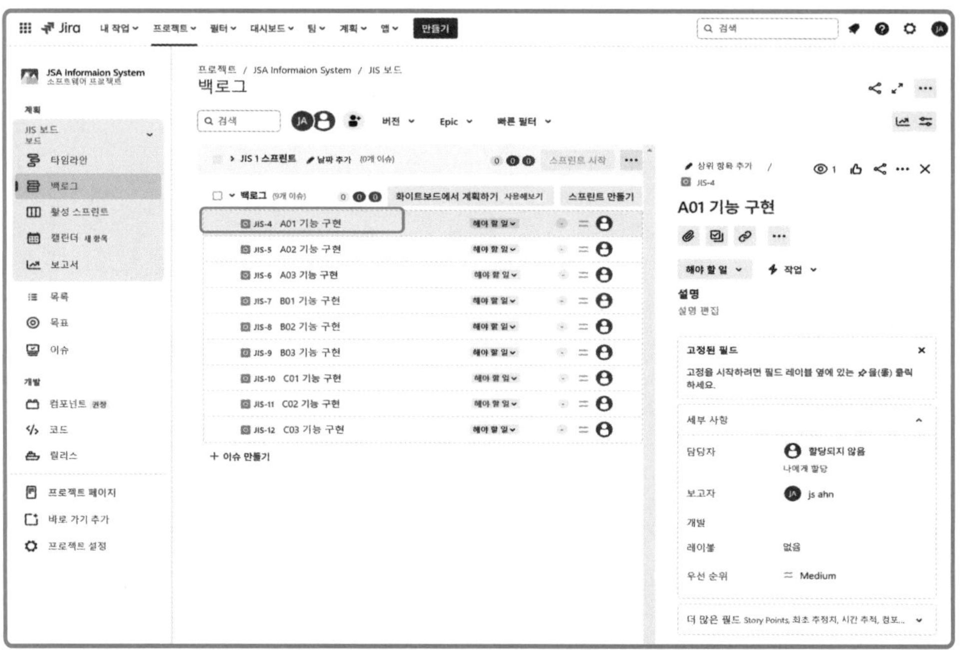

[이슈 정보] 창 하단에 [더 많은 필드]를 클릭하면 추가적인 필드 항목들이 나타난다. 추가적으로 표시된 항목 중 [상위 항목] 을 열어 백로그 이슈들과 Epic 을 화면과 같이 링크시킨다.

모든 백로그 이슈를 Epic과 연결하면 화면과 같이 백로그 이슈와 링크된 Epic이 표시 된다.

4 스프린트 생성

타임라인으로 가서 보면 Epic과 백로그 이슈인 사용자스토리가 작업일정 정보와 함께 시각화 되어 표시된다. 이제 스프린트를 생성하기 위해 타임라인 화면으로 이동한다. 타임라인 화면 에서 [스프린트 만들기] 를 선택하면 스프린트 계획 수립 창을 열 수 있다.

[스프린트 만들기]를 선택하면 스프린트 계획을 수립할 수 있는 창이 열린다. 이제 아래 백로그 이슈 중에 첫번째 스프린트에서 수행할 이슈들을 [스프린트 계획] 창으로 드래그해서 이동 시킨다.

첫 번째 스프린트의 이슈 항목을 등록하고 계획 수립을 완료하면 [스프린트 시작]을 선택한다.

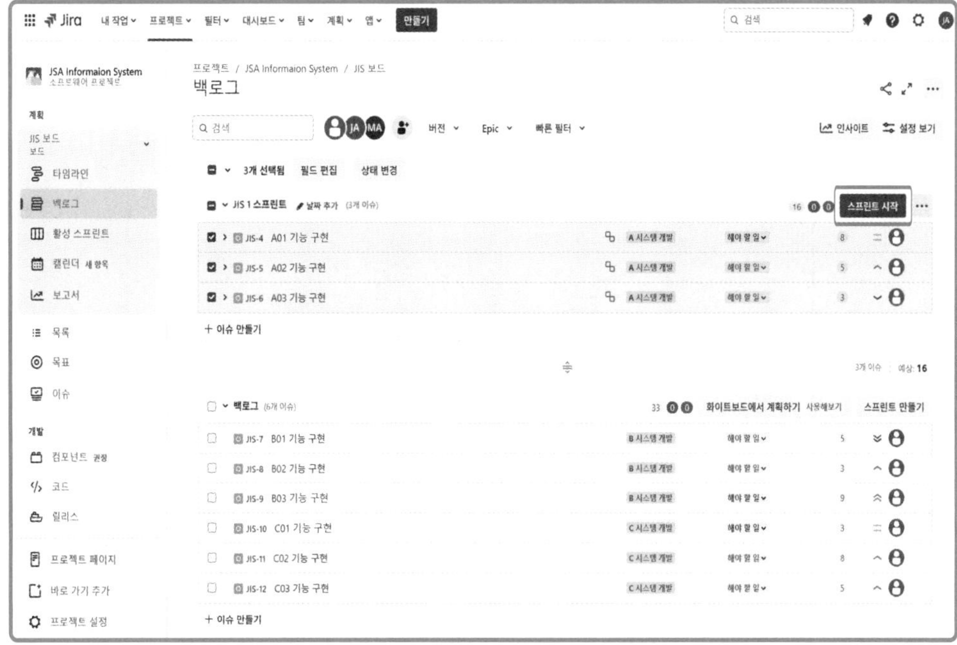

[스프린트 시작]을 선택하면 스프린트 시작 날짜와 기간 그리고 스프린트 목표를 입력할 수 있는 창이 열린다. 스프린트 팀에서 스프린트 계획 회의를 통해 사전에 정한 내용을 입력하면 된다.

활성화 스프린트 화면으로 이동해 보면 첫 번째 스프린트가 [해야 할 일]에 표시 된다.

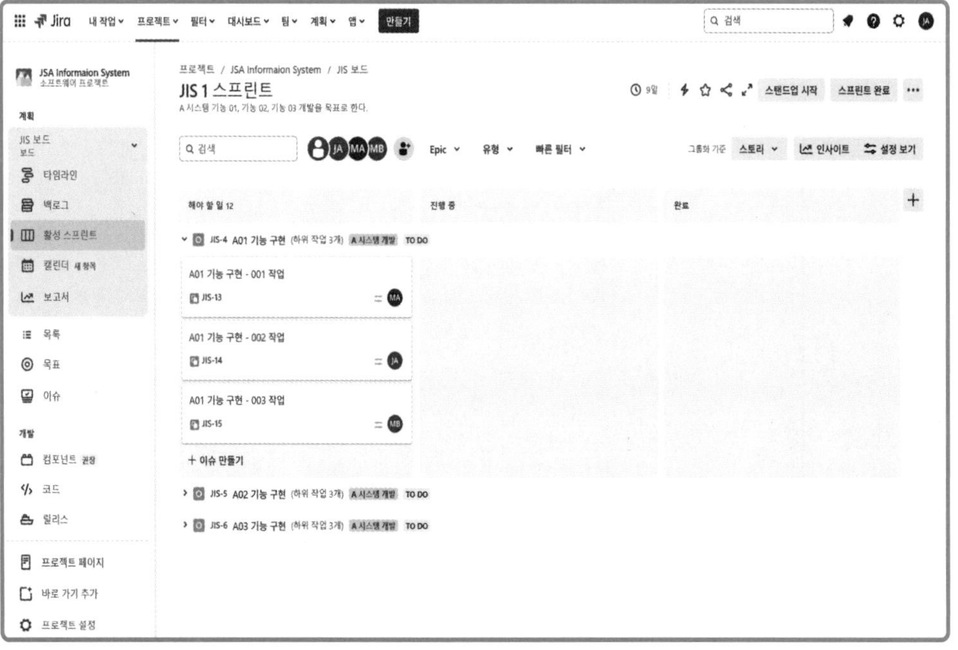

5 스프린트 수행

활성 스프린트 화면에서 현재 진행 중인 이슈는 [진행 중]에 드래그 해서 이동 시킨 후 로드맵 화면에 가서 보면 스프린트 진척 상황이 표시되어 있다.

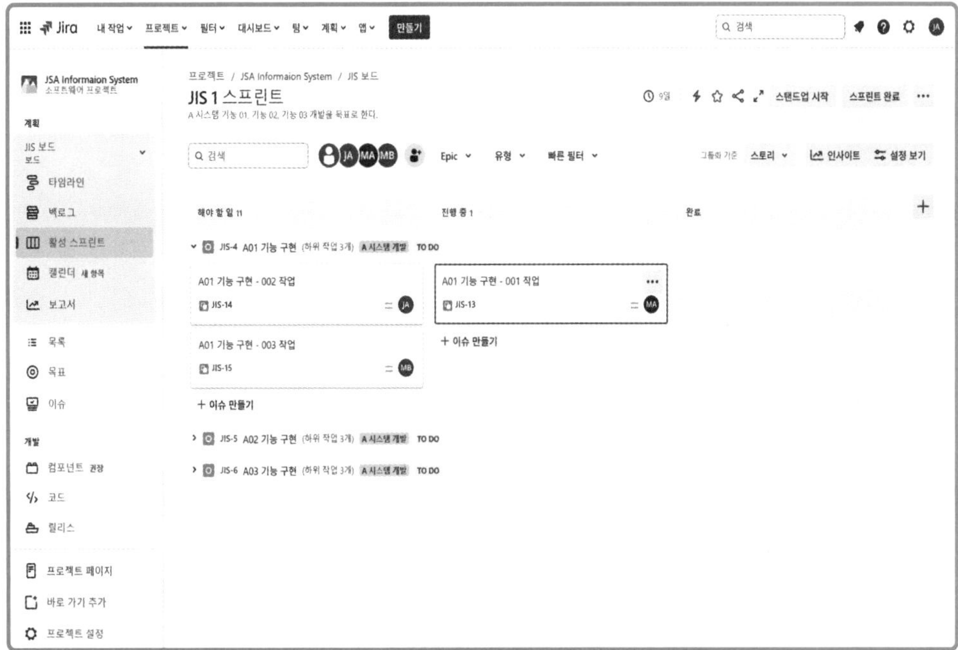

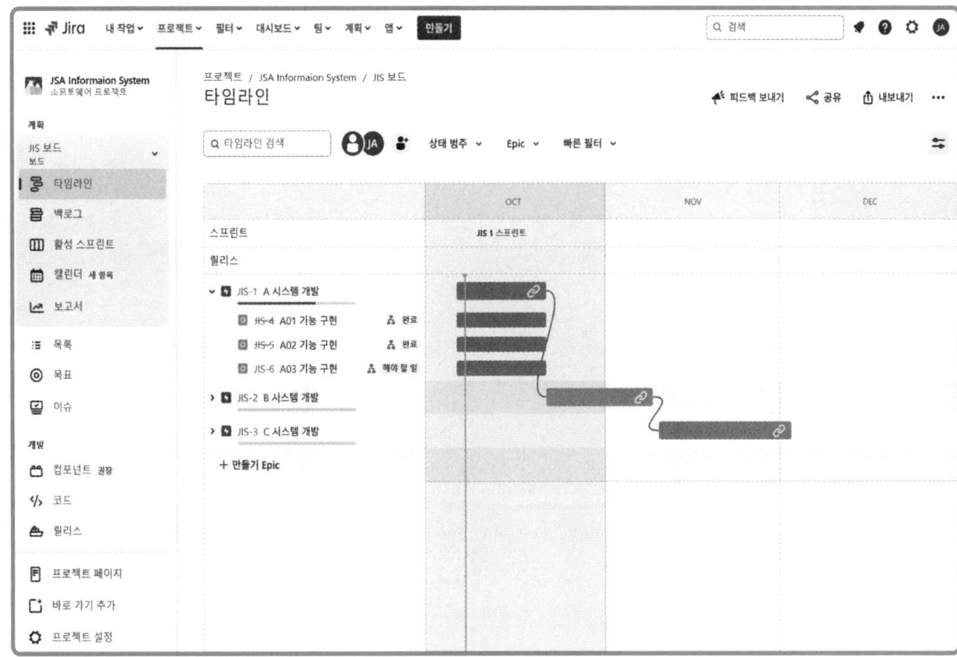

6 스프리트 완료

활성 스프린트 화면에서 완료된 이슈들은 [완료]로 이동 시킨다. 스프린트에서 모든 이슈가 완료되면 상단의 [스프린트 완료]를 선택 한다.

스프린트 완료에 대한 안내 창이 열린다. 안내 창 하단의 [완료]를 선택하면 미완료 된 이슈는 백로그로 다시 이동되어 후행 스프린트에 처리될 수 있도록 해준다.

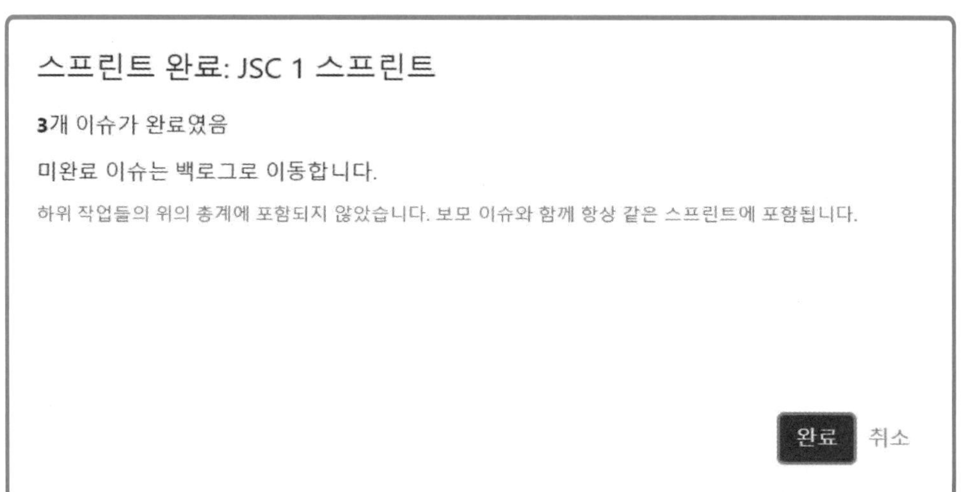

Jira Software는 프로젝트 관리에 유용한 다양한 보고서 서식 형태를 만들어 내보내 줄 수 있는 기능을 제공한다. 특히 번 다운 차트, 속도 차트는 다음 스프린트를 준비하고 계획하는데 아주 유용한 기능을 제공 한다.

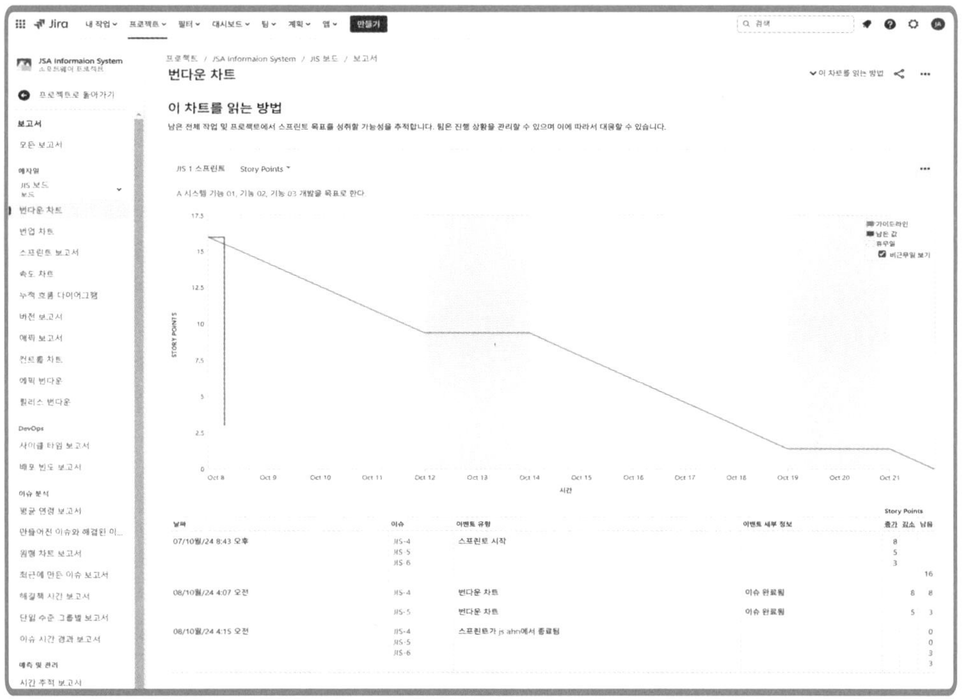

정리하기

Chapter 1

간단한 Jira Software 사용법 [스크럼 프로젝트 관리 시 Jira Software 사용 절차]

Jira Software를 사용하여 스크럼 프로젝트를 관리하는 방법을 간단하게 정리하면 다음과 같이 수행할 수 있다.

프로젝트 만들기 → 타임라인 작성 → 백로그 등록 → 스프린트 계획 → 스프린트 수행

이상의 순서에 따라 Jira Software 스크럼 프로젝트를 수행함으로써 보다 효율적이고 성공적인 스프린트 및 프로젝트를 수행할 수 있다.

Part 02
계획 수립

Key Point

- 프로젝트 유형 정의
- 스크럼 (Scrum) 프레임 워크
- 타임라인을 작성하는 이유
- Product Backlog 에는 어떤 것이 있는가?
- 효율적 팀원 배정
- 팀 빌딩 방법은 무엇인가?

Jira Project

Jira Software 스크럼 계획 수립하기

Jira Project 사용법을 크게 3 가지 프로세스로 구분하면, 먼저 스프린트 계획을 수립하기 위한 프로세스와 스프린트 계획을 시작으로 스프린트를 수행하면서 진행되는 진척 관리 프로세스 그리고 스프린트 진척에 따른 변경 사항을 반영하는 계획 변경 프로세스로 나눌 수 있다.

이는 애자일 프로젝트 라이프 사이클(agile project life cycle) 을 감안한 체계적인 구성이다. Jira Software를 통하여 스크럼 프로젝트를 관리하고자 할 때, 계획 수립은 Product Backlog를 작성하고 Story Mapping을 수행하여 Epic, User Story, Task 간의 관계를 정의 후에 스프린트에 배정한다. 그리고 반복적, 증분적으로 진행되는 스프린트의 계획을 수립하여 스크럼 프로젝트 팀이 스프린트를 수행토록 한다.

스프린트 계획 수립은 본격적으로 Jira Software를 사용하여 스크럼 프로젝트를 관리하기 위한 준비를 마친 상태라고 보면 된다. 이러한 스크럼 팀의 Jira Software 사용은 체계적인 프로젝트 관리를 가능하게 하며, 이는 곧 성공하는 프로젝트에 한 걸음 더 가까이 다가간 것이라 하겠다.

Jira Project

Chapter 02

프로젝트 설정

1. 프로젝트 생성 방법에 대하여 알아본다.
2. 애자일 개발 방법론과 스크럼, 칸반 프레임 워크를 이해한다.
3. 스크럼 팀 구성과 역할, 스크럼 아티펙트를 이해한다.
4. Jira Software에서 스크럼 프로젝트를 만들어 본다.

「Chapter 1. 간단한 Jira Software 사용법」에서는 Jira Software에 대한 전반적인 내용을 간략히 살펴보았다.
이번 장에서는 Jira Software에서 스크럼 프로젝트를 만드는 방법과 애자일 개발 방법론과 스크럼 프레임 워크에대해 이해하여 본다.

핵심정리

1.1 프로젝트 정의

Jira Software는 애자일 개발 방법론을 기본으로 설계되어 있다. 애자일 개발 방법론이란 이해관계자의 요구사항을 신속하고 유연하게 대처하기 위하여 지속적인 릴리스에 중점을 두고 여러가지 반복적이고 점증적인 개발 방법을 사용하여 이해관계자의 요구사항을 소프트웨어 개발에 통합 반영하는 소프트웨어 개발 프레임 워크의 통칭이다. Jira Software에서는 여러가지 애자일 개발 방법론 중에 스크럼과 칸반 프레임 워크를 지원한다.

1.1.1 스크럼 (Scrum)

스크럼은 사람과 팀, 조직이 어렵고 복잡한 문제를 해결하기 위해 선택하는 행동방식과 해법을 연구하여 프로젝트 관리에 적용할 수 있도록 만들어진 애자일 개발 프레임 워크이다

Ex. "럭비 경기에서 럭비 팀은 스크럼을 짜서 상대팀의 거센 공격을 방어한다."

1.1.2 칸반 (Kanban)

칸반은 칸반보드를 사용하여 작업의 완전한 투명성과 원활한 의사소통을 유도하여 작업을 시각화하고, 진행중인 작업을 통제하여 효율성을 극대화 하는 것을 목표로 하는 애자일 프레임 워크이다.

Ex. "생산공정 라인의 작업보드에는 실시간으로 모든 작업자의 작업 현황이 표시되어 있다."

1.2 스크럼 (Scrum)

스크럼은 프로덕트 오너, 스크럼 마스터, 개발팀원으로 구성 된 스크럼 팀이 프로젝트 계획 수립, 스프린트 수행, 프로젝트 완료로 크게 나누어 진행 한다.

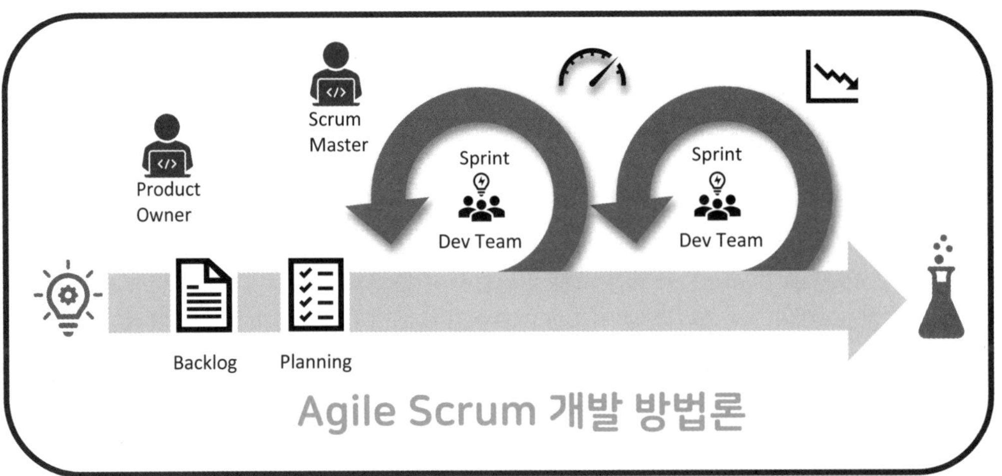

1.2.1 스크럼 팀

프로젝트를 수행하는 스크럼 팀 구성과 역할은 아래와 같다.

- 프로덕트 오너
  - 프로덕트 목표정의
  - 프로덕트 백로그 작성
  - 프로덕트 목표와 백로그에 대한 명확한 의사소통

- 스크럼 마스터
  - 스크럼 진행 및 코칭
  - 스크럼 팀이 스프린트에 집중할 수 있도록 장애물 제거 및 보호 역할 수행
  - 모든 작업이 긍정적이고 생산적으로 진행될 수 있도록 역할 수행

- 스크럼 팀원
  - 스프린트 계획수립, 스프린트 백로그 작성
  - 스프린트 수행 및 품질관리
  - 자율적이고 능동적인 업무수행, 전문가로서 협업

1.2.2 스크럼 산출물

스크럼 팀은 스크럼을 수행하는 동안 스크럼 수행 단계별로 아래와 같은 산출물 (artifacts)을 팀 구성원 각자의 역할에 따라 만든다.

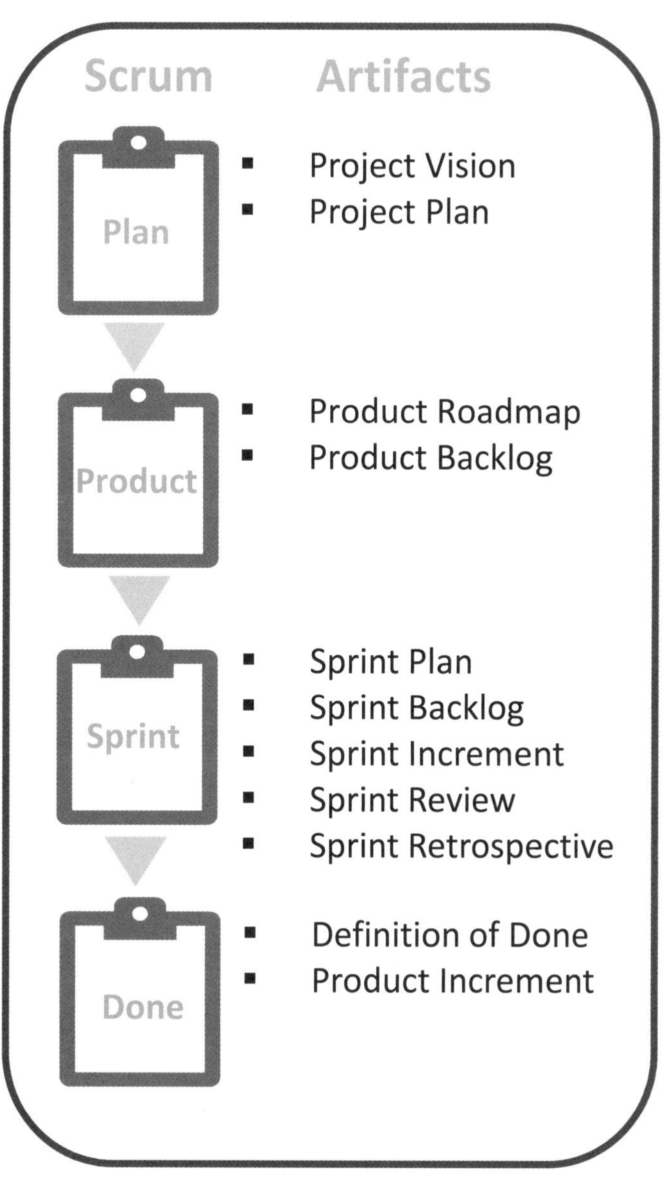

Jira Software 활용하기

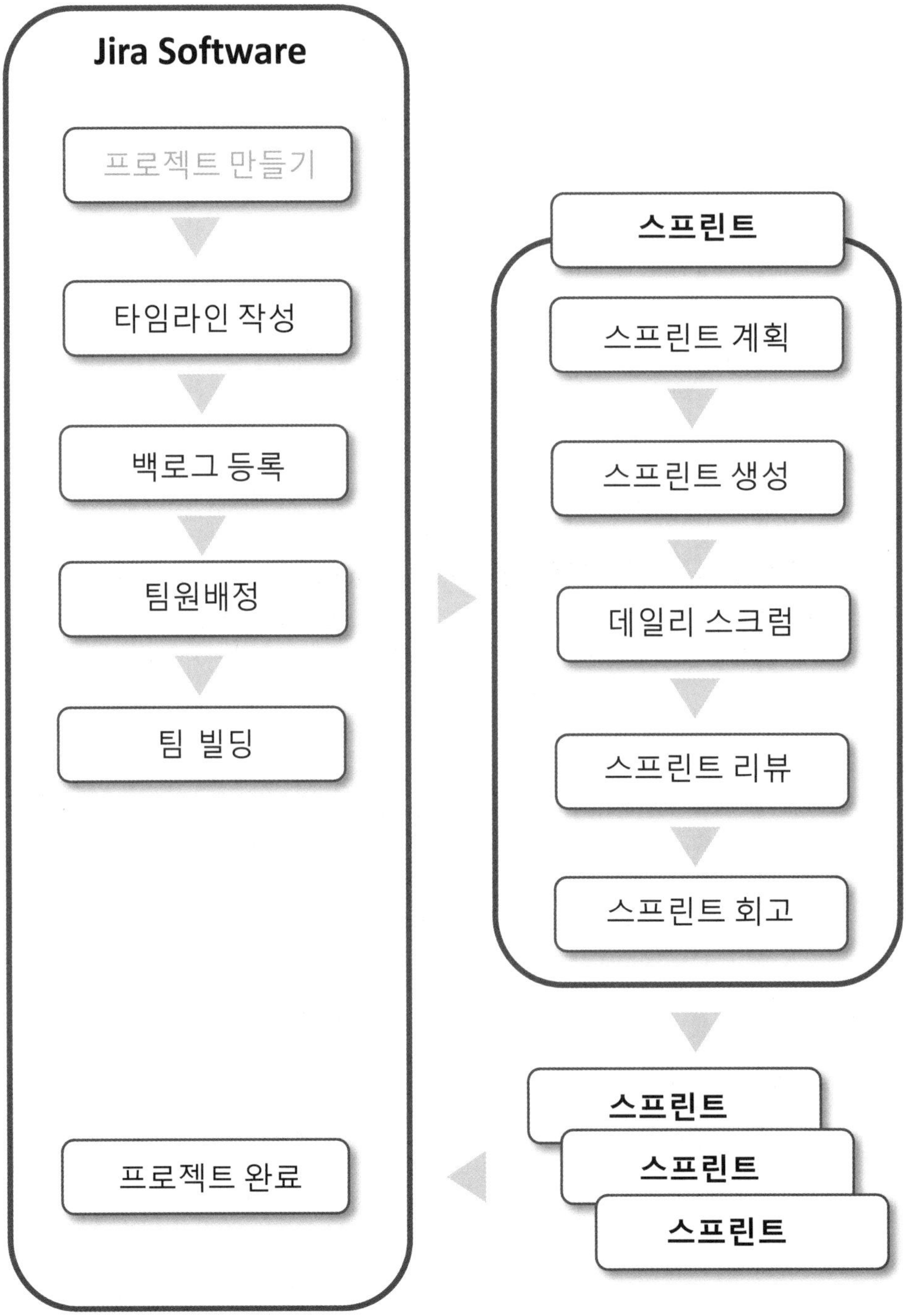

02

Jira Software

프로젝트 만들기

타임라인 작성

백로그 등록

팀원배정

팀 빌딩

프로젝트 완료

스프린트

스프린트 계획

스프린트 생성

데일리 스크럼

스프린트 리뷰

스프린트 회고

스프린트

스프린트

스프린트

2.1 프로젝트 만들기

Jira Software에서 스크럼 프로젝트의 시작은 새로운 프로젝트를 만드는 것으로 부터 시작 된다.

2.1.1 프로젝트 생성

Jira Software 계정에서 화면 상단 메뉴 [프로젝트 만들기] 를 선택 한다.

:: Note ::

① Jira Software는 유연한 애자일 프로젝트 관리를 지원하는 기능을 가지고 있다.

② 스크럼은 자원과 시간의 제한적 환경 속에서 팀웍 중심의 프레임 워크를 지향한다.

만일 기존에 다른 프로젝트를 수행 중이라면 보드에서 [프로젝트 > 프로젝트 만들기]를 선택한다.

프로젝트 템플릿 화면이 열리면 [소프트웨어 개발 > 스크럼] 템플릿을 선택 한다.

소프트 웨어 개발 프로젝트 템플릿에는 칸반, 스크럼, 버그 추적과 같은 다양한 템플릿을 제공 한다.

템플릿 유형	내용 및 주요 용도	설정 예
칸반	칸반 프로젝트 만들기, 업무의 가시성과 연속성이 중요한 프로젝트에 적합	
스크럼	스크럼 프로젝트 만들기, 한시적 팀웍 중심 프로젝트에 적합	
버그추적	개발 작업 및 개발 오류 목록 관리	

제공되는 스크럼 템플릿 안내 화면에서 [스크럼 > 템플릿 사용] 을 선택 한다.

템플릿은 "팀 관리" 유형과 "회사 관리" 유형이 있으며 Jira Software 스크럼의 모든 기능을 사용하기 위해서는 [회사가 관리하는 프로젝트 선택] 을 선택 한다.

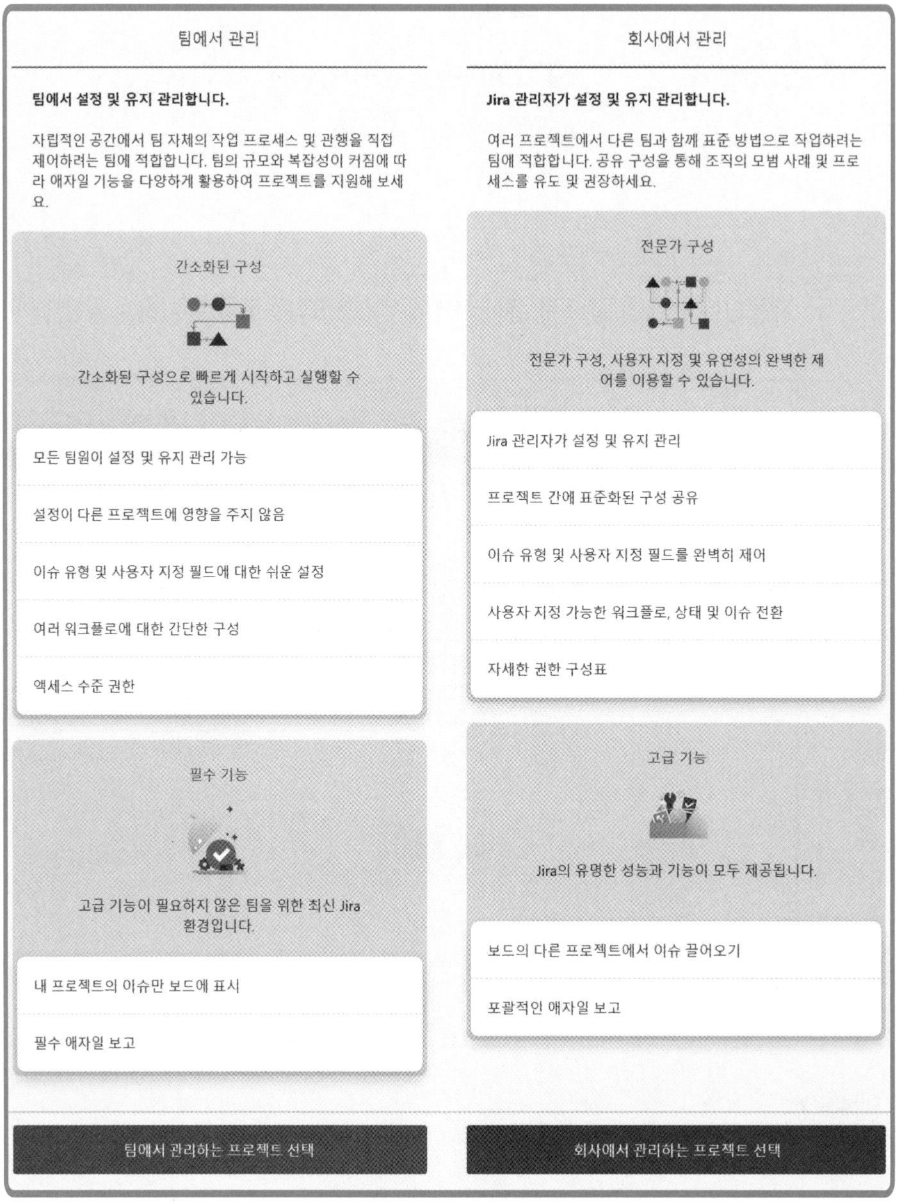

팀에서 관리

팀에서 설정 및 유지 관리합니다.

자립적인 공간에서 팀 자체의 작업 프로세스 및 관행을 직접 제어하려는 팀에 적합합니다. 팀의 규모와 복잡성이 커짐에 따라 애자일 기능을 다양하게 활용하여 프로젝트를 지원해 보세요.

간소화된 구성

간소화된 구성으로 빠르게 시작하고 실행할 수 있습니다.

- 모든 팀원이 설정 및 유지 관리 가능
- 설정이 다른 프로젝트에 영향을 주지 않음
- 이슈 유형 및 사용자 지정 필드에 대한 쉬운 설정
- 여러 워크플로에 대한 간단한 구성
- 액세스 수준 권한

필수 기능

고급 기능이 필요하지 않은 팀을 위한 최신 Jira 환경입니다.

- 내 프로젝트의 이슈만 보드에 표시
- 필수 애자일 보고

팀에서 관리하는 프로젝트 선택

회사에서 관리

Jira 관리자가 설정 및 유지 관리합니다.

여러 프로젝트에서 다른 팀과 함께 표준 방법으로 작업하려는 팀에 적합합니다. 공유 구성을 통해 조직의 모범 사례 및 프로세스를 유도 및 권장하세요.

전문가 구성

전문가 구성, 사용자 지정 및 유연성의 완벽한 제어를 이용할 수 있습니다.

- Jira 관리자가 설정 및 유지 관리
- 프로젝트 간에 표준화된 구성 공유
- 이슈 유형 및 사용자 지정 필드를 완벽히 제어
- 사용자 지정 가능한 워크플로, 상태 및 이슈 전환
- 자세한 권한 구성표

고급 기능

Jira의 유명한 성능과 기능이 모두 제공됩니다.

- 보드의 다른 프로젝트에서 이슈 끌어오기
- 포괄적인 애자일 보고

회사에서 관리하는 프로젝트 선택

2.1.2 프로젝트 정보 설정

1 프로젝트 이름 설정

프로젝트 유형을 선택하면 프로젝트 만들기 화면이 나타난다 .

프로젝트 이름을 입력하면 프로젝트 키가 자동으로 생성된다.

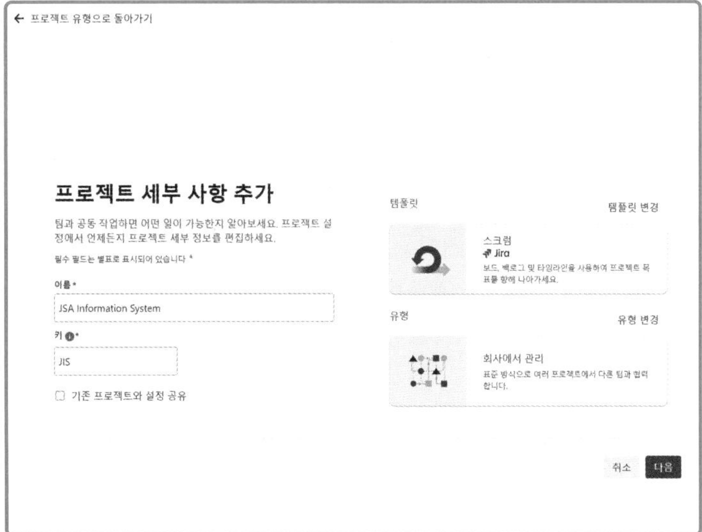

2 프로젝트 정보 설정

프로젝트가 만들어지면 새 프로젝트의 활성 스프린트 화면이 나타난다. 현재 상태는 Jira Software가 제공하는 스크럼 템플릿의 기본 셋팅 상태이므로 프로젝트 정보를 원하는 대로 셋팅 하려면 프로젝트 설정을 변경해 주어야 한다.

프로젝트 설정 상태를 변경하려면 화면 우측에 [프로젝트 설정]을 선택하면 된다.

:: Note ::

① 프로젝트 설정에서 프로젝트 이슈에 대한 정보를 관리할 수 있다.

② 프로젝트 설정에서 프로젝트 관리에 필수적인 권한과 알림 설정이 가능하다.

프로젝트 설정화면에서는 프로젝트의 세부정보, 사용자 지정, 이슈 유형, 권한 설정, 이슈 보안, 알림과 같은 다양한 사용 환경과 정보를 셋팅할 수 있다. Jira Software 고급기능인 워크플로우 생성, 필드 구성 기능을 프로젝트 설정 화면에서 사용할 수 있다.

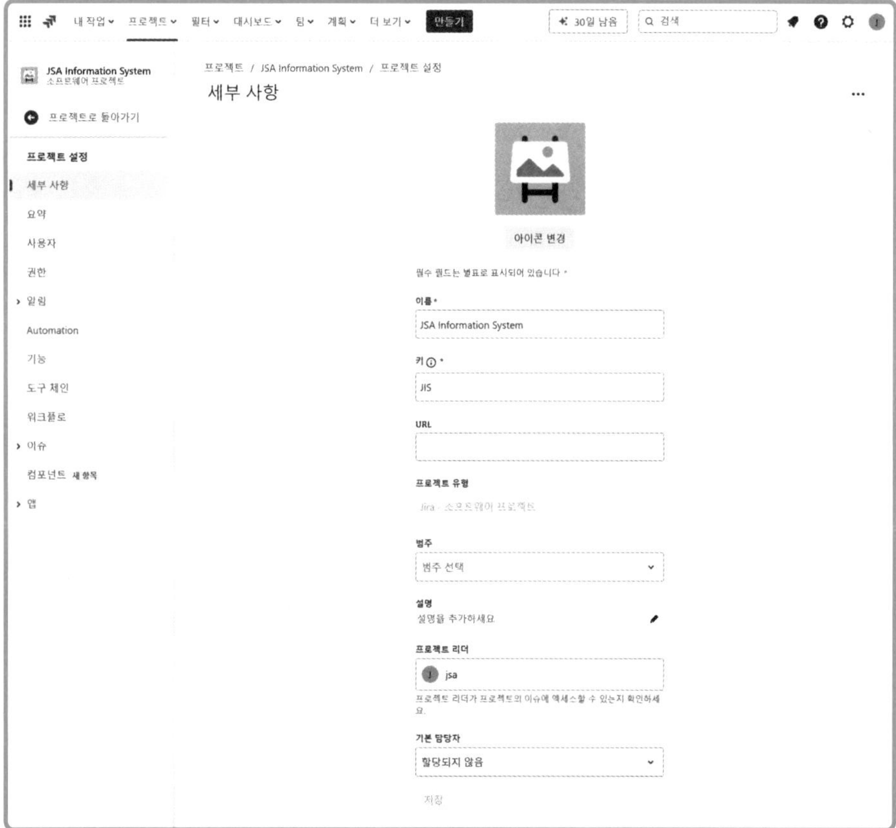

Jira Project

Chapter 03

Roadmap 작성

1. Roadmap의 정의를 이해한다.
2. Roadmap의 작성 절차를 알아본다.
3. Roadmap의 작성 시 고려사항이 무엇인지 알아본다.
4. Jira Software 타임라인을 작성할 수 있다.

지금까지 Jira Software에 새로운 프로젝트를 만들어 보았다. 다음은 Roadmap의 의미를 이해하고 작성 절차와 매핑 방법에 관하여 살펴본다. 더불어 Jira Software의 타임라인 작성 및 이슈등록 방법을 알아본다.

핵심정리 01

1.1 Roadmap 개요

● **Roadmap 정의**

스크럼 프레임워크에서 프로덕트와 관련된 이해관계자의 요구사항이 어떻게 제품으로 만들어지는지 시간의 흐름에 따라 시각화한 도구이다. Theme, Epic, User Story Task로 구성되며 각각의 내용은 다음과 같다.

● **Theme**

- 프로젝트에서 구현하고자 하는 프로덕트의 가장 큰 가치와 목표를 표현한다.
- 프로젝트가 조직의 전략적 방향과 일 하는지 확인시켜준다.
- 동일한 기능 영역에 존재하는 Epic의 집합체이다.

● **Epic**

- 아직 구체화나 세분화되지 않은 상위레벨 요구사항의 묶음을 말한다.
- 큰 틀의 요구사항으로 Use Story로 세분화시켜 구현한다.
- 단일 스프린트로 구현할 수 없는 경우 여러 스프린트에 걸쳐 구현된다.

● **User Story**

- 사용자 요구사항의 가장 작은 단위
- User Story의 표현은 고정되어 있지 않으며 사용자가 편한 방식으로 기술된다.
- 독립적이고 협상 가능하며 가치 있고 추정 가능하며 작고 테스트할 수 있어야 한다.

● **Task**

- User Story를 구현하는 작업이며 개발팀이 수행한다.
- 작업 담당자가 지정되어 있으며 작업시간을 계산할 수 있다.
- 비즈니스 담당자가 작업방법을 이해하기 어려울 정도의 기술영역이 될 수도 있다.
- 작업시간과 비용을 정확히 산정하고, 담당자를 명확히 지정하며, 성과를 현실적으로 평가할 수 있어야 한다.

1.2 Roadmap 작성

이해관계자의 요구사항을 적절한 수준으로 분해되는 것과 Roadmap 전체를 통하여 분해 수준의 일관성을 가져가는 것은 중요한 일이다.

● Roadmap의 계층적 Level

Level	이 슈	설 명
1	Theme	프로덕트의 가치와 목표
2	Epic	큰 틀의 요구사항
3	User Story	사용자 세부 요구사항
4	Task	User Story 구체화 작업
5	Subtask	Task의 하위 작업
6	Activity	작업 수행 활동

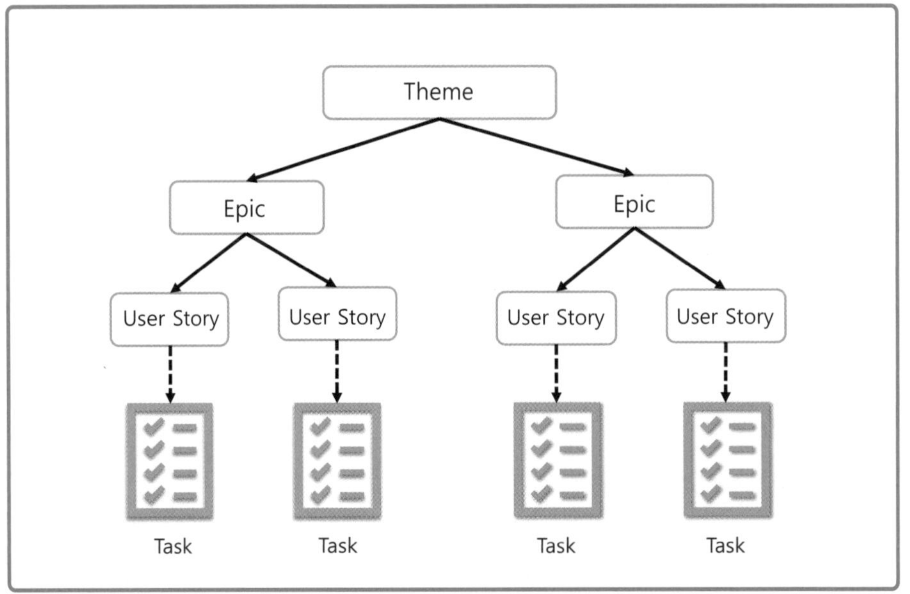

[Roadmap 계층도]

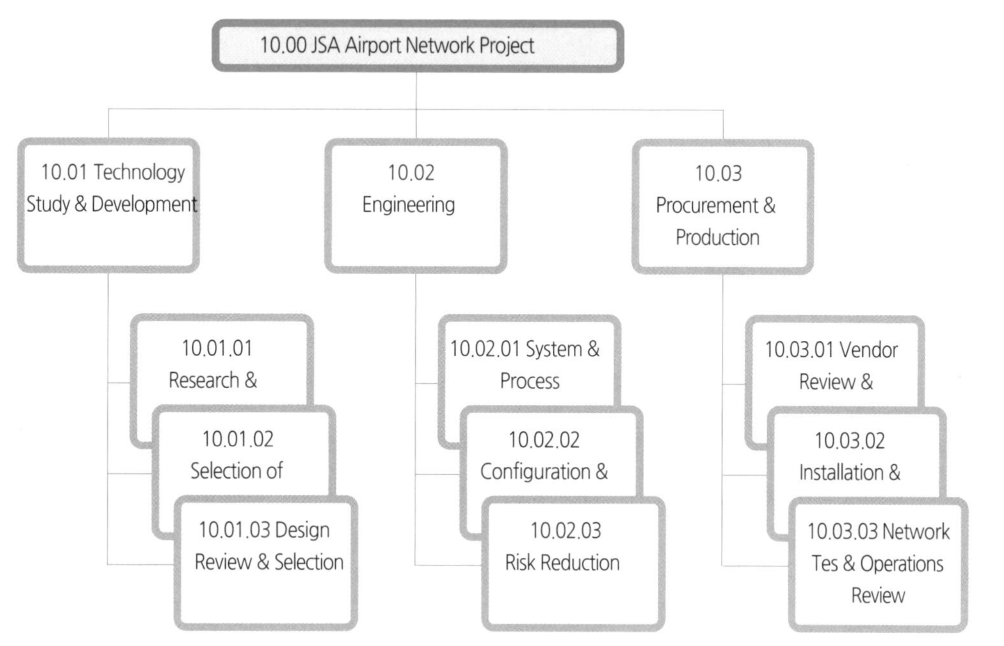

[JSA Airport Network Project Roadmap 계층도]

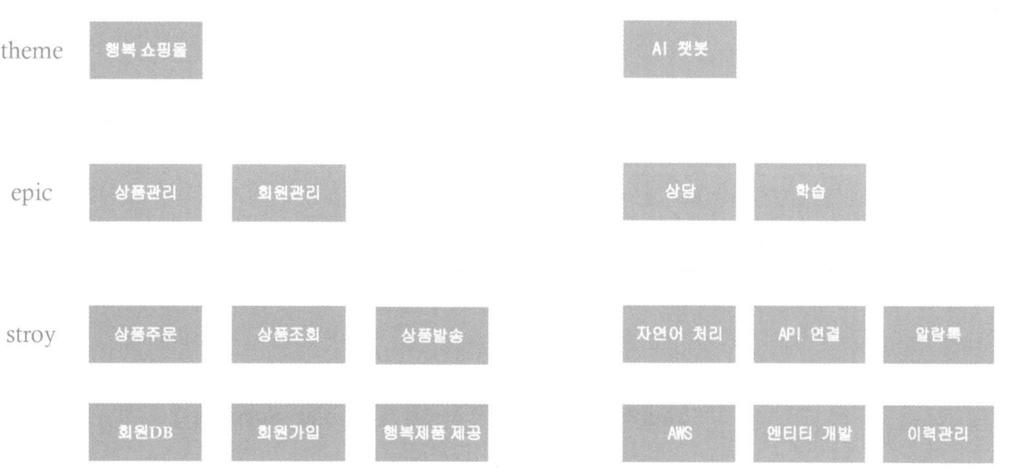

[AI 쇼핑몰 System Roadmap 계층도]

1.2.1 Roadmap 작성 순서

Jira Software는 타임라인 화면을 활용하여 Roadmap을 작성한다.

1) High Level Product Backlog에서 Epic을 도출한다.

2) 도출된 Epic을 Roadmap에 배치시킨다.

3) User Story와 Task를 작성하여 Product Backlog에 등록한다.

4) Product Backlog Grooming을 실시하여 User Story와 Task를 확정한다.

5) 확정된 User Story와 Task을 Roadmap의 Epic과 링크시킨다.

6) 스프린트 계획을 수립하고 스프린트 계획을 Roadmap에 등록한다.

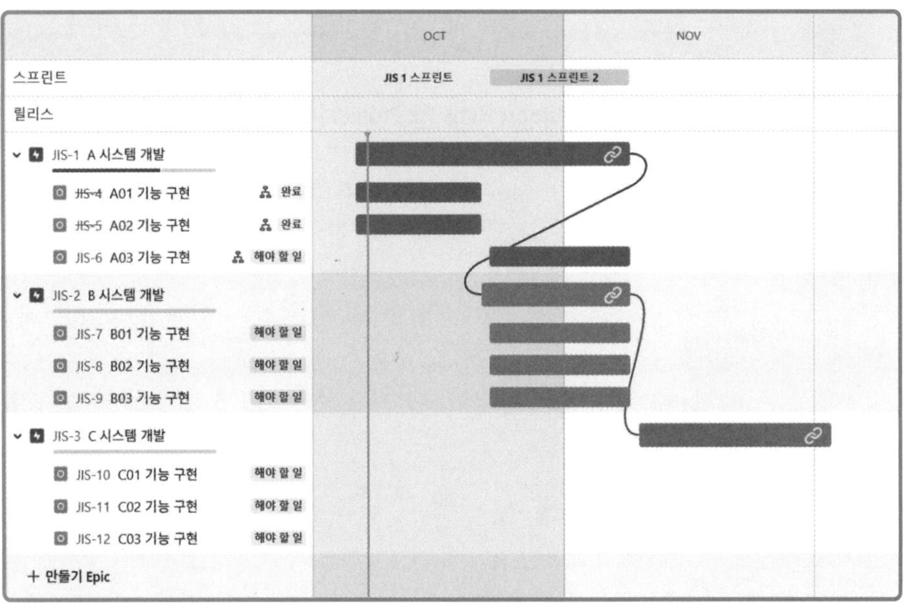

[Jira 타임라인 화면에서 작성된 JSC Project Roadmap]

Jira Software 활용하기 02

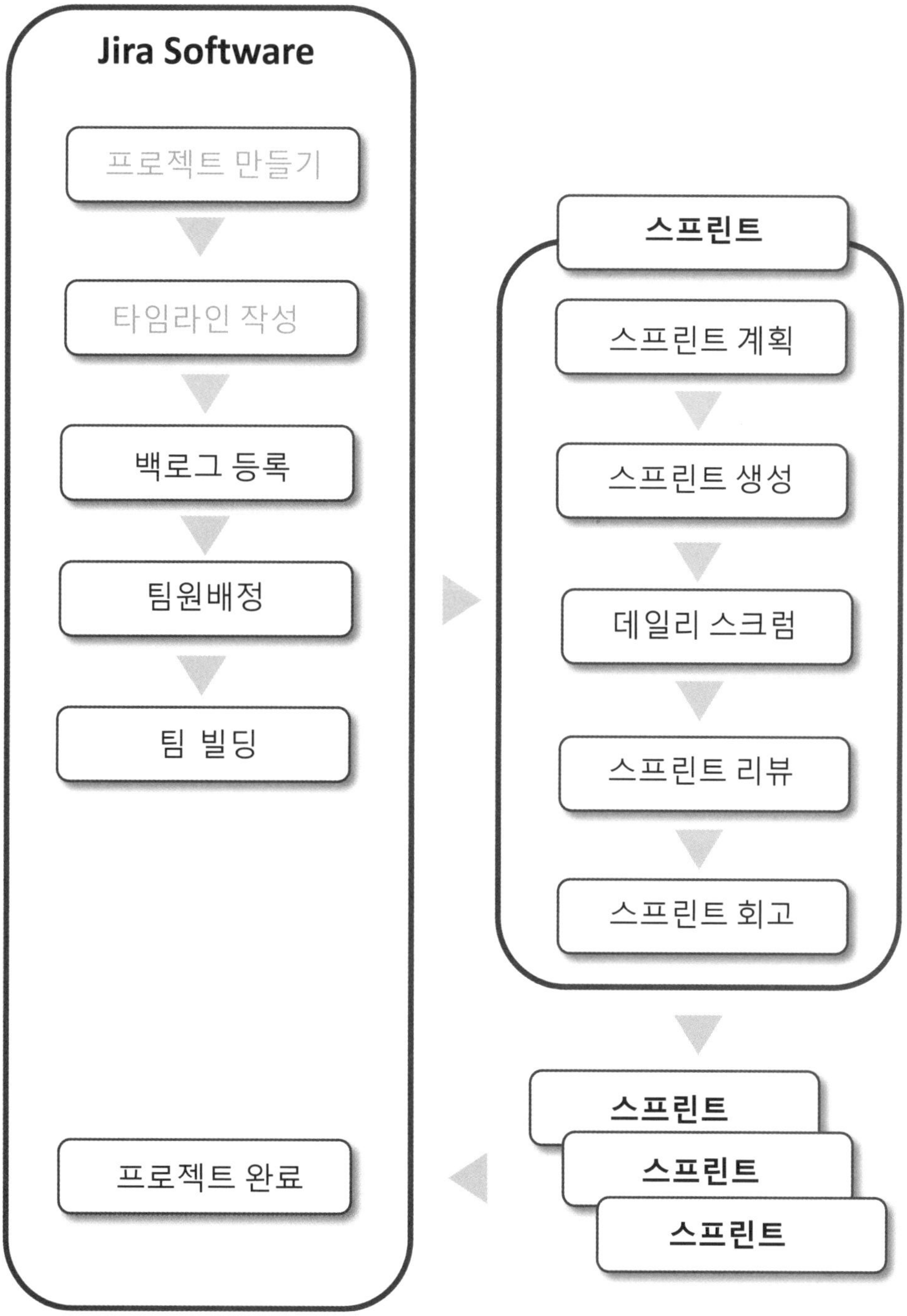

Jira Software

프로젝트 만들기

타임라인 작성

백로그 등록

팀원배정

팀 빌딩

스프린트

스프린트 계획

스프린트 생성

데일리 스크럼

스프린트 리뷰

스프린트 회고

스프린트

스프린트

스프린트

프로젝트 완료

2.1 타임라인 Epic 입력

화면 우측 메뉴에서 [타임라인]을 선택한다. 타임라인 화면이 열리면 Epic 이름을 입력 할 수 있는 셀이 나타난다. 그 다음 셀에 Epic 명을 순차적으로 입력한다.

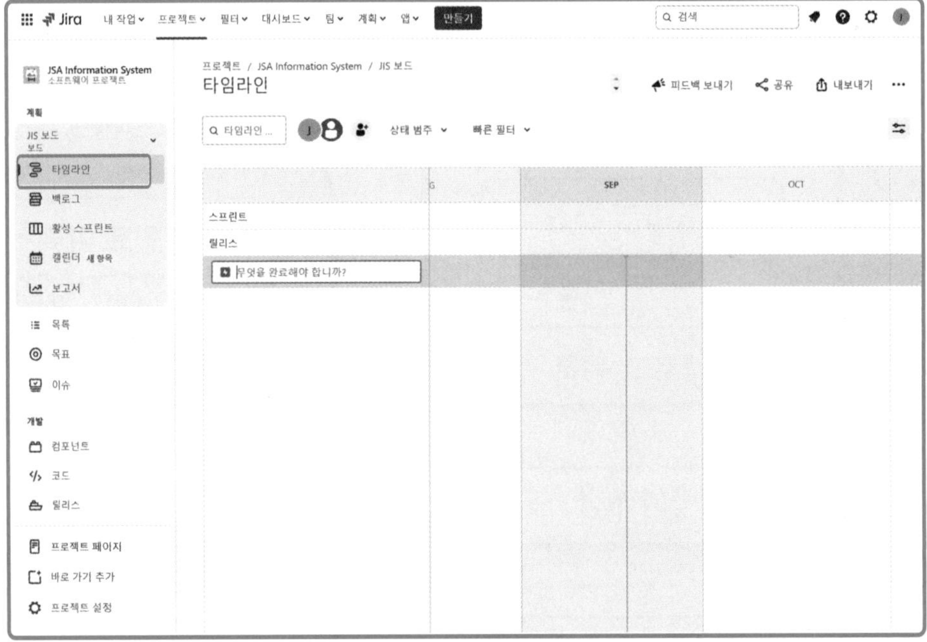

Epic 명이 입력되면 자동적으로 이슈코드가 생성되면서 Epic이 타임라인에 등록된다.

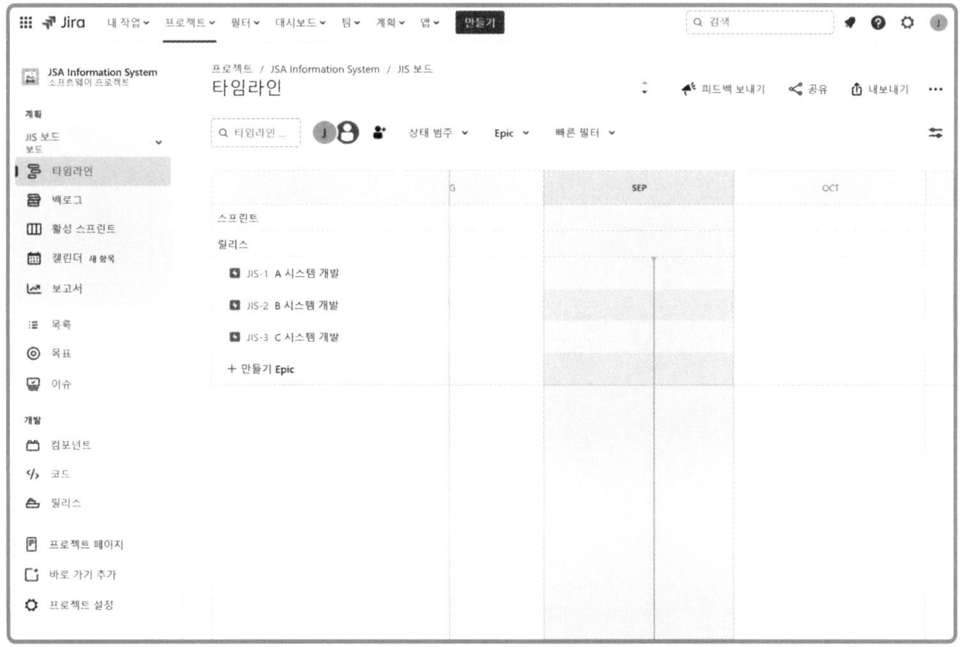

Epic을 타임라인에 등록하는 또 다른 방법은 상단 메뉴에 [만들기] 버튼을 선택하는 것이다.

[만들기] 버튼을 클릭하면 아래와 같이 [이슈 만들기] 창이 열리고 [Epic 정보]를 입력하면 타임라인에 Epic을 등록할 수 있으며 요약정보 및 첨부파일도 같이 등록할 수 있다.

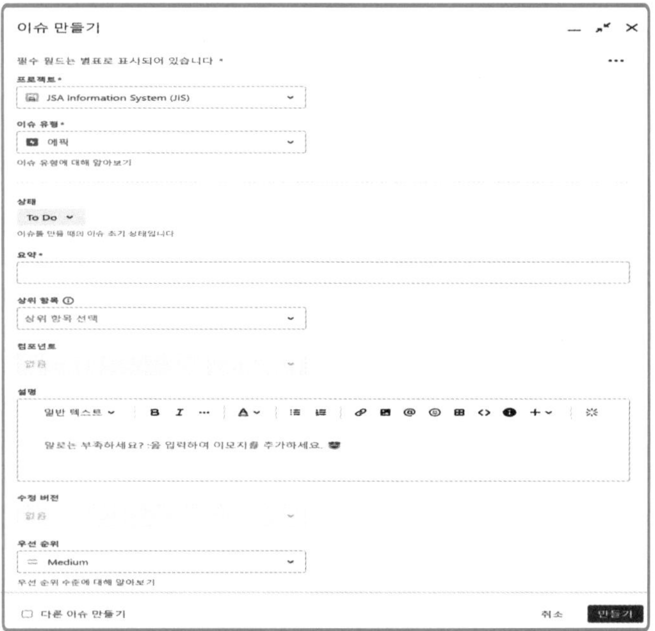

[이슈 만들기] 창에서는 Epic 뿐 아니라 작업, 스토리, 버그를 등록할 수 있다. 하지만 이 단계에서는 타임라인에 Epic만 등록하고 나머지 작업, 스토리, 버그는 백로그를 작성할 때 등록하는 것이 바람직하다.

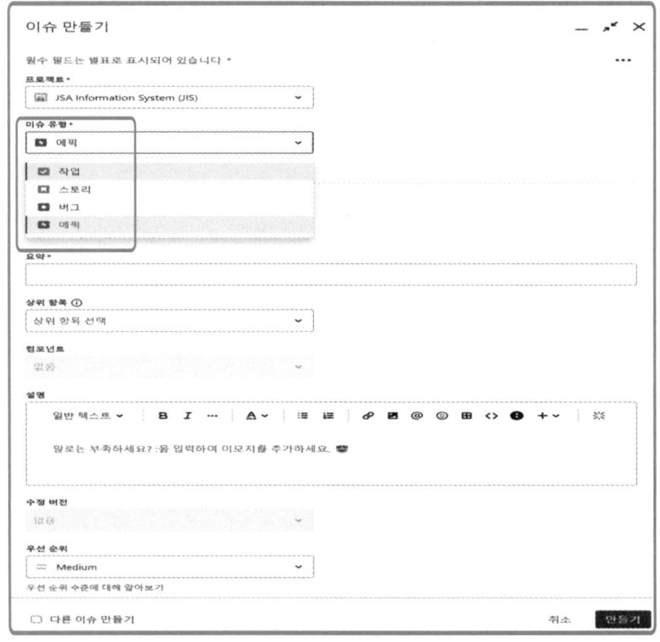

2.2 Epic 일정표시 만들기

타임라인 장점은 프로젝트의 진행상태와 정보를 시간의 흐름에 따라 한 눈에 볼 수 있도록 시각화 시킬 수 있는 기능을 가지고 있는 점이다. 아래 화면과 같이 Epic에 일정을 일정 표시 막대 형태로 기간 정보와 함께 표현할 수 있다.

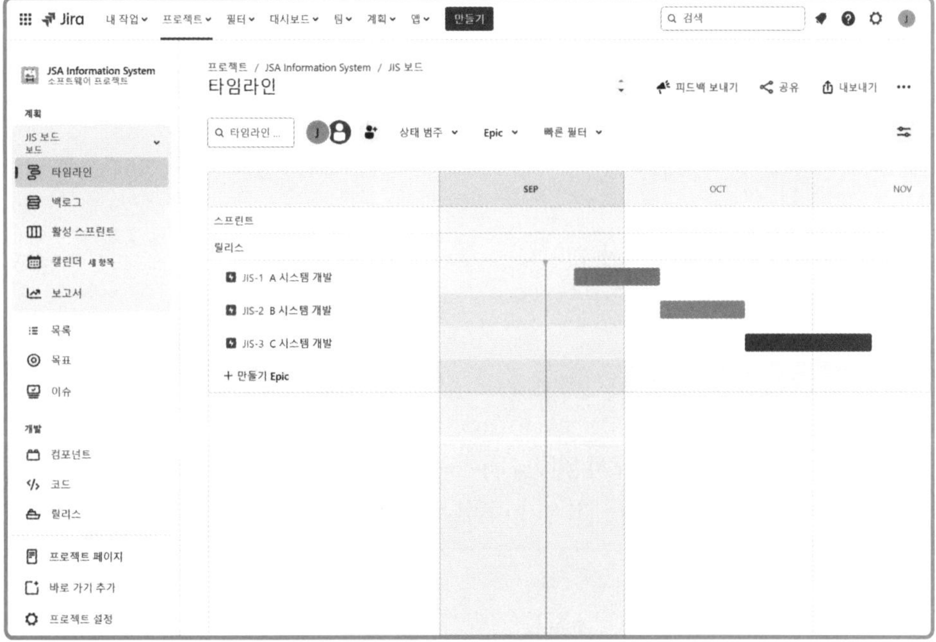

Epic 이름 우측 일정표시 화면에 마우스 포인터를 이동시키면 포인터의 모양이 손 형태로 변경되면서 일정표시 막대가 나타난다. 마우스를 클릭하면 일정표시 막대가 고정된다.

고정된 일정표시 막대의 좌우측 끝에 마우스 포인터를 이동시키면 일정표시 막대의 크기를 조절할 수 있는 표시가 나타나 일정크기를 원하는 기간으로 설정할 수 있다.

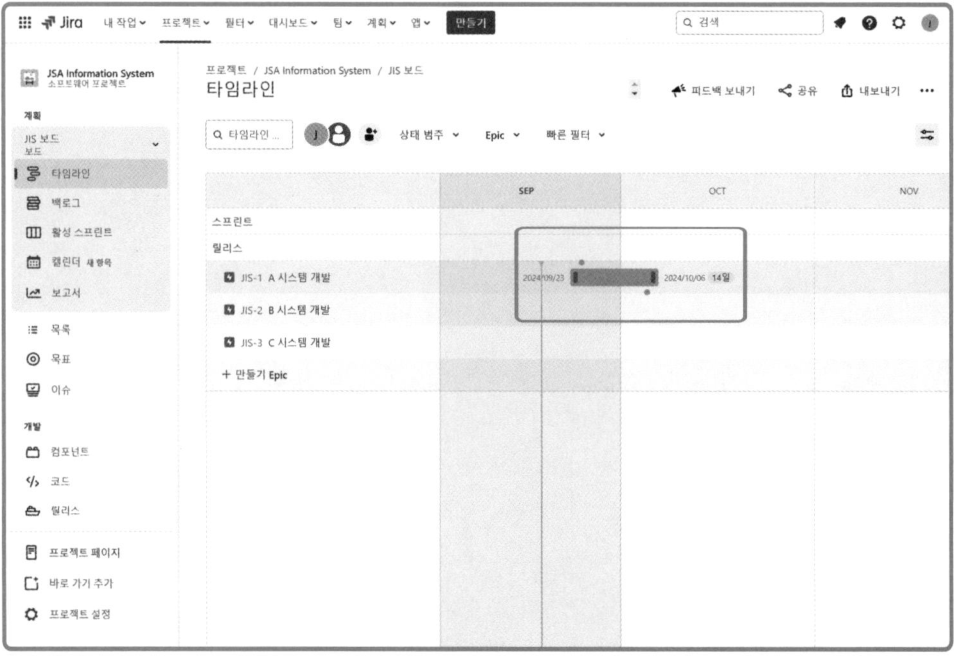

Epic 이름표시나 일정표시 막대를 클릭하면 화면 우측에 [Epic 정보]창이 나타난다. 이 창에서 Epic에 관한 여러가지 정보를 확인할 수 있다. [Epic 정보] 창의 Epic 이름 옆에 있는 색상표시 아이콘을 클릭하면 다양한 색상으로 Epic 일정표시 막대의 색상을 변경할 수 있어서 Epic 일정표시 막대의 구분을 쉽게 시각화 할 수 있다.

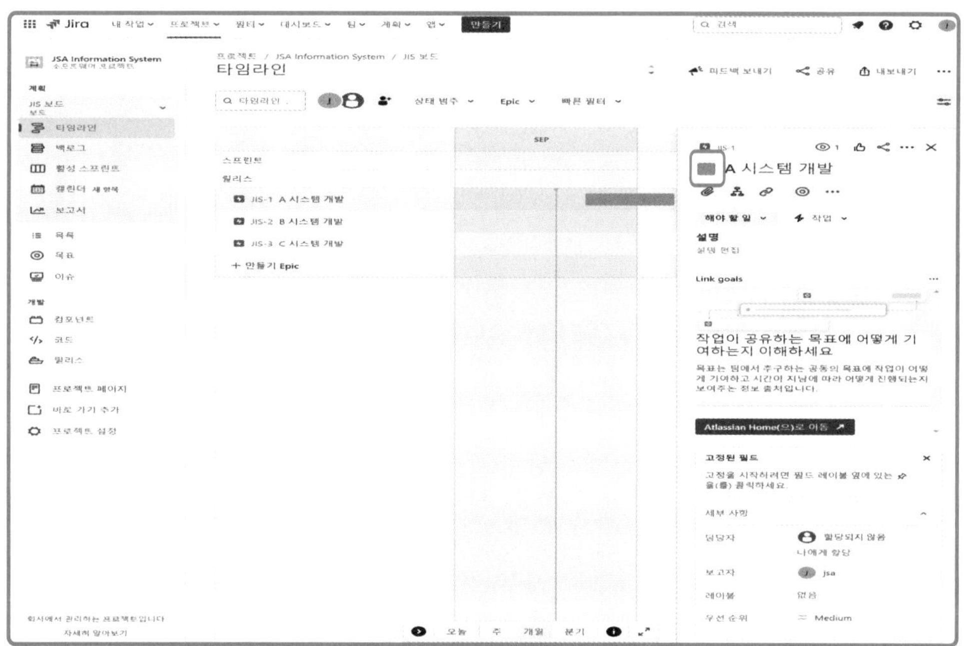

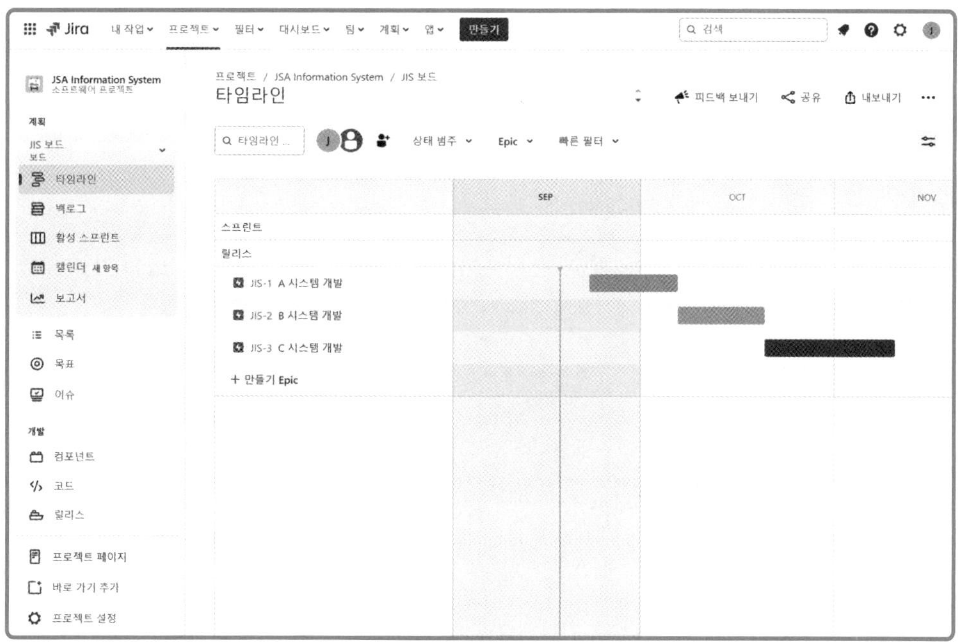

2.1 Epic 종속성 표시 만들기

Epic 간의 종속성이 있다면 Epic간의 종속성을 일정 표시 막대 형태로 함께 표현할 수 있다. 마우스를 Epic 기간표시 막대 끝에 가져가면 [Epic 링크]아이콘이 나타난다.

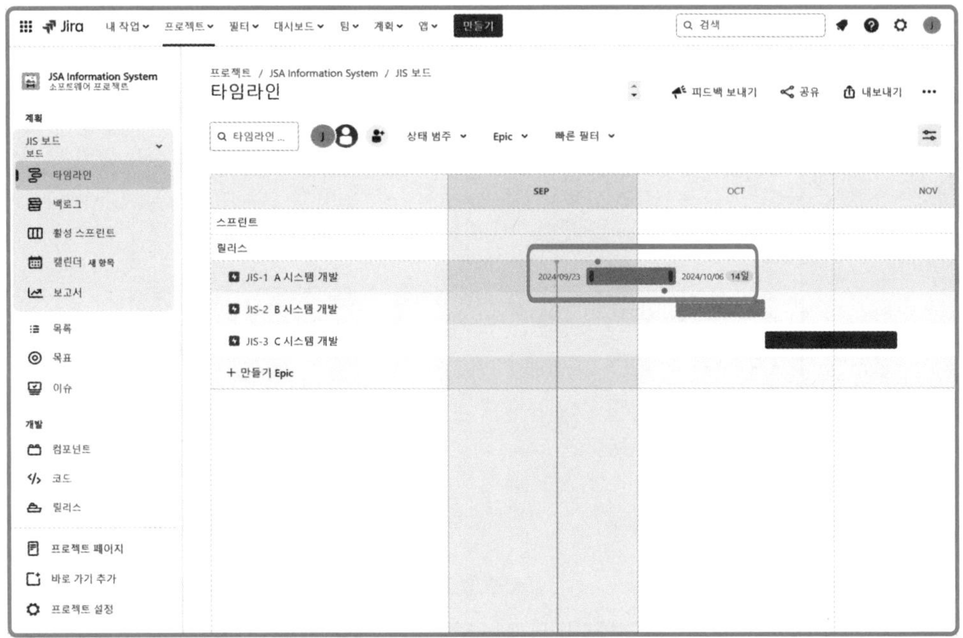

[Epic 링크]아이콘을 마우스로 연결하고자 하는 다른 Epic 기간표시 막대로 이동시킨다.

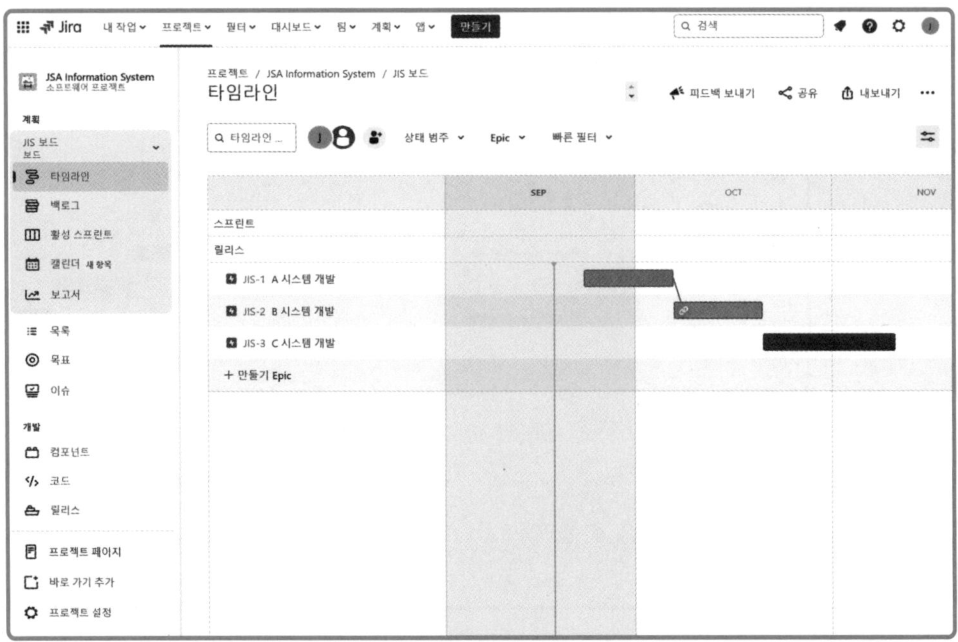

마우스 버튼을 놓으면 연결된 두개의 Epic사이에 링크 표시줄이 나타난다.

동일한 방식으로 모든 Epic간의 종속성 링크 표시줄을 순차적으로 완성하면 된다.

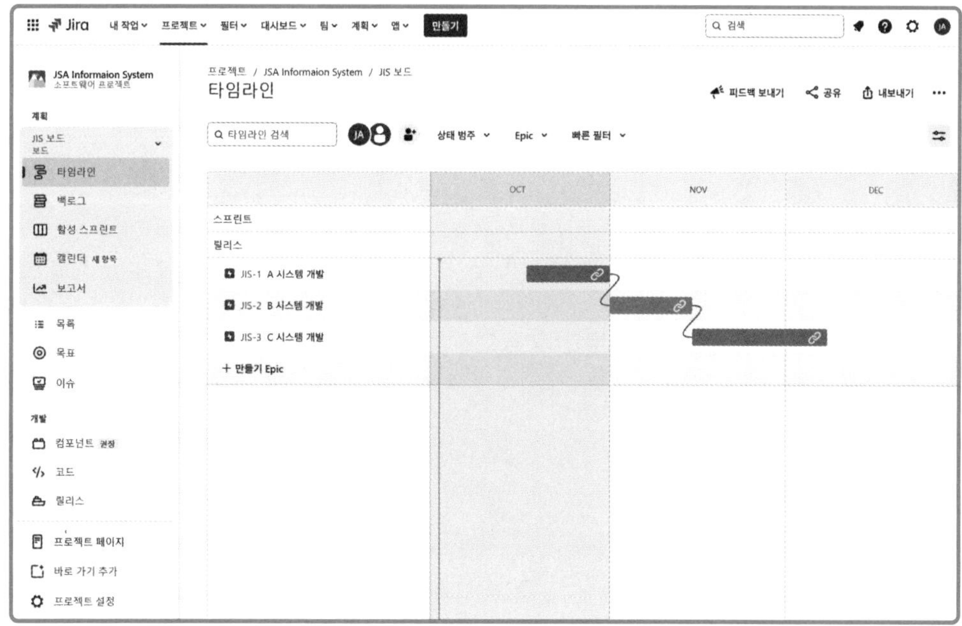

Jira Project

Chapter 04

백로그 등록

1. Product Backlog의 개념을 이해한다.
2. Product Backlog의 항목과 작성 방법을 알아본다.
3. 백로그의 이슈에는 어떠한 것이 있는지 알아본다.
4. Jira Software 백로그에 이슈 유형을 설정하고 이슈를 등록해 본다.

[Chapter 3. 로드맵 작성] 에서는 Jira Software를 사용하여 로드맵을 작성하여 보았다. 다음은 Jira Software의 백로그에 이슈를 등록하기 위해 Product Backlog의 정의를 알아보고 Product Backlog 작성방법에 대하여 이해하고 이슈의 유형에 대하여 알아본다.
Jira Software의 사용법으로는 이론 학습에서 배운 Product Backlog의 Jira Software 백로그 등록 방법을 알아본다.

핵심정리 01

1.1 Product Backlog의 개요

1.1.1 Product Backlog

Product Backlog는 우선 순위가 있는 요구사항의 목록이다. 이해관계자의 요구사항은 제품, 서비스, 기능과 같이 다양한 항목들이다. 또한 Product Backlog는 이해관계자가 추구하는 기능적 비기능적 가치와 연결되어 있다. Product Backlog는 Backlog Item으로 구성되어 있는데 Backlog Item은 제품기능, 제품결함, 기술적 작업, 관련 지식을 말한다.

Product Backlog는 이해관계자의 요구사항이 프로젝트가 진행하면서 달라지는 것과 동일하게 Product 개발과정에서 끊임없이 변화하면서 발전한다.

애자일 프로젝트에서는 Product Backlog의 개별 Backlog Item에 대한 사용자 요구사항은 사용자 스토리(User Story)형식으로 작성된다.

일반적으로 잘 작성된 사용자 스토리의 기준을 "빌 웨이크의 INVEST"라 하는데, 이는 잘 작성된 스토리는 독립적이고(Independent), 협상 가능하며(Negotiable), 가치가 존재하고(Valuable), 추정 가능하며(Estimable), 적합한 사이즈로 작고(Small), 확인 가능한(Testable) 스토리 라는 뜻이다.

Product Backlog

ID	Name	User Story	Story Point	우선순위
1	조회	시스템에서 사용자가 지난 1년간의 로그를 조회할 수 있어야 한다.	2	2
2	확장성	시스템이 다양한 유형의 데이타베이스와 연동할 수 있어야 한다.	3	3
3	무결성	시스템은 24시간 데이터 무결성을 보장해야 한다.	5	1

[Product Backlog 사례]

1.1.2 Product Backlog 이해

1) Product Backlog의 내용

제품기능, 결함수정, 변경요청, 기술적 개선, 수행지식과 관련 된 세부 요구사항

Product Backlog Item은 Product 이해관계자에게 실질적인 가치를 부여하는 세부 요구사항이며 Product 구현을 위해 사전에 파악되어 프로젝트 팀이 반드시 알아야 하는 내용이다.

2) Product Backlog의 특징

지속적 갱신, 우선 순위 존재, 크기 추정, 점진적 발전, 다양한 Source

Product Backlog는 프로젝트 초기에는 단순하고 추상적이나 프로젝트가 진행되면서 점차적으로 구체화되고 발전한다. 스프린트 혹은 제품 릴리즈를 위해 우선순위를 부여하고 작업량을 측정하기 위해 크기 추정을 한다. Product Backlog의 Source는 Product와 관련된 다양한 이해관계자로 부터 발생한다.

3) Product Backlog Grooming

내용을 다듬고, 우선순위와 크기추정을 통해 Product Backlog를 정재하는 작업

초기 Product Backlog는 불완전 하며 추상적이다. 이를 정제하는 작업이 Product Backlog Grooming 이다. Product Backlog Grooming은 Product Backlog의 추상적인 내용은 상세화하고 우선순위를 부여하고 크기를 추정한다.

Product Backlog Grooming은 프로덕트 오너가 주관하고 스크럼마스터, 개발팀 그리고 Product와 관련된 모든 이해관계자가 참여하는 공동작업이다.

1.2 Product Backlog 작성

1.2.1 Product Backlog 의 작성 시 고려사항

앞서도 언급했지만 프로젝트에서 Product Backlog는 이해관계자 요구사항의 집합체이며 모든 계획을 수립할 때, 중요한 의사 결정 도구이다. 스프린트 계획, Product 릴리즈 계획을 수립할 때 반드시 필요한 정보이기 때문에 Product Backlog를 작성할 때 세심한 주의가 필요하며 목적에 맞게 작성 되어야 한다.

일반적으로 스크럼 프로젝트의 Backlog는 Product Backlog와 스프린트 Backlog가 있다. 서로 비교해 보면 분명한 차이가 있는데, Product Backlog는 "what"을 표현 한다면 스프린트 Backlog는 "How"에 중점을 두고 작성된다는 점이다.

Product Backlog를 구성하는 Data 필드에는 우선순위와 작업크기 추정정보인 Story Point가 있는데 우선순위를 정할 때는 제품 자체 뿐 아니라 프로젝트 혹은 조직의 전략적인 부분도 고려하는 다각화된 시각이 프로젝트 팀에 반드시 필요하다. 작업크기의 추정 시에도 절대적 크기의 추정이 아닌 상대적 크기의 추정을 실시해야 한다. 또한 추정 시 함께 고려할 것은 프로젝트의 규모, 구현 난이도이다.

1.2.2 Product Backlog 의 작성절차

스크럼 프로젝트에서는 Product Backlog를 작성하는 정형화된 표준 절차는 존재하지 않으나 아래와 같은 절차로 진행한다면 순도 높은 Product Backlog를 작성할 수 있다.

1) 사전에 수립된 이해관계자 요구사항을 기반으로 초기 Product Backlog를 작성한다.
2) 초기 Product Backlog를 대상으로 Product Backlog Grooming을 실시한다.
3) Grooming 된 User story, Task, 버그를 확정한다.
4) User Story와 Task, 버그 같은 이슈를 작성하여 Product Backlog에 등록한다.
5) 등록된 이슈를 Road Map의 Epic과 연계시킨다.
6) 이슈 별로 우선순위를 판별해서 우선순위를 부여한다.
7) 이슈 별로 규모추정을 실시하여 Story Point에 등록한다.

Jira Software 활용하기

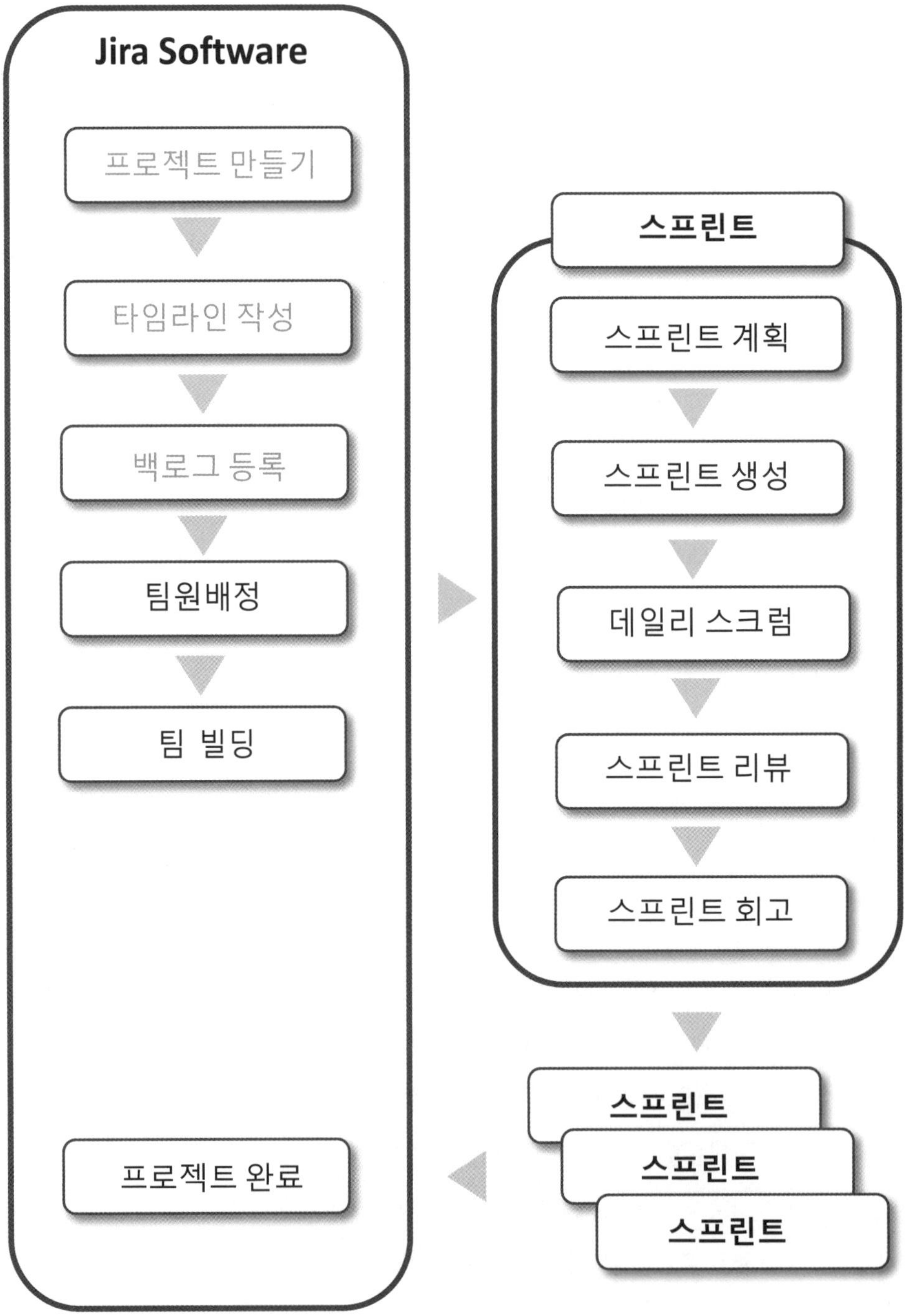

02

Jira Software

프로젝트 만들기

타임라인 작성

백로그 등록

팀원배정

팀 빌딩

프로젝트 완료

스프린트

스프린트 계획

스프린트 생성

데일리 스크럼

스프린트 리뷰

스프린트 회고

스프린트

스프린트

스프린트

2.1 백로그 이슈등록

백로그를 등록하기 위해서 메뉴 좌측 [백로그]를 클릭하여 백로그 화면으로 이동 한다.

백로그 화면에 백로그 이슈를 입력할 수 있는 창이 나타난다.

백로그 이슈 입력창 [이슈] 아이콘을 클릭하면 입력할 수 있는 이슈의 유형이 표시 된다.

백로그 이슈를 순차적으로 입력하면 아래와 같이 정렬되어 나타난다.

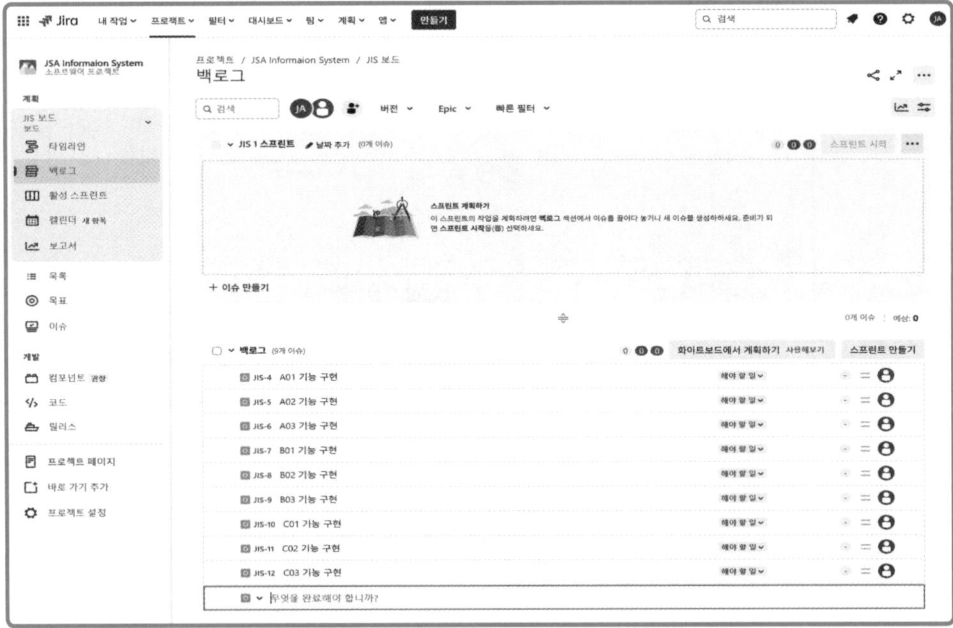

백로그에 이슈를 등록하는 다른 방법은 화면 상단에 [만들기]를 클릭하면 된다.

[이슈 만들기] 창이 열리면 이슈를 유형별로 백로그에 등록할 수 있다.

모든 백로그 이슈가 등록되면 다음 단계로 Epic과 백로그 이슈를 연결시켜 보자.

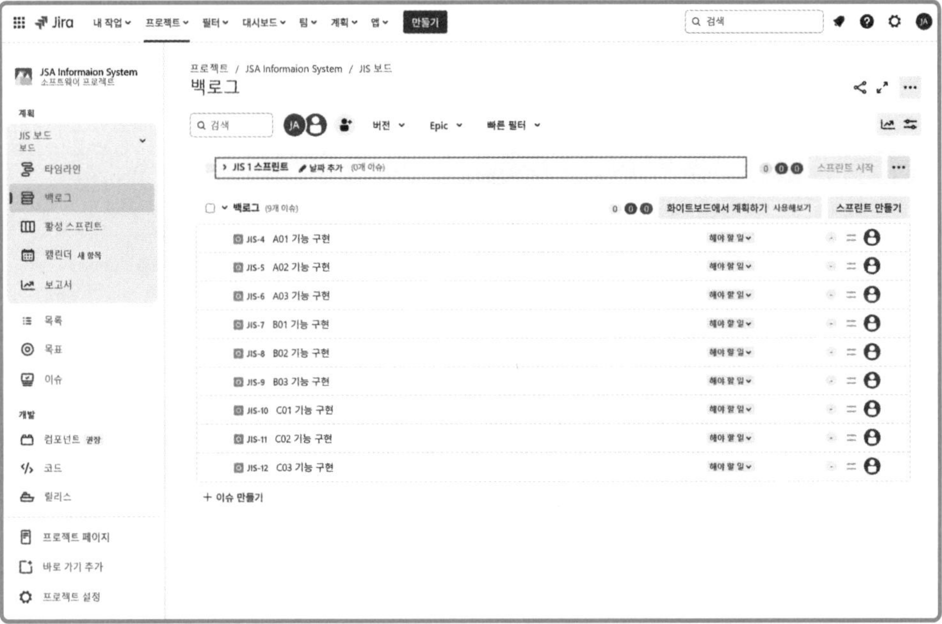

2.2 Epic과 백로그 이슈 연결

Epic과 연결하고자 하는 백로그 이슈를 클릭하면 이슈 정보 창이 우측에 나타난다.

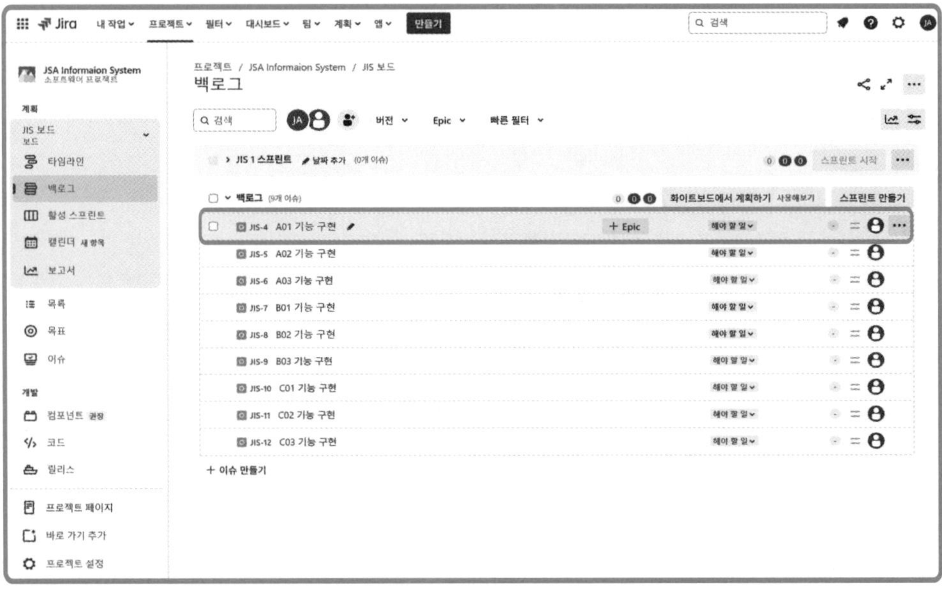

이슈 정보 창에서는 해당 이슈의 다양한 정보를 조회 및 관리할 수 있다.

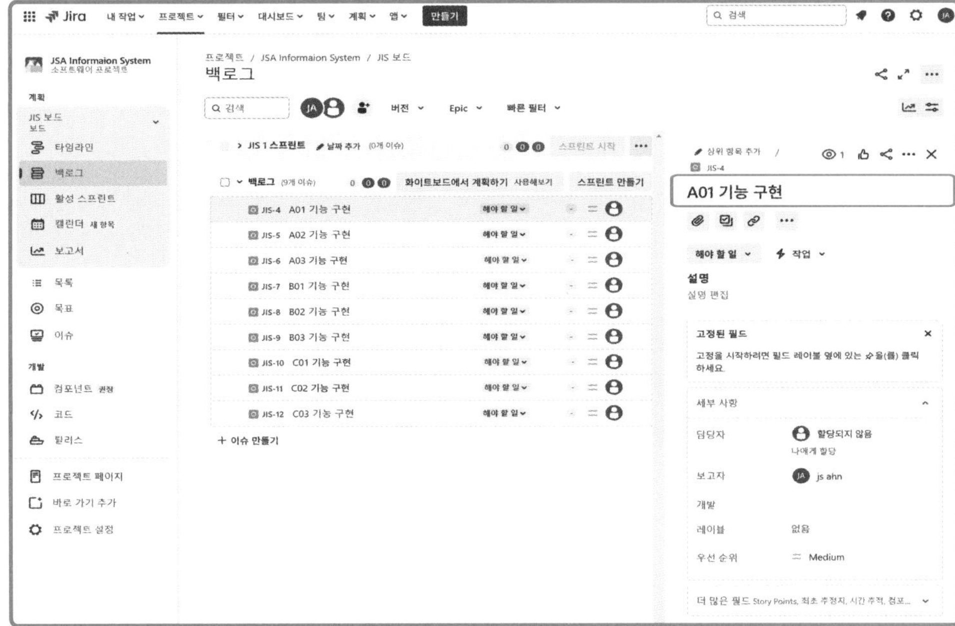

이슈를 Epic에 연결 시킬 수 있는 메뉴를 보기 위해 [더 많은 필드]를 클릭한다.

이슈 정보 창에 [상위 항목] 연결 메뉴가 나타난다.

[상위 항목] 연결 메뉴에서 해당 이슈에 연결하고자 하는 Epic을 선택한다.

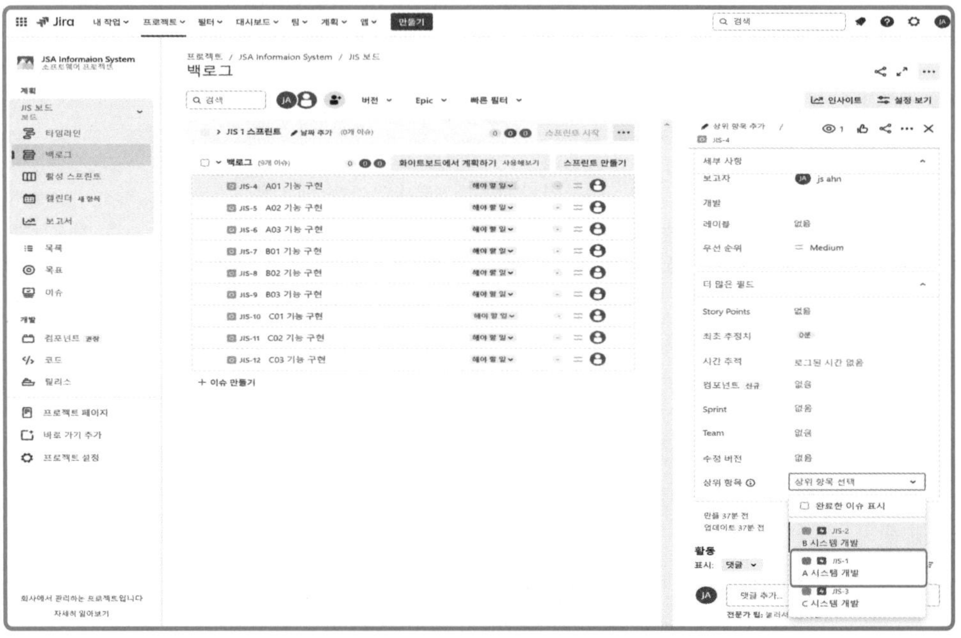

[상위 항목]에서 해당 이슈와 연결되는 Epic을 선택하여 연결하면 백로그의 이슈 리스트에도 이슈정보 창과 동일하게 Epic 연결 정보가 반영되어 나타난다.

백로그 화면으로 이동해 보면 입력된 Epic과 백로그 이슈 연결 정보는 자동으로 타임라인 화면에 반영되어 나타난다.

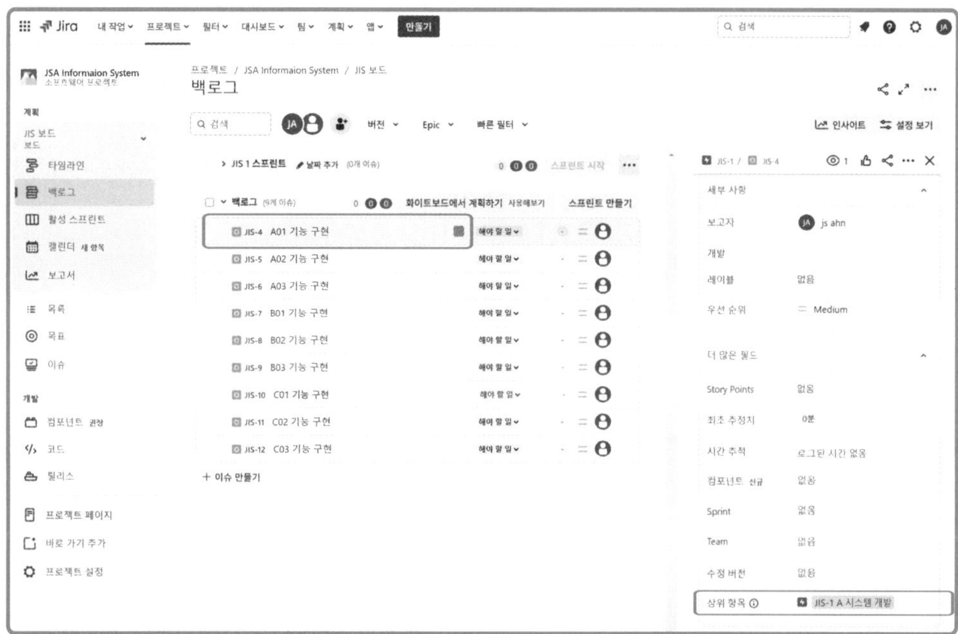

2.3 우선순위, Story Point 등록

이번에는 이슈의 우선순위와 크기를 추정할 수 있는 정보인 Story Point 점수를 이슈에 반영해보자. 이슈의 우선순위와 Story Point는 사전에 Product Backlog Grooming을 수행하여 프로젝트 팀이 정해 놓아야 한다. Product Backlog 우선순위와 Story Point는 스프린트 계획 수립 시 중요한 정보이며 Product 릴리즈 계획수립에도 역시 중요한 결정요소로 작용한다. 프로젝트의 수행에 있어 Product Backlog에 부여된 정보들은 절대적으로 의사결정에 중요한 요소로 작용할 수 있다. Product Backlog는 가령 프로젝트 종료 시점에 임박해서도 최우선으로 관리해야만 한다.

모든 백로그 이슈를 Epic과 연결한 후 백로그 이슈의 우선순위를 평가하고 결정한다.

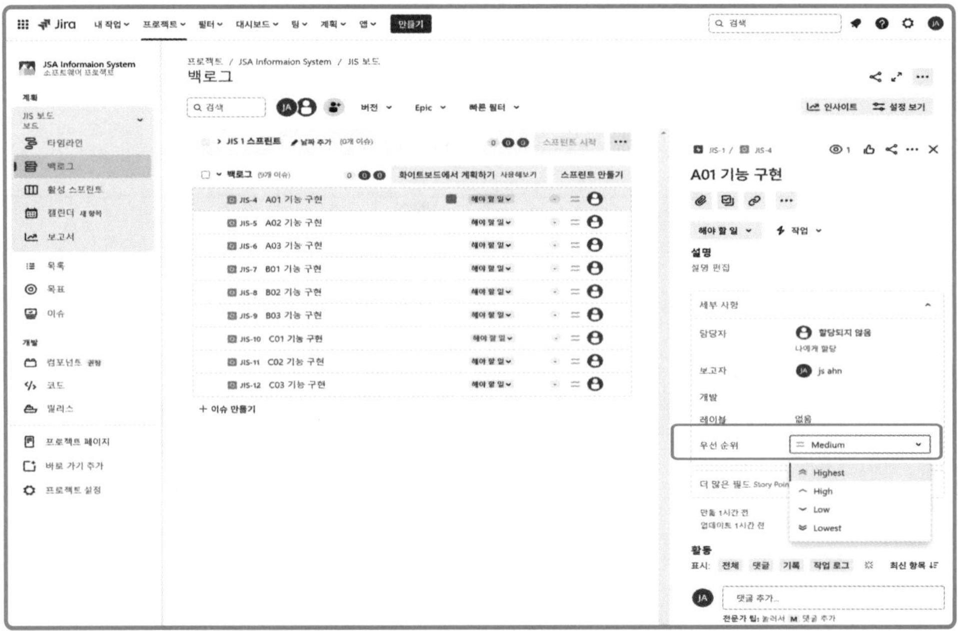

해당 백로그 이슈의 우선순위를 부여한 후에 크기 추정 결과인 Story Point 점수를 입력 한다.

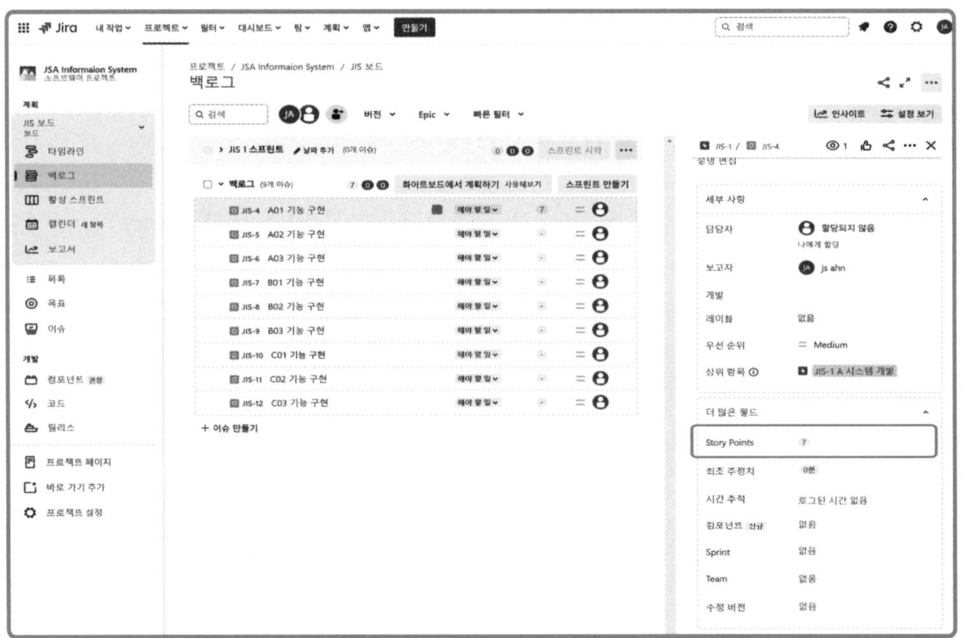

백로그 이슈의 우선순위와 Story Point가 백로그 이슈 항목 우측에 모두 표시된다.

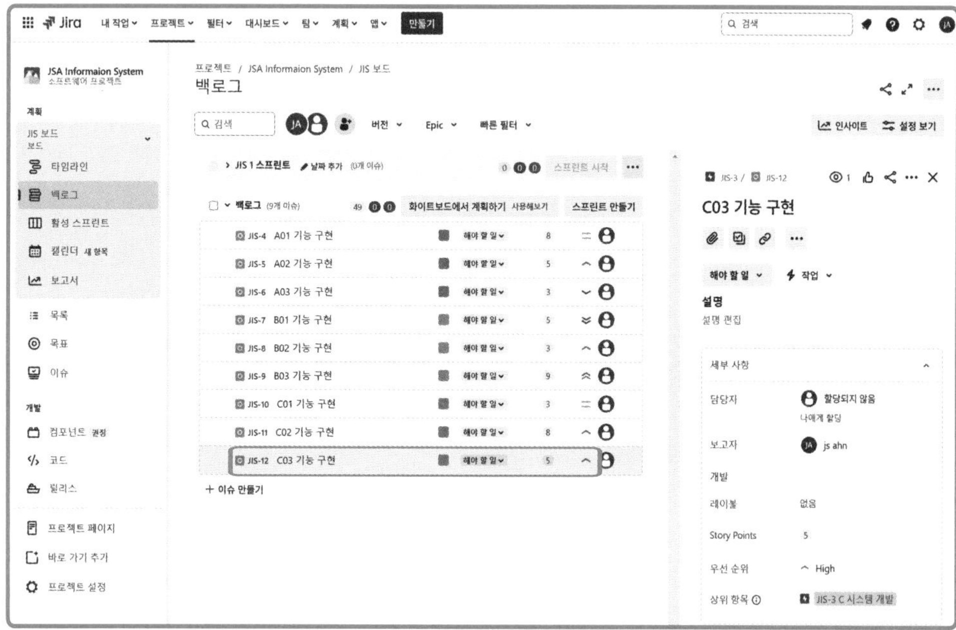

우측 메뉴의 [타임라인]을 클릭하면 화면에서 Epic과 연결된 백로그 이슈 항목들을 볼 수 있다.

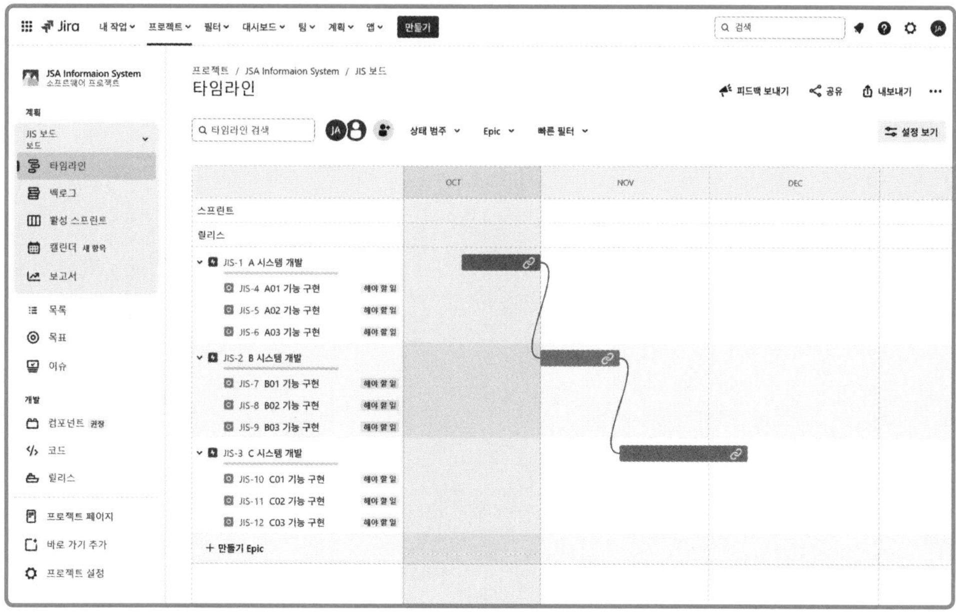

Jira Project

Chapter 05

팀원 배정

1. 자원 정의를 이해한다.
2. 자원의 종류를 알아본다.
3. Jira Software에서 팀원을 배정할 수 있다.

지난 장에서 Jira Software의 이슈를 정의하고 백로그에 등록하는 방법을 학습하였다. 다음은 팀 빌딩 이전에 자원을 정의하여 본다. 자원 정의와 종류에 관한 이론을 학습한 후, Jira Software의 사용법으로는 팀원을 초대하는 방법을 배운다. 팀원 초대는 이후 팀 빌딩 과정의 중요한 자료가 되므로 관심을 기울여 살펴본다.

핵심정리 01

1.1 자원의 개념

1.1.1 자원 정의

자원은 프로젝트 수행에서 사용되는 인력, 재료, 비용 자원을 의미한다. 프로젝트에서 자원은 프로젝트의 비용을 결정하는 하나의 요인이 된다. 따라서 개별 자원을 정의할 때에는 자원의 이름과 함께 그 자원의 비용을 정의할 필요가 있다. 이런 투입 자원 비용의 합을 구하면 결국 프로젝트 수행에 필요한 전체 비용이 구해지게 된다. 자원에 따라 계산 시기가 다를 수도 있다. 예를 들어 해외 출장을 위해 항공권을 구매한다고 할 때 항공권이라는 자원의 비용 계산을 해외 출장을 다녀온 뒤가 아니라, 출장을 떠날 때 이미 지불되어야 하므로 해외출장이라는 작업이 시작되는 날 비용이 지출된 것으로 처리해야 한다. 만일 집을 짓는 데 드는 시멘트를 사용하는 경우에는 시멘트라는 자원의 투입 시기는 대체적으로 시멘트가 사용된 양에 비례해서 지출된 것으로 표현하는 것이 사실에 가깝다고 할 수 있다. 계산시기가 회사마다 다를 수도 있으므로 시멘트 구입이라는 작업에 이미 시멘트라는 자원 비용이 지출된 것으로 처리할 수도 있다.

1.1.2 자원의 종류

1) 인력

스프린트 이슈에 배정된 시간이 포함된다. 인력 자원이 배정되어 일정 시간 동안 일하게 되며 프로젝트의 비용을 발생시키므로 인력의 단가를 명시해야 프로젝트의 비용 관리가 가능하다.

2) 기계장치

스프린트 이슈에 배정된 시간이 포함되지 않는다. 따라서 기계장치 자원의 경우는 자원의 종류를 재료로 설정한다. 기게장치 자원의 경우 비용을 발생시키는 것도 있고 발생시키지 않는 것도 있다. 솔루션 개발을 위해 서버를 사용해야 할 때 회사의 자체 서버를 사용하는 경우도 있을 것이고, 외부의 클라우드 서버를 대여하는 경우도 있을 것이다. 비용이 발생하는 후자의 경우는 기계장치 자원의 단가를 명시해야 비용 관리가 가능하다.

3) 재료

소모성 자원으로 스프린트 이슈에 배정된 시간이 포함되지 않는다. 재료는 소모될 때마다 비용이 발생하므로 재료의 단가를 명시해야 비용 관리가 가능하다.

4) 비용

스프린트 이슈에 배정된 시간이 포함되지 않는다. 비용은 작업량이나 작업 기간에 영향을 받지 않는 작업을 수행하기 위해 투입된 제경비를 추적하거나 실제로 소요된 프로젝트 경비를 확인하는데 사용될 수 있으며 실제 소요된 비용을 재무 시스템과 연동시킬 수 있다. 재료와는 달리 소요 단위당 동일한 단가가 존재하지 않고 실제 소요된 경비를 사용자가 계산해야 한다. 출장 비용, 서류 접수 비용, 컨설팅 비용 등의 예산 항목을 관리하는데 유용하다.

1.1.3 자원 종류 선택

자원의 종류에는 작업과 재료 그리고 비용으로 구분할 수 있는데, 작업은 앞서 설명한 인력 자원으로써 노동력을 의미하며 재료는 물질적인 자원을 의미한다. 비용은 작업을 수행하는데 투입되는 경비이다. 인력 자원은 다시 일반 자원 (generic resource)과 비 일반 자원(specific resource)으로 나누어진다. 일반 자원이란, 특정한 작업자의 이름으로 정의하는 대신 작업자의 기술 분야, 역할로서 자원을 구분하는 방법이다.

구 분		사 례	비 고
인력	일반 자원	자바 개발자, DB튜닝 전문가, DB설계자, 테스터, 프로그래머, 용접 기술자, 무대 미술가, 연출자	
	비일반자원	Alex, 김○○, Smith, 이○○, 박○○	
재료(물질적 자원)		컴퓨터, 종이, 유류대, 시멘트, 전기사용량, 임대료	
비용		출장비, 등록비, 세미나, 교육	

Jira Software 활용하기

02

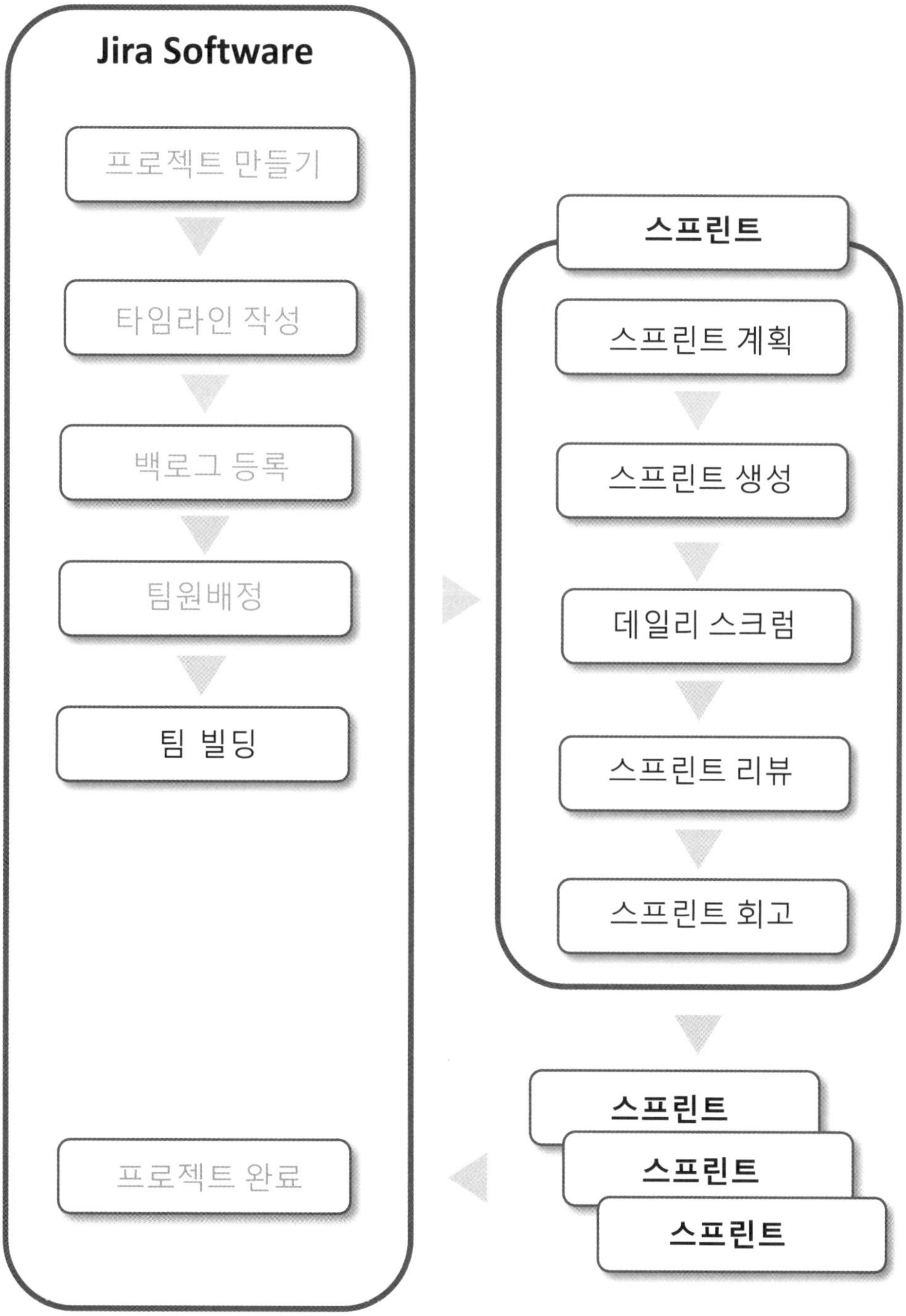

Jira Software

프로젝트 만들기

타임라인 작성

백로그 등록

팀원배정

팀 빌딩

프로젝트 완료

스프린트

스프린트 계획

스프린트 생성

데일리 스크럼

스프린트 리뷰

스프린트 회고

스프린트

스프린트

스프린트

2.1 팀원 초대

활성 스프린트 화면에서 [팀] 메뉴를 선택한다.

팀원을 메일로 초대하기 위해 [팀 > Jira에 사용자 초대] 를 선택한다.

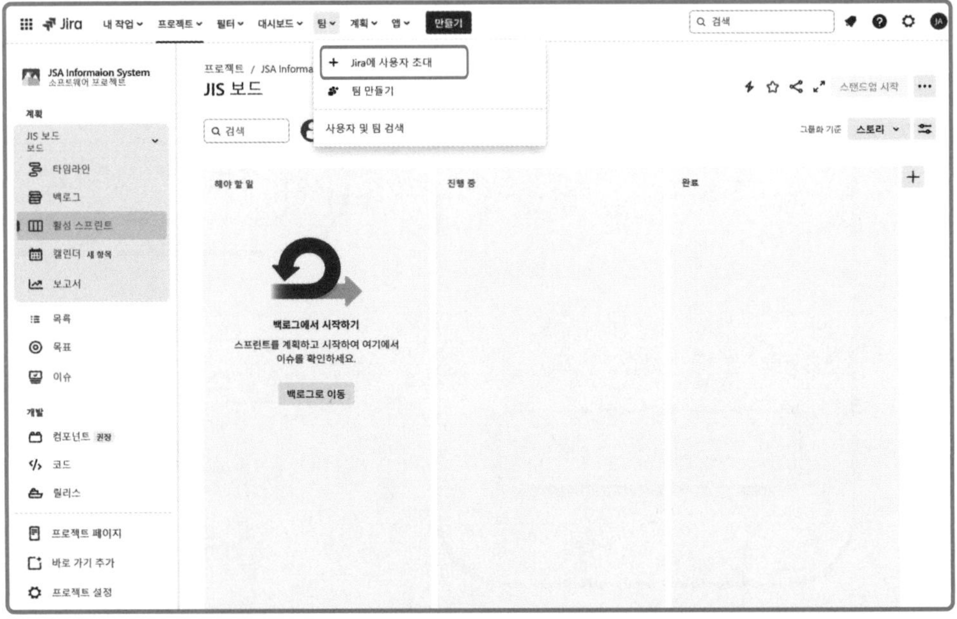

[팀 > Jira에 시용자 초대]를 선택하면 [Jira에 사용자 추가] 창이 열린다.

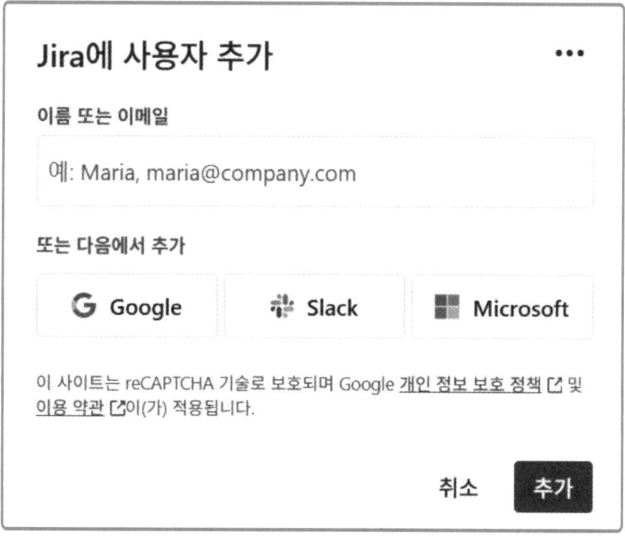

초대하려는 팀원의 메일주소를 적는다.

초대하려는 팀원의 메일 주소를 입력하고 엔터를 누른 후 [1명 추가] 버튼을 클릭한다.

팀원 초대 성공 메세지가 나타난다 .

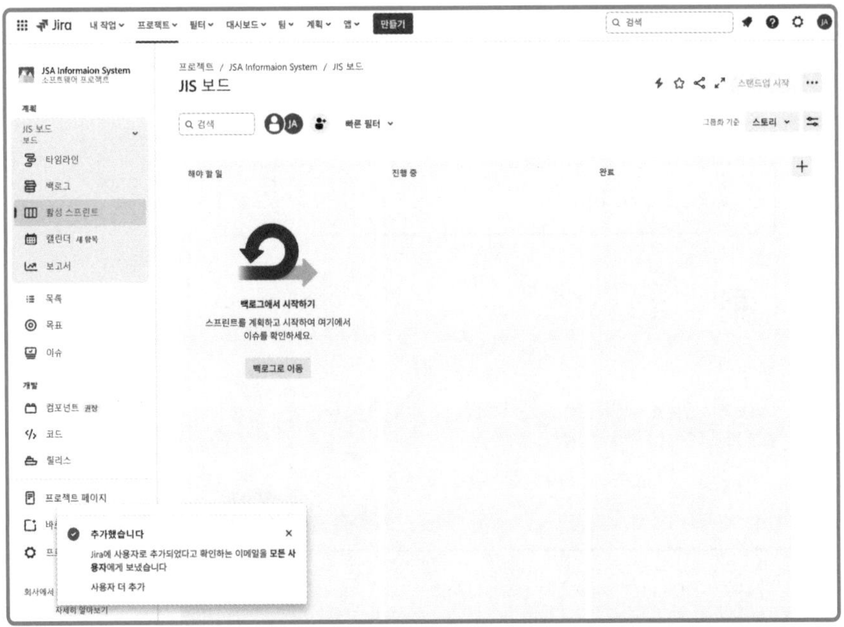

초대된 팀원에게 아래와 같은 메세지가 발송되며 [Accpt Invite] 버튼을 클릭하면 Jira Software에 접속된다.

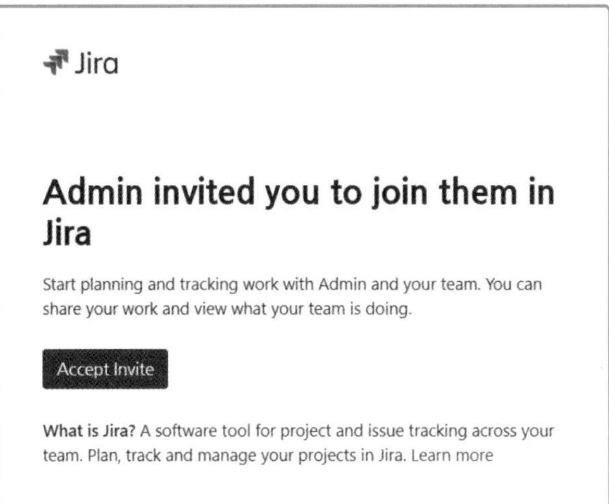

팀원 명을 입력하고 Password를 등록하면 계정이 만들어지면서 팀에 조인할 수 있는 사용자로 등록된다.

2.2 팀원 업무 지정

백로그 화면에서 팀원에 업무를 지정하고자 하는 백로그 이슈를 선택하여 클릭한다.

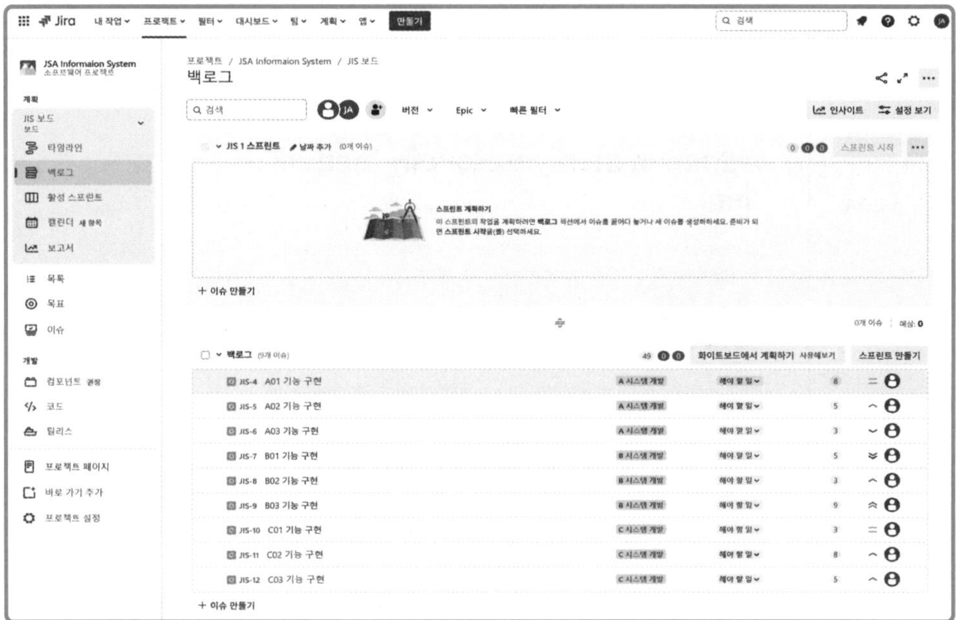

[이슈 정보] 창에서 [세부 사항] 을 클릭한다.

[세부 사항 > 담당자] 메뉴가 열린다. 그 위에 마우스를 이동시킨다.

[세부 사항 > 담당자] 메뉴에 팀원 명단이 나타나면 해당 백로그 이슈의 담당자로 업무배정을 원하는 팀원을 선택한다.

[세부 사항 > 담당자] 메뉴에 업무를 배정 받은 팀원이 지정된다.

백로그 화면 이슈리스트에 팀원들의 이니셜 아이콘과 해당 백로그 이슈에 담당 팀원이 지정된 것을 확인할 수 있다.

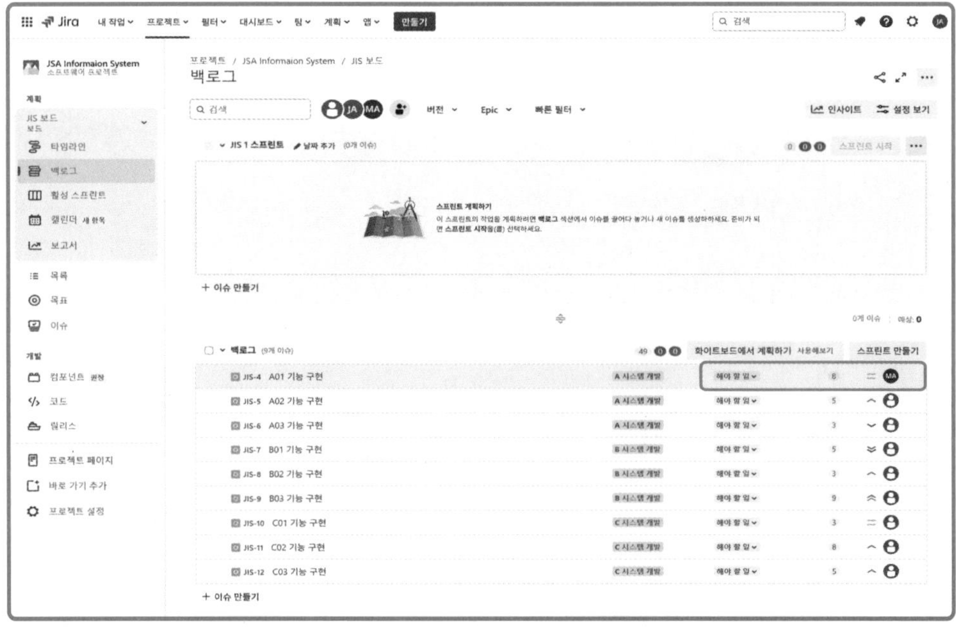

업무 담당자로 지정된 팀원에게 아래와 같이 지정 받은 업무의 이슈정보와 링크가 메일로 전달된다.

메일의 [이슈보기] 링크를 클릭하면 해당 이슈 화면으로 연결된다.

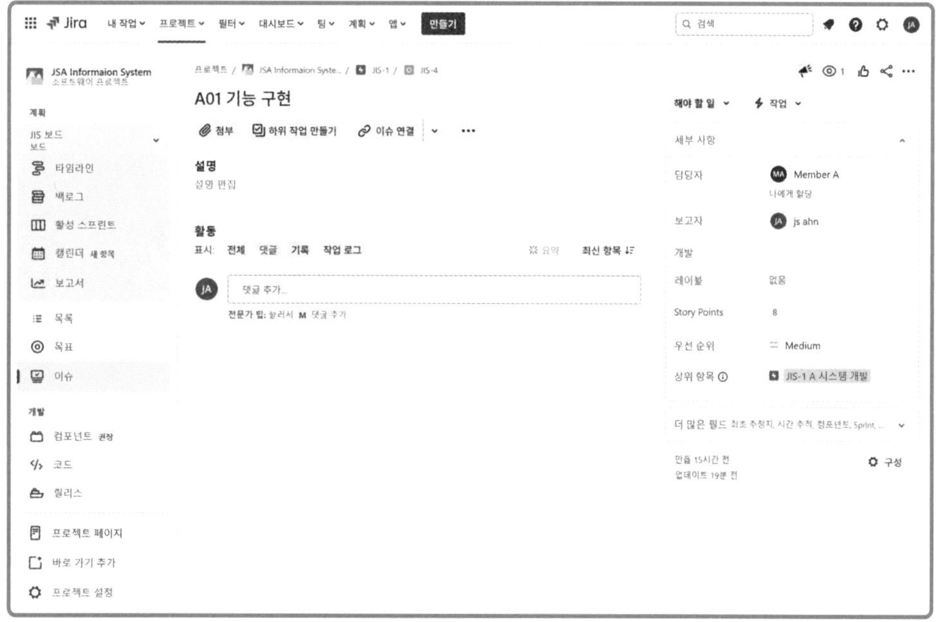

2.3 팀원 검색

2.3.1 팀원 검색

활성 스프린트 화면에서 [팀 > 사용자 및 팀 검색]을 클릭한다.

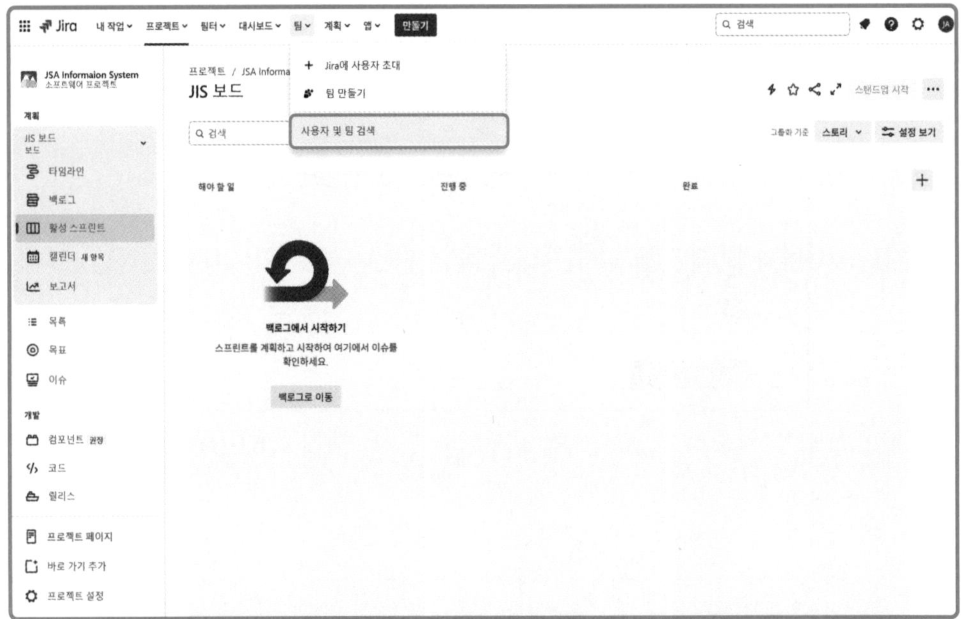

아래와 같이 [사용자 및 팀] 화면에서 팀과 사용자 전체가 표시되어 검색할 수 있다.

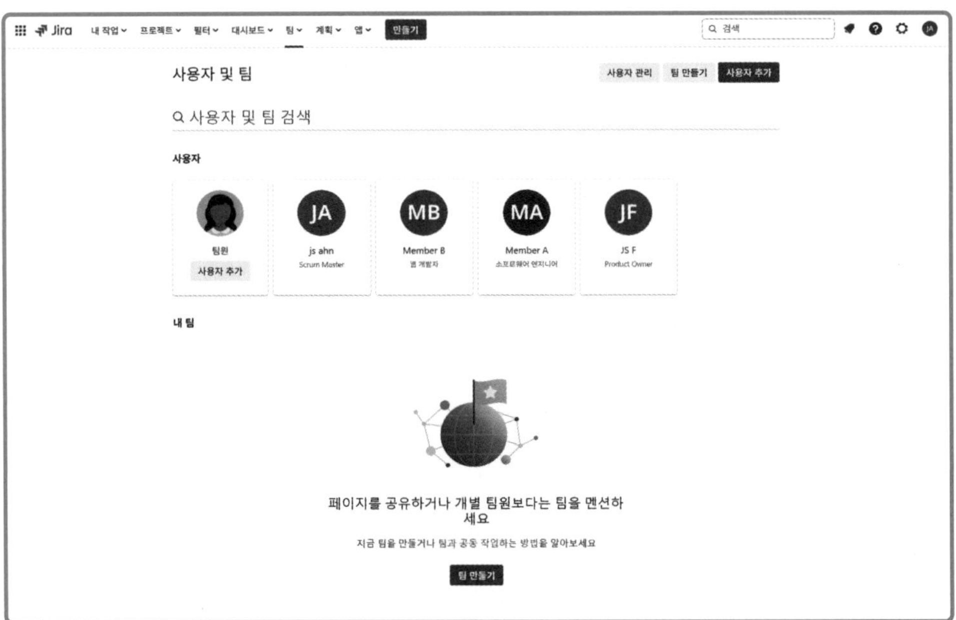

Chapter 06

팀 빌딩

1. 팀 빌딩의 의미를 이해한다.
2. Jira Software 에서 팀 빌딩 방법을 알아본다.
3. Jira Software 에서 팀 빌딩에 제공되는 기능을 확인 한다.
4. 팀 정보를 공유 할 수 있다.

「Chapter 5. 팀원 배정」에서 Jirasoftware에서 팀원을 배정하는 방법과 자원의 정의 및 분류에 대하여 알아보았다. 이번 장에서는 Jira Software 에서 정의된 팀 빌딩에 대하여 살펴보자. 팀 빌딩 방법과 이론을 학습한 후, Jira Software 에서 팀 빌딩 방법을 익혀 본다.

핵심정리 01

1.1 팀원 선정

● **올바른 팀원 선정 방법.**

프로젝트 조직에서 팀 구성원을 선발하는 일은 무척 중요하다. 프로젝트의 성공은 구성원들의 프로젝트 수행 결과에 좌우되기 때문이다.

프로젝트 팀 구성원을 선발할 때는 프로젝트 요구 사항을 만족시키는 기술이나 경험(Business, Leadership, Technigue), 개인적인 희망이나 요구 사항, 가용성, 프로젝트 요구 사항에 적합한 업무 스타일 등을 고려해야 한다. 프로젝트의 성공은 구성원들의 프로젝트 수행 결과에 따라 좌우되는 만큼 팀 구성원들의 역량은 매우 중요하다. 프로젝트 팀 구성원의 역량은 크게 개인적 역량, 조직적 역량으로 나누어 볼 수 있다.

개인적 역량 : 할당된 업무를 수행할 수 있는 지식과 기술을 가지고 있어야 한다. 역량이 높은 사람은 할당된 작업에 대한 정의와 어떻게 해야 하는지에 대해 이해하는 시간이 비교적 짧고, 예상되는 결과에 대해 팀 리더는 높은 확신을 가질 수 있다. 따라서 리뷰와 검사하는 빈도를 줄일 수 있다. 반면 그렇지 못한 사람에 대해 팀 리더는 보다 많은 리뷰와 조언을 통해 제대로 업무를 수행할 수 있도록 도와주어야 한다.

조직적 역량 : 팀워크, 즉 함께 일하는 역량이다. 아무리 개인적 역량이 뛰어난 사람이라도 조직적으로 함께 일할 수 없는 사람이라면 소용이 없다. 프로젝트 구성원들은 목표를 달성하기 위하여 함께 일할 수 있는 역량이 있어야 한다. 좋은 팀 리더는 팀원들 간의 개인적인 차이를 조율하고 개인간의 의사소통을 활성화시키며, 기술과 경험을 함께 공유할 수 있도록 환경을 제공해야 한다. 팀 리더의 많은 역할들 중에 가장 중점을 두어야 하는 영역 중의 하나이다.

1.2 팀 빌딩 절차

프로젝트 팀 구성을 위해서는 자원 요구 사항을 결정하는 일로부터 프로젝트 팀 구성원 대상자들에 대한 인터뷰를 하여 팀원을 선정하고, 착수 회의를 개최하여 역할과 책임을 명확하게 하고, 관리 프로세스를 설명하며, 의사소통 계획을 세우는 일들을 수행해야 한다. 프로젝트 팀 구성 절차는 크게 7단계로 구분된다. 자세한 내용은 다음과 같다.

1) 자원 요구 사항 결정

작업에 필요한 기술의 수준을 결정하고 팀 내에 해당 기술들을 어떻게 확보할 것인지에 대해 결정한다.

2) 팀 구성원 대상자에 대한 인터뷰

직접적인 기술 뿐만 아니라 팀웍, 개인의 소양, 업무적 희망 등을 인터뷰를 통해 알아낸다.

3) 팀원 선정

팀원의 선정을 통해 프로젝트에서 필요한 역량을 확보한다.

4) Kick-off Meeting의 개최

일관된 방향을 제시하기 위해서 프로젝트 팀을 모아 착수 회의를 개최한다.

5) 역할과 책임의 명확화

프로젝트에서 팀원들이 해야 하는 역할과 책임에 대해 제시한다.

- 역할 : 누가 무슨 업무를 수행하는가?
- 책임 : 누가 무엇을 결정하는가?

6) 관리 프로세스에 대한 팀 리더의 설명

어떻게 이슈를 관리할 것인지, 성과 측정은 어떻게 할 것인지, 보고의 주기는 얼마로 할 것인지 등 스프린트 관리 프로세스에 대한 팀 리더의 관리 방안을 팀원들에게 설명하고 이해시킨다.

7) 열린 의사소통에 대한 토대를 확립

프로젝트를 원활히 진행하려면 팀 리더와 팀원간에 의사소통이 중요하다. 관리자와 피관리자간의 의사 소통이 아닌 동등하고 개방된 의사소통이 반드시 필요하다.

Jira Software 활용하기 02

2.1 팀 빌딩 하기

팀 빌딩을 하기 전 우선적으로 해야 하는 일은 Product Backlog를 검토하고 구현해야 될 이슈를 확인한 후에 필요한 인력 구성에 대해 면밀히 검토해야 한다. **어떠한 경우라도 업무를 우선적으로 결정한 후에 필요한 팀원을 소집해서 팀 빌딩을 하는 것이 올바른 순서이다.**

팀원을 선택하여 팀을 만들려면 활성 스프린트 화면에서 [팀] 메뉴를 선택 한다.

1 사용자 메뉴를 이용한 팀 만들기

활용 가능한 팀원을 확인하기 위해 [팀 > 사용자 및 팀 검색] 을 선택한다.

[사용자 및 팀] 창이 열리면 팀 빌딩 할 팀원을 탐색한 후 [팀 만들기] 를 클릭한다.

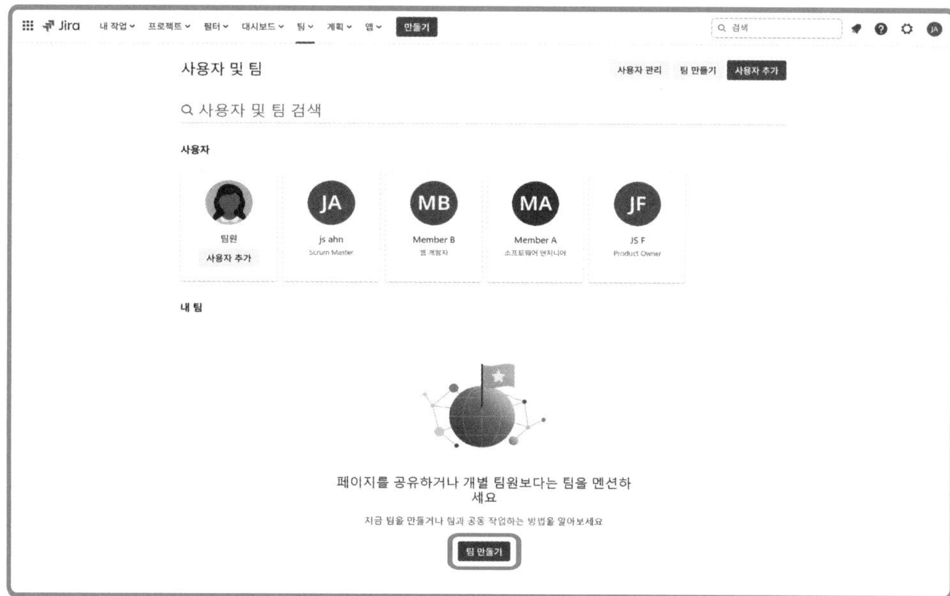

[팀 만들기] 버튼을 클릭하면 [팀 만들기] 창이 나타난다. [팀 만들기] 창에 팀 이름을 정하여 입력하고 초대 할 팀원들을 추가하여 초대한다.

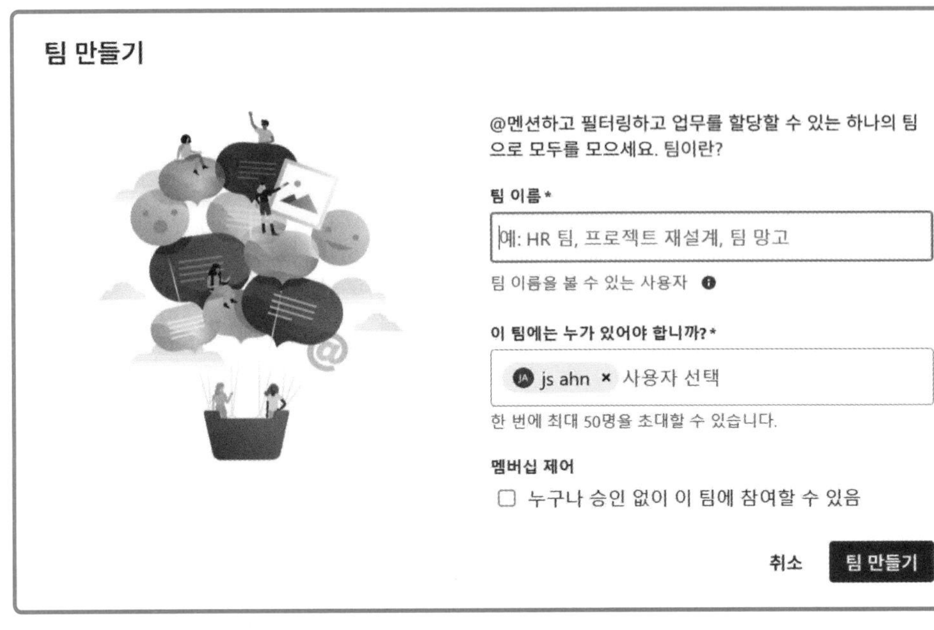

[팀 만들기] 창에 팀 이름을 정하고 초대 할 팀원들을 모두 초대했으면 [팀 만들기] 버튼을 클릭한다.

2 팀 정보 창을 통한 팀원 추가 배정

팀 빌딩이 완료되면 [팀 정보] 창이 아래와 같이 나타난다.

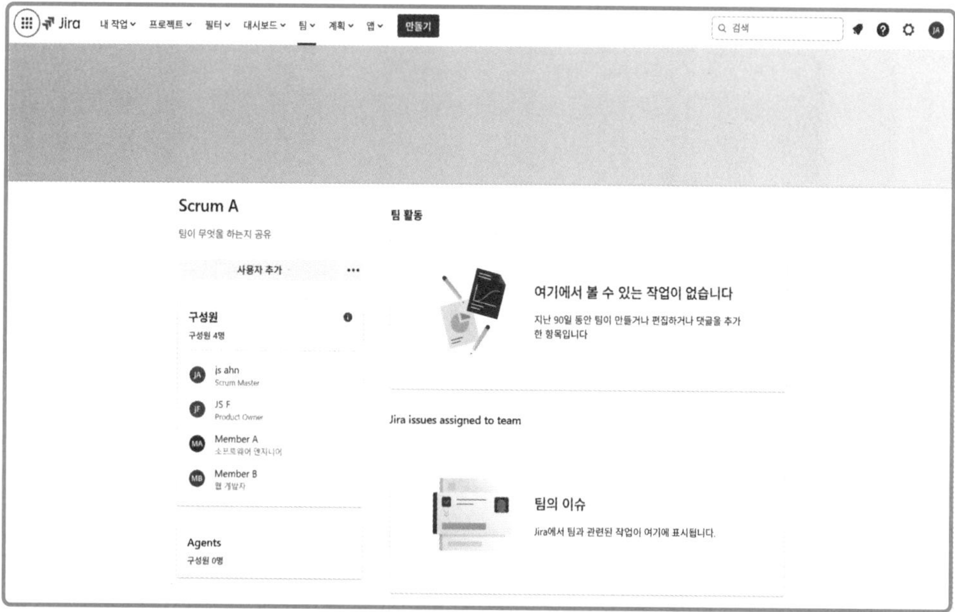

팀 빌딩 후 추가 할 팀원이 있다면 [사용자 추가] 버튼을 이용하여 추가하면 된다.

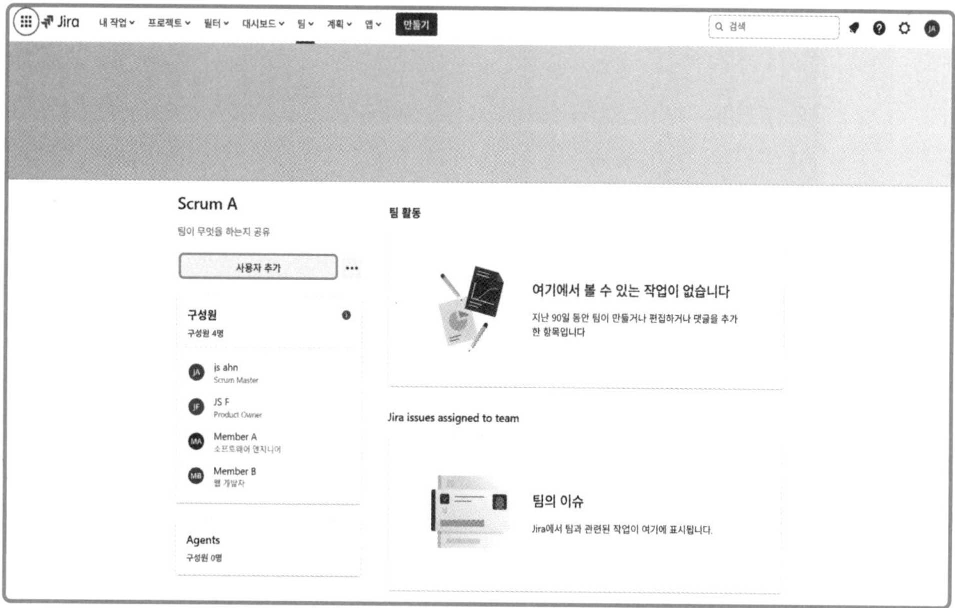

2.2 팀 조정 및 정보공유

2.2.1 팀원 및 팀 조정

팀원을 취소하거나 팀 해산을 원할 경우 아래와 같이 메뉴를 선택하면 된다.

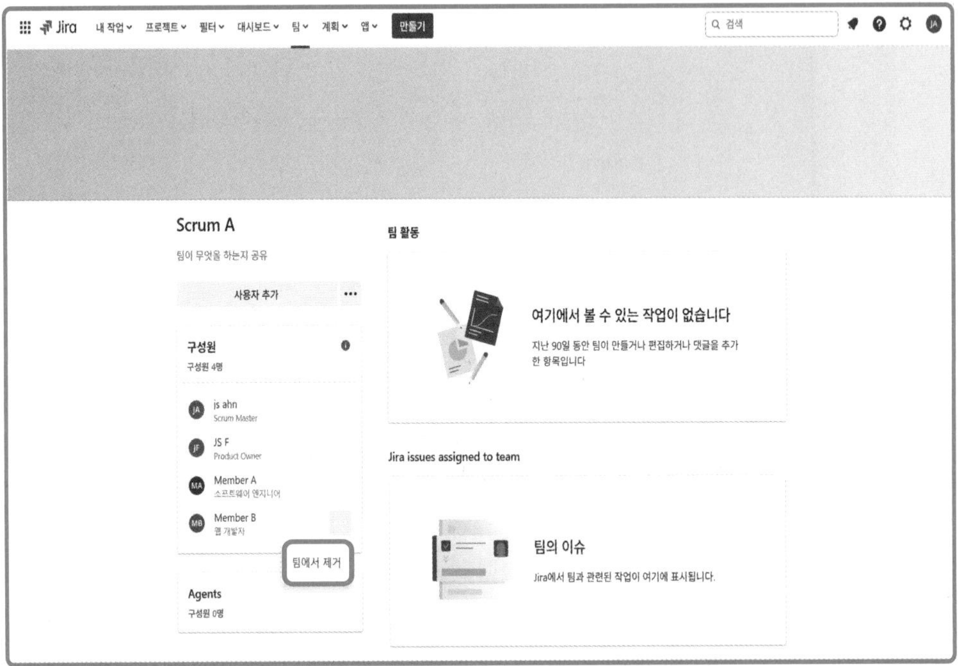

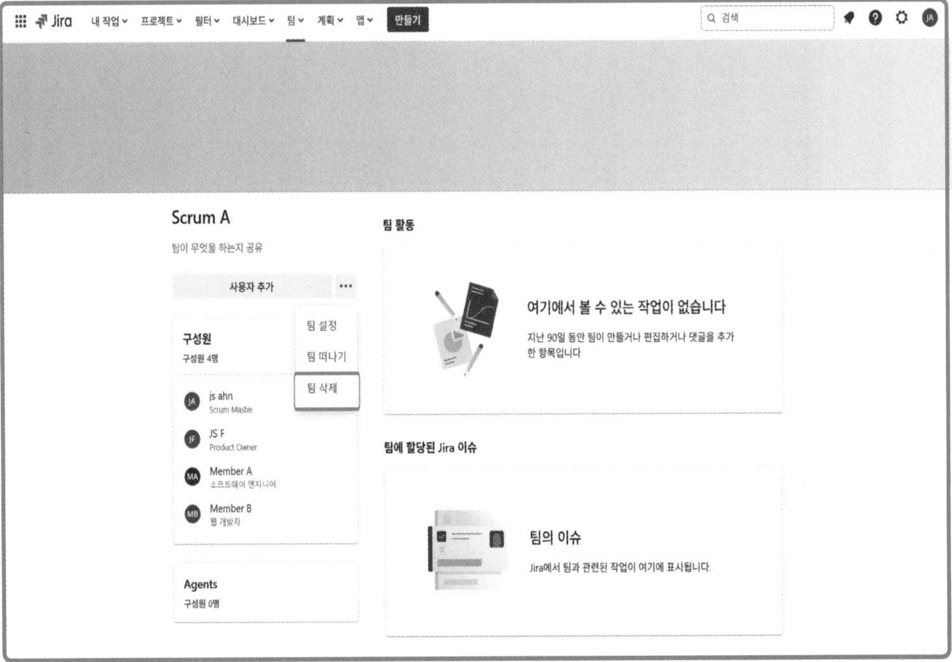

2.2.2 팀 정보 공유

팀 빌딩 상태를 확인하거 나 팀 메뉴를 열기 원할 경우 활성 스프린트 창으로 이동하여 [팀] 메뉴를 클릭하면 자신의 팀이 나타나며 자신의 팀을 선택하면 팀 화면이 나타난다.

자신의 팀을 클릭하면 [팀 정보]창이 나타나며 팀 정보 창에서는 팀원 간에 작업진행 정보 및 지식공유가 가능하다.

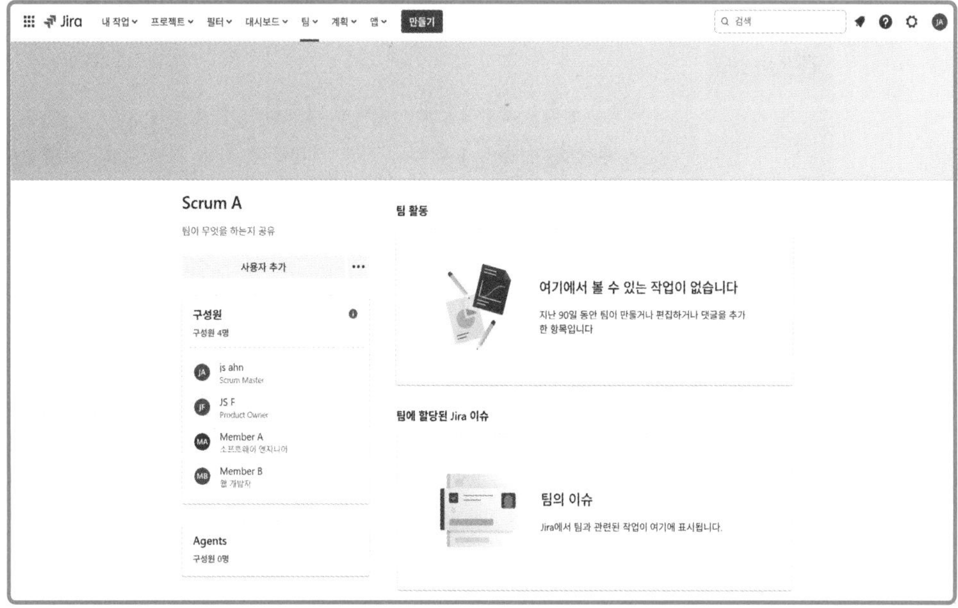

정리하기

Chapter 2

프로젝트 설정 [프로젝트 정의가 중요한 이유]

Jira Software를 사용하기 위해서는 기본적인 프로젝트 정보를 설정하여야 한다. 그 중에서 가장 중요한 것은 스크럼 프레임워크를 이해하는 것이다. 스크럼 프레임워크가 추구하는 프로젝트 관리방식을 이해하고 백로그를 도출하고 스프린트를 진행해야 올바른 스크럼 프로젝트를 수행할 수 있다.

Chapter 3

Roadmap작성 [Roadmap을 작성하는 이유]

복잡한 일을 해결하는 쉬운 방법은 한가지 뿐이다. 그것은 복잡한 일을 단순화시켜서 순차적으로 처리하는 방법이다. 프로젝트는 복잡한 일이며, 이를 성공적으로 수행하기 위해서는 우선적으로 수행할 업무에 대해 큰 그림을 그리고 다음 작업들을 세분화시킬 준비를 하는 것이 로드맵 작성이다. 또한 가시적으로 분해한 작업을 체계적으로 계층화 하여 스크럼 팀의 의사소통 시에도 중요한 도구로 사용하는 것이 로드맵이다. Jira에서는 타임라인 화면을 이용하여 Roadmap을 표현한다.

Chapter 4

백로그 등록 [요구사항을 파악하고 정리하는 것]

요구사항을 정확히 파악하는 것은 프로젝트 전체 진행과 더 나아가 프로젝트 성공에 반드시 필요한 요소이다. 그러나 요구사항 파악에는 투입된 인력의 숙련도와 업무의 불확실성 등 다양한 변수가 존재하여 정확한 요구사항 도출은 상당히 어려운 일이다. 프로덕트 사용자의 기능적 혹은 비기능적 요구사항을 스크럼 프로젝트에서 정리한 것이 백로그이며 백로그를 잘 정리하고 관리하는 것이 프로젝트를 체계적으로 진행하는 것이다.

Chapter 5 **팀원 배정 [스크럼 팀에서 팀원의 역할은 무엇인가?]**

스크럼의 정신을 한마디로 말하면 팀웍이다. 다시 말하면 어렵고 힘든 프로젝트를 스크럼 팀이 팀웍으로 돌파하는 것이다. 그러기 위해서는 팀 시너지를 주도할 자율적이고 능동적인 자세의 팀원을 선정하는 것이 무엇보다 중요하다. 또한 Product Backlog에서 정리된 요구사항과 업무를 수행할 능력 있는 팀원의 선정도 중요한 포인트이다. 아무리 능동적이고 자발적 자세로 일을 하더라도 업무를 수행할 수 있는 기술적 능력이 부족하다면 그것 또한 팀웍에 큰 문제를 일으키는 요소이다.

Chapter 6 **팀 빌딩 [팀 빌딩의 핵심 포인트는 무엇인가?]**

팀 빌딩은 스크럼 프로젝트를 수행함에 있어 반드시 필요한 필수 불가결한 요소이다. 프로젝트 팀이 제대로 팀 빌딩이 되지 않는다면 팀웍은 물론 팀 시너지는 절대로 발휘되지 않는다. 팀원을 배정받고 모으기만 한다고 스스로 자기조직화를 하는 스크럼 팀이 빌딩되지는 않는다. 팀 리더는 적절한 팀원을 모으고 스스로 자기 조직화를 할 수 있는 자율적이고 능동적인 환경을 제공하고 자유스러운 의사소통을 팀내에서 구현해야 한다. 팀원 또한 자신의 업무를 스스로 전계할 수 있는 기술적 능력을 갖추고 있어야 한다.

Jira Project

Part 03
스프린트 수행

Key Point

- 스프린트 계획 수립 방법
- 스프린트 수행 시 중요한 것은 무엇인가 ?
- 효율적인 스프린트 진행을 하려면?
- 스프린트 리뷰는 무엇을 검토 하는가?
- 스프린트 회고 시 주의점은 무엇인가?
- 후행 스프린트와의 연결은 어떻게 하는가?

Jira Project

Jira Software 스프린트 관리하기

Jira Software를 이용하여 스프린트 계획을 수립한 후, 실제로 수행 중인 스프린트의 각종 자료를 통한 진척 상황을 Jira Software에 입력하여 스프린트 관리를 하게 된다. Jira Software에서는 실무에서 관리하기 어려운 작업에 대한 정성·정량적 정보까지 산출하여 주기 때문에 보다 정확한 스프린트 관리가 가능하게 되어 있다. 또한 제공되는 명확한 스프린트 진행 상황에 대한 이슈 정보검색 자료는 프로젝트 진척 관리의 귀중한 지표가 되기도 한다. 이를 통하여 프로젝트의 원활한 관리가 이루어지며 부가적으로 번다운 차트와 같은 보고서 기능 등을 활용할 수 있다. 그리고 스프린트 진행을 통하여 발생하는 일정과 이슈에 대한 위험을 모니터링 하며, 발생하는 스프린트 진행의 변경 요소는 후행 스프린트 계획에 반영하여 후행 스프린트 계획을 손쉽게 수립할 수 있도록 도와준다. 이제부터 실제로 Jira Software를 사용한 스크럼 프로젝트의 스프린트 수행 및 관리 방법에 대해 자세히 알아보자.

Jira Project

Chapter 07

스프린트 계획 수립

1. 초기 계획의 개념에 대하여 알아본다.
2. 스프린트 계획 수립방법에 대하여 알아본다.
3. 이슈에 작업시간 추정치를 입력하는 방법을 알아본다.
4. 이슈에 우선순위를 반영하는 방법을 알아본다.

지금까지 Jira Software에서 스크럼 스프린트를 수행하기 앞서서 해야 할 일에 대해 학습하였다. 학습한 순서를 다시 한번 되짚어 보자. 이번 장에서는 스프린트 계획에 대해 학습하고 수립하는 방법에 대하여 배운다. 그리고 이슈의 우선순위와 기간 추정치를 등록하는 방법을 학습함으로써 Jira Software를 효율적으로 사용할 수 있도록 할 것이다.

핵심정리 01

1.1 초기 계획(Baseline) 개념

초기 계획이란 무엇인가? 일상생활 속에서도 초기 계획은 존재한다. 어떤 일을 함에 있어 초기 계획은 일반적으로 수립되어지는 경우가 대부분이다. 예를 들어 팀 워크숍을 간다고 가정해 보자. 워크숍을 가기 위해서는 사전에 계획안을 만들고 예산을 확보하고 예산이 확보된 다음에는 수행 가능한 수준으로 계획을 세분화하여야 한다. 여기서 초기 계획에 해당하는 부분이 품의서 및 첨부 계획서일 것이다. 만일 워크숍이 당초 일정대로 못 가는 상황이 되면 어떻게 될까? 혹시 워크숍 당일 폭우가 내려 워크숍 장소에 도저히 갈 수 없는 상황이 될 가능성이 있다. 만일 그런 경우에는 장소를 바꾸든지 날짜를 변경할 것이다. 하지만 이미 승인이 난 품의서에 기재된 날짜나 장소를 바꾸지는 않는다. 통상적으로 변경된 내용이 담길 변경계획서를 간단히 만들어 관계자들에게 배포하는 것으로 일정 조정 및 통보를 완료하게 된다. 여기에서 초기 계획과 실제 실적을 구분할 수 있다. 초기 계획은 그 성격상 확정된 다음에 변경이 안 되는 것을 원칙으로 한다. 반면 실제 실적은 현재 프로젝트가 처한 여건을 최대한 반영하여 변경된 사항이 반영됨을 원칙으로 한다. 사실 일상생활 속에서도 초기 계획과 실제 실적이 존재하기는 하나 특별히 구분하지 않거나 인식하지 못하여 마치 하나의 계획과 실적이 존재하는 것처럼 느낄 뿐이다.

프로젝트 진행 상황 아래와 같이 두 개의 층으로 된 Gantt 막대를 볼 수 있는데 여기서 위의 막대가 실제 실적, 아래의 막대가 초기 계획을 의미한다.

실제 실적

초기 계획

프로젝트에서 초기 계획의 저장 및 관리는 매우 중요하다. 의외로 많은 프로젝트 팀원들은 잘 모르는 경우가 많다. 모든 프로젝트 관리의 가장 기본적인 연산은 비교 연산이다. 즉 초기 계획과 실제 실적 간의 비교를 통해 프로젝트의 성과를 측정하기 때문에 **초기 계획은 프로젝트 성과 측정의 기준**으로 작용하게 된다. 프로젝트를 관리함에 있어 크게 두 부분으로 나누면 다음 그림과 같다.

프로젝트 관리 계획 수립	프로젝트 진척 관리

프로젝트 계획 수립 단계는 실제적인 프로젝트의 수행 이전의 극히 적은 시간 동안 진행되어 그 중요성이 높아 보이지 않지만, 프로젝트 진척 관리 단계에서의 제반 문제점을 사전에 산정 도출하여 계획에 반영해야 하므로 매우 중요한 단계라 할 수 있다.

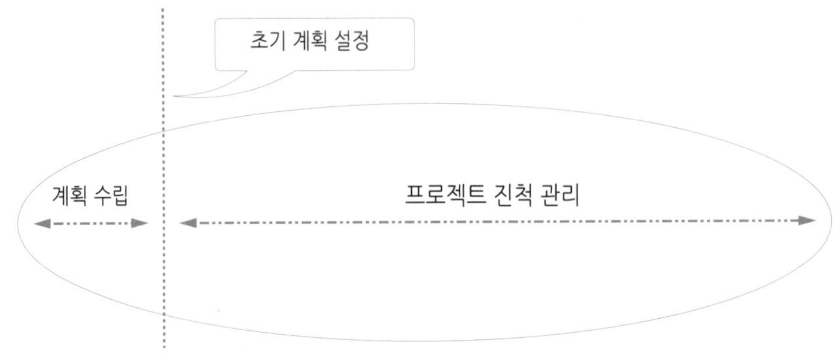

〈프로젝트 관리 계획 수립 단계〉

경우에 따라서는 실제 실적과 초기 계획이 다음과 같이 정확하게 똑같이 시작하여 완료될 수 있다.

실제 실적
초기 계획

하지만, 실제 실적이 초기 계획보다 늦게 시작하거나 늦게 끝나는 경우가 많다.

실제 실적
초기 계획

반면에 프로젝트 여건이 매우 좋아서 초기 계획보다 일찍 시작하는 경우는 다음과 같다.

실제 실적
초기 계획

또한 초기 계획보다 매우 늦게 시작하는 경우도 있을 수 있다.

실제 실적
초기 계획

1.2 스프린트 계획수립

1.2.1 스프린트 계획의 의미

스프린트 계획은 스크럼 팀이 팀 이벤트인 스프린트를 실시하기 앞서서 스프린트의 목표를 정하고 이번 스프린트에서 무엇을 만들어내며 스프린트를 어떻게 진행 할지를 합의 하는 행위이다.

스크럼 계획 회의 참석자 및 사전 준비물 그리고 진행 방식은 다음과 같다.

- 스프린트 회의 참석자
  - 프로덕트 오너
  - 스크럼 마스터
  - 스크럼 팀원
  - 관련 분야 전문가
- 스프린트 회의 준비물
  - Product Backlog
  - 팀 속도 측정 데이터
  - 팀 역량 추정 데이터
  - 프로젝트 제약사항
  - 프로젝트 가정
- 스프린트 회의 진행방식
  - 스프린트 계획수립 주제 별 타임박스를 사용
  - 프로덕트 오너와 스크럼 팀 간의 합의에 의한 의사결정
  - 자율적이고 자유로운 의사소통
  - 전문가로서 책임 있는 의사소통

1.2.2 스프린트 계획의 산출물

스프린트 계획 회의 주요 산출물은 다음과 같다.

- 스프린트 목표
  - 스프린트를 진행하는 이유
  - 스프린트에서 만들어지는 비즈니스 가치
  - 스크럼 팀원의 동기부여
  - 스프린트 완료의 정의

- 스프린트 Backlog
  - Product Backlog의 세분화
  - User Story의 세분화
  - Task의 세분화

- 스프린트 마일스톤
  - 스프린트 기간결정
  - 데일리 스크럼 시간, 장소 결정
  - 스크럼 리뷰, 회고 시간, 장소 결정

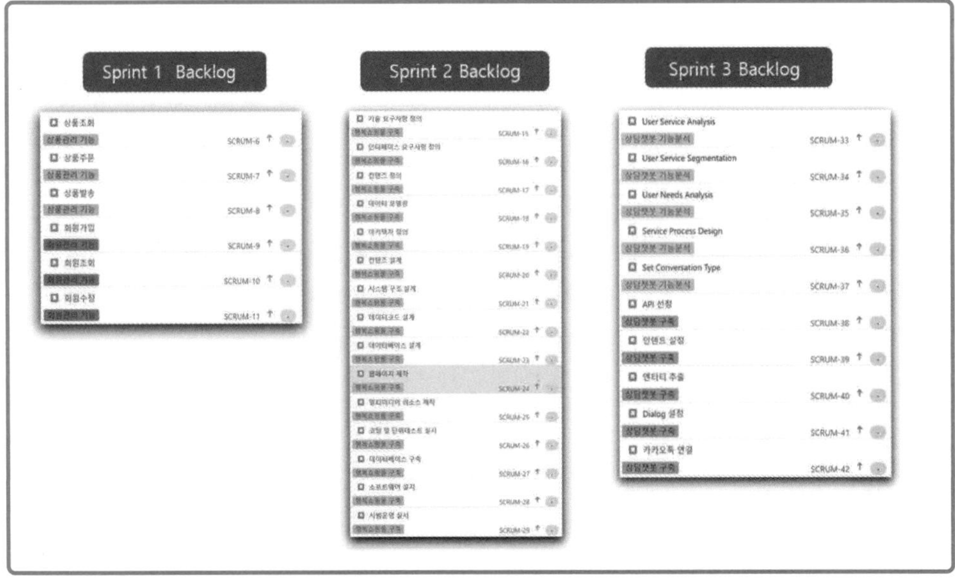

Jira Software 활용하기

02

Jira Software

프로젝트 만들기

타임라인 작성

백로그 등록

팀원배정

팀 빌딩

프로젝트 완료

스프린트

스프린트 계획

스프린트 생성

데일리 스크럼

스프린트 리뷰

스프린트 회고

스프린트

스프린트

스프린트

2.1 스프린트 계획 등록

스프린트 회의 결과로 도출된 스프린트 Backlog를 등록해 보자.
백 로그 화면에서 스프린트 Backlog를 등록하고자 하는 백로그 이슈를 클릭한다.

[이슈 정보] 창이 열리면 하위작업 만들기 아이콘 위로 마우스를 이동한다.

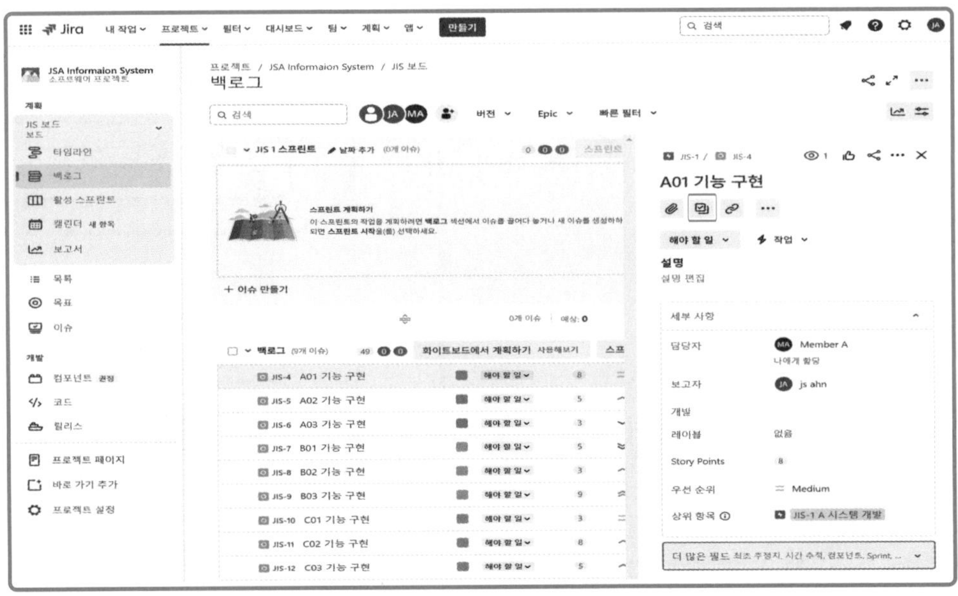

하위 작업 연결 아이콘 아래 하위 작업연결 문구가 나오면 클릭한다.

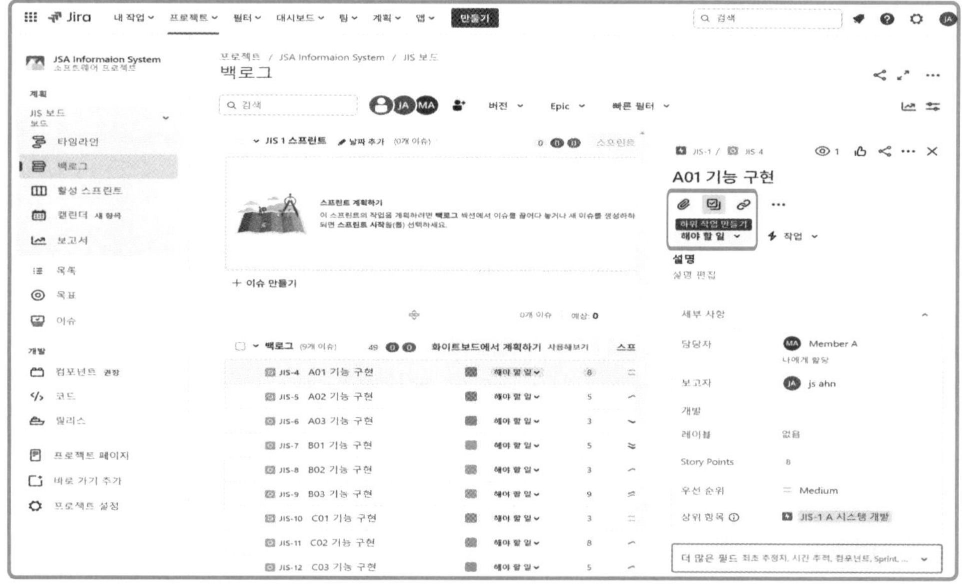

[하위 작업] 이름 입력창이 나타나면 하위 작업 이름을 입력 한다.

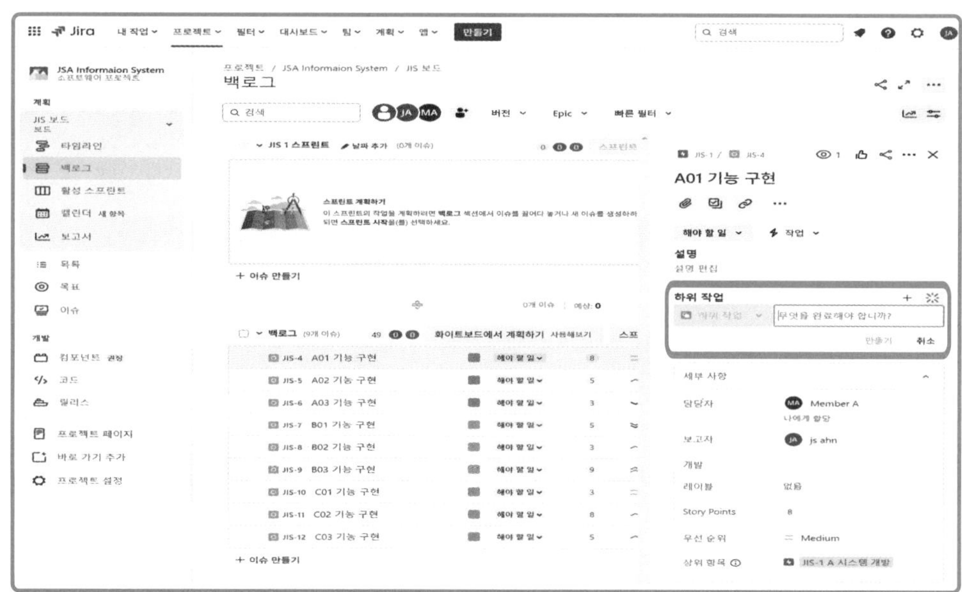

하위 작업 이름을 입력 한 뒤에 [만들기] 버튼을 클릭한다.

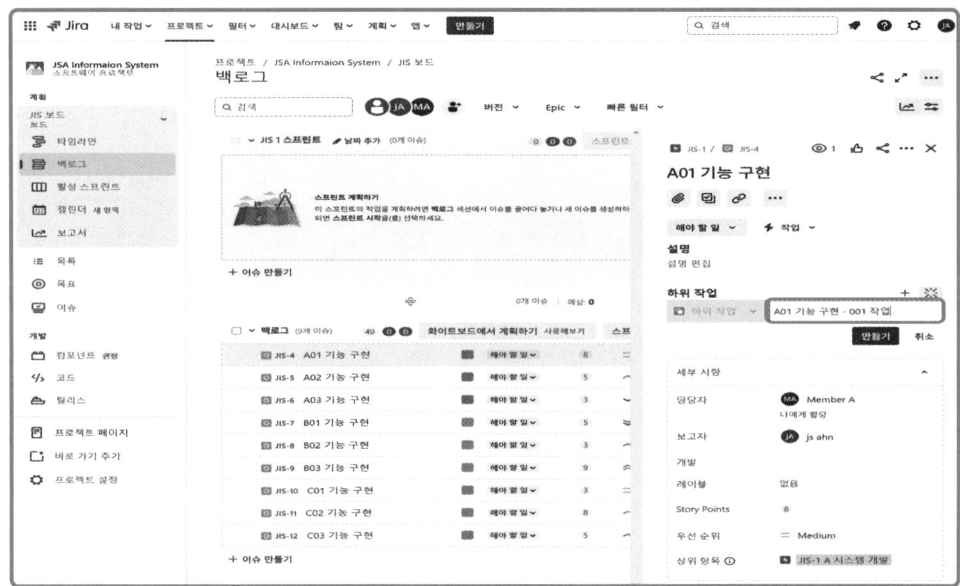

해당 백로그 이슈의 하위 작업 리스트에 하위 작업이 등록 된다.

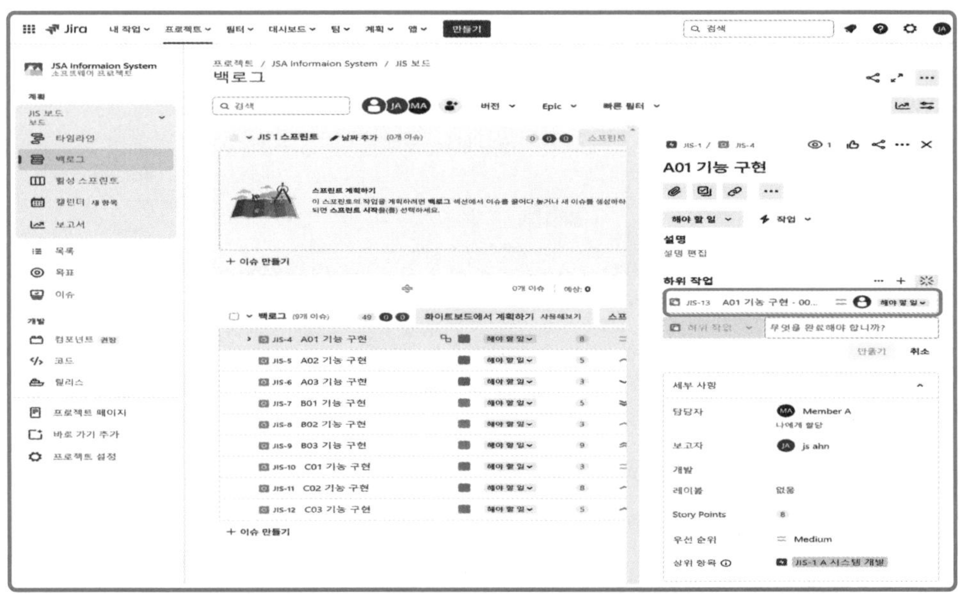

해당 백로그 이슈의 하위 작업 리스트에 순차적으로 하위 작업을 등록한다.

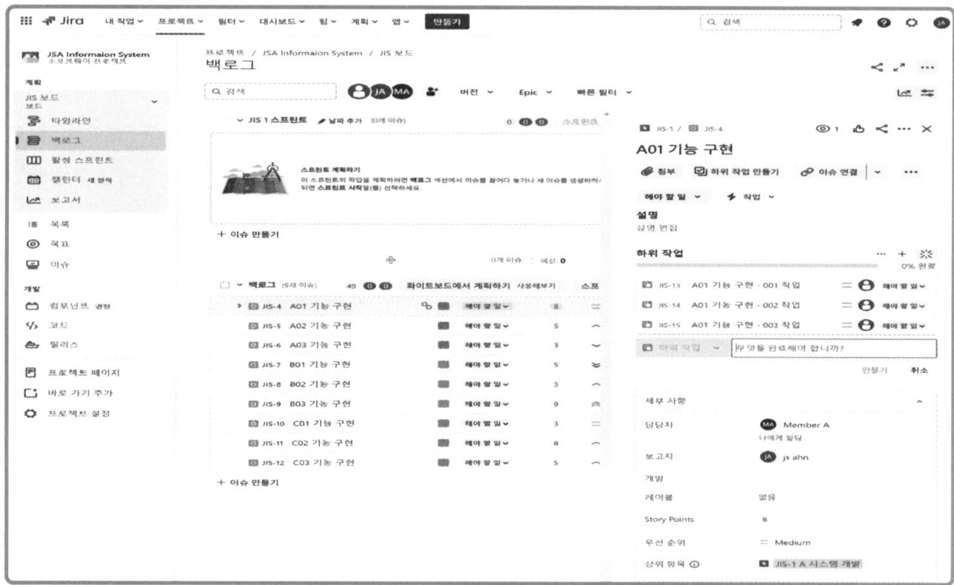

다음 백로그 이슈에도 앞에서의 하위작업 등록방법과 동일하게 하위 작업을 등록 한다.

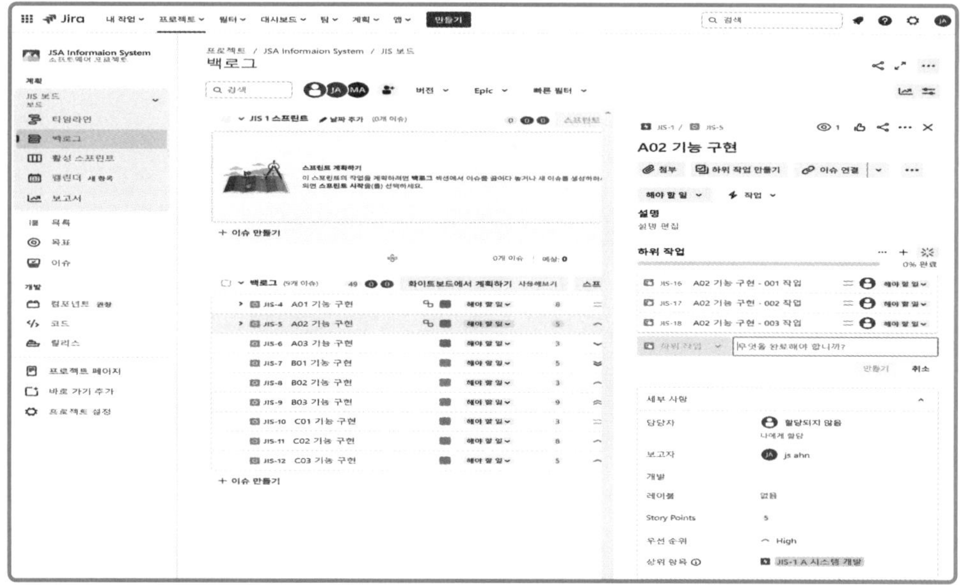

2.2 작업 우선순위 지정

이슈에 하위작업 등록이 끝나면 [이슈 정보]창에 하위작업 리스트가 순차적으로 나타나있다.

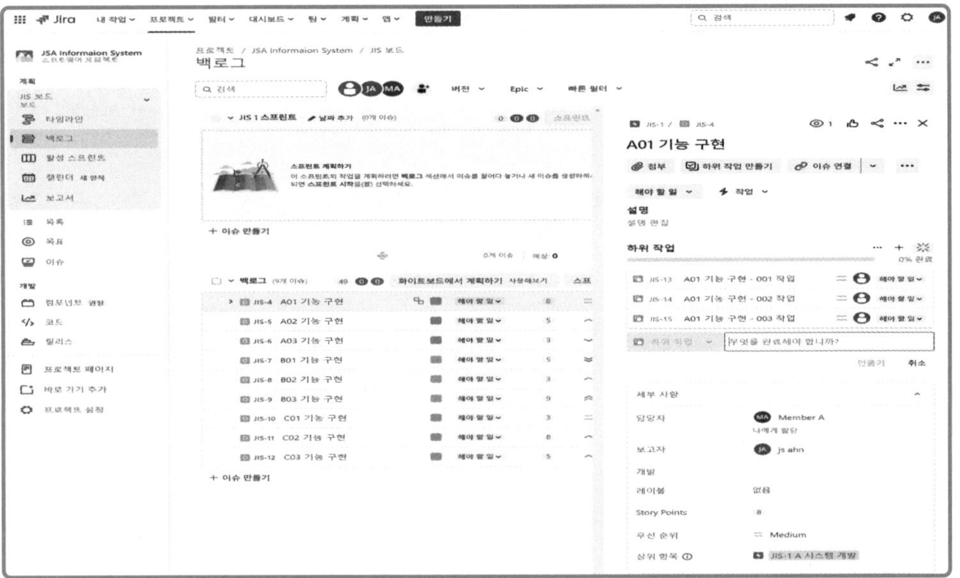

하위 작업 이름에 마우스를 이동한 후 클릭하면 [하위 작업 정보] 창이 나타난다.

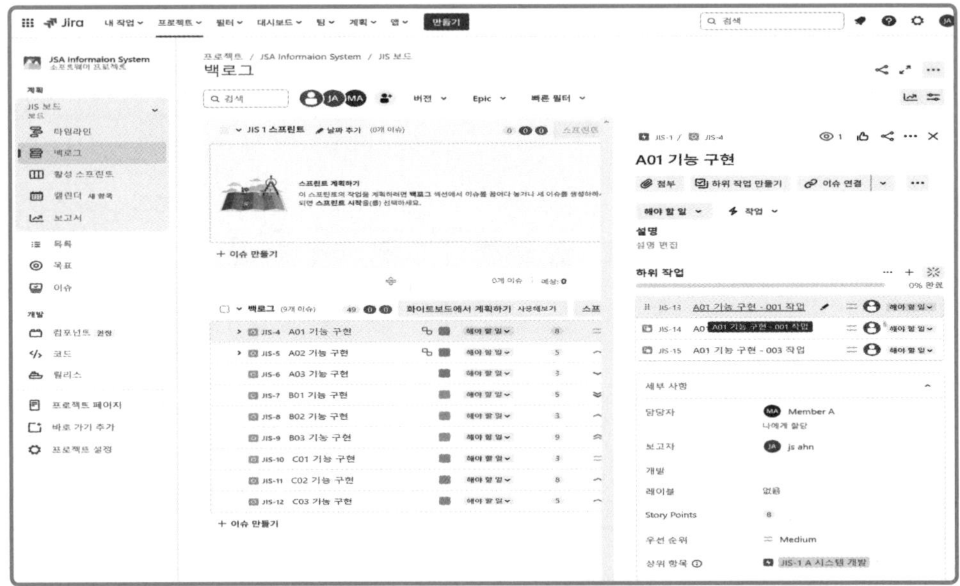

우선 순위 등록 창을 마우스로 클릭하면 우선 순위 리스트가 나타난다.

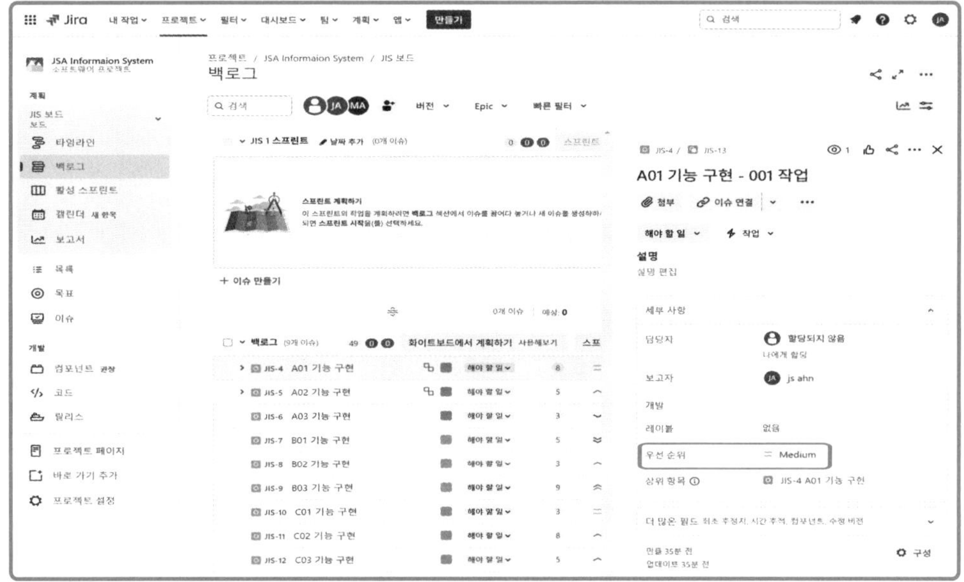

우선 순위 리스트 중 등록하는 우선 순위를 지정하면 우선 순위가 등록 된다.

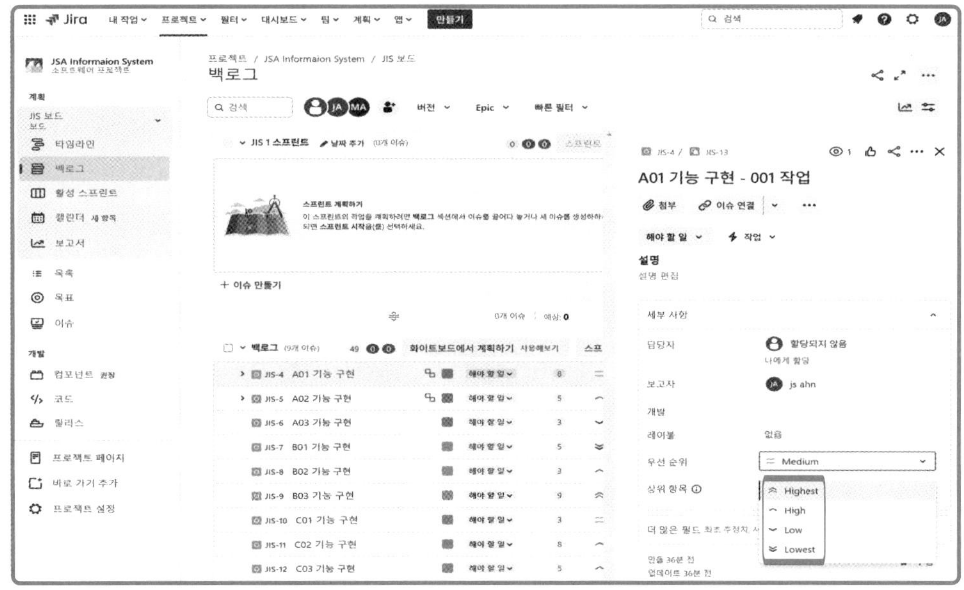

2.3 작업 시간 추정치 등록

하위 작업 정보 창에서 [더 많은 필드] 를 클릭하면 작업 시간 추정치를 입력할 수 있는 메뉴가 나타난다.

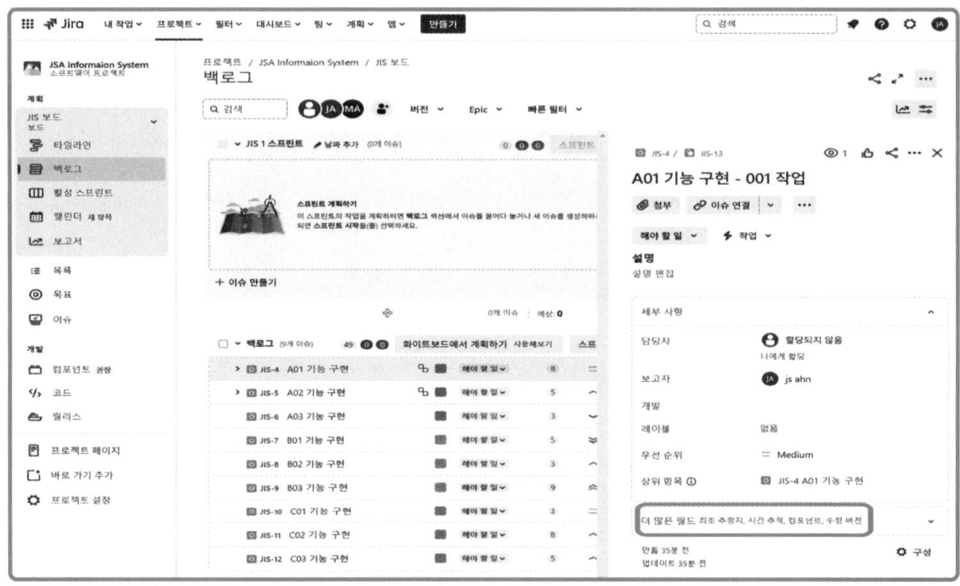

[최초 추정치] 메뉴에 작업 시간 추정치를 입력 한 후 체크버튼을 클릭한다.

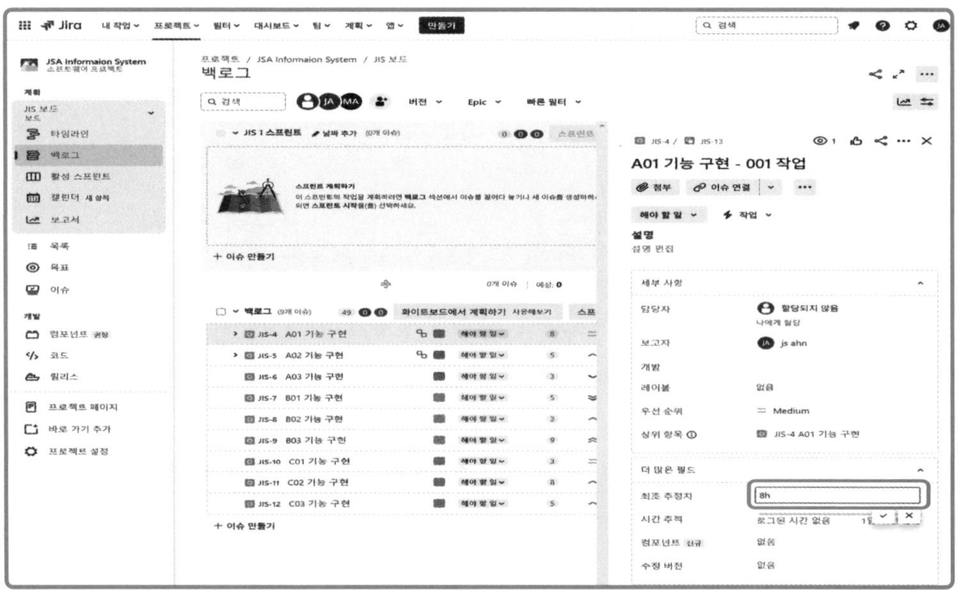

작업 시간 추정치가 입력되면 작업 시간이 자동으로 계산 되어 표시된다.

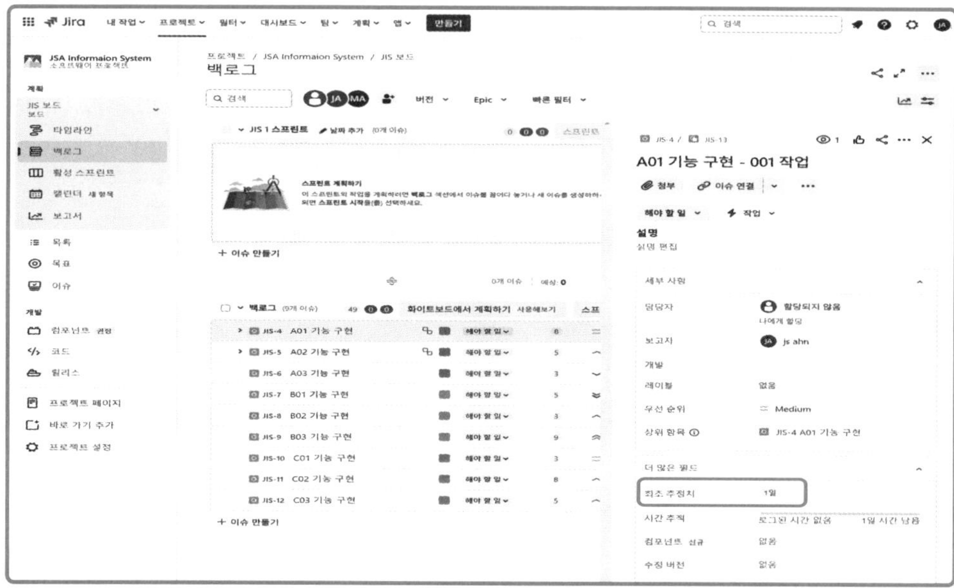

모든 하위 작업의 우선 순위와 작업 시간 추정치 입력이 끝나면 다시 백로그 화면의 이슈 창으로 돌아온다.

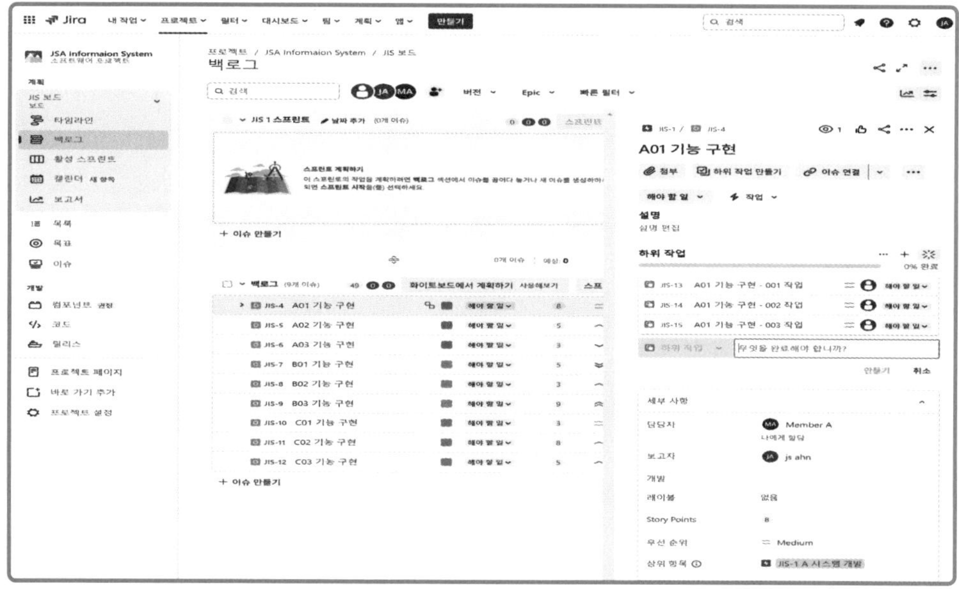

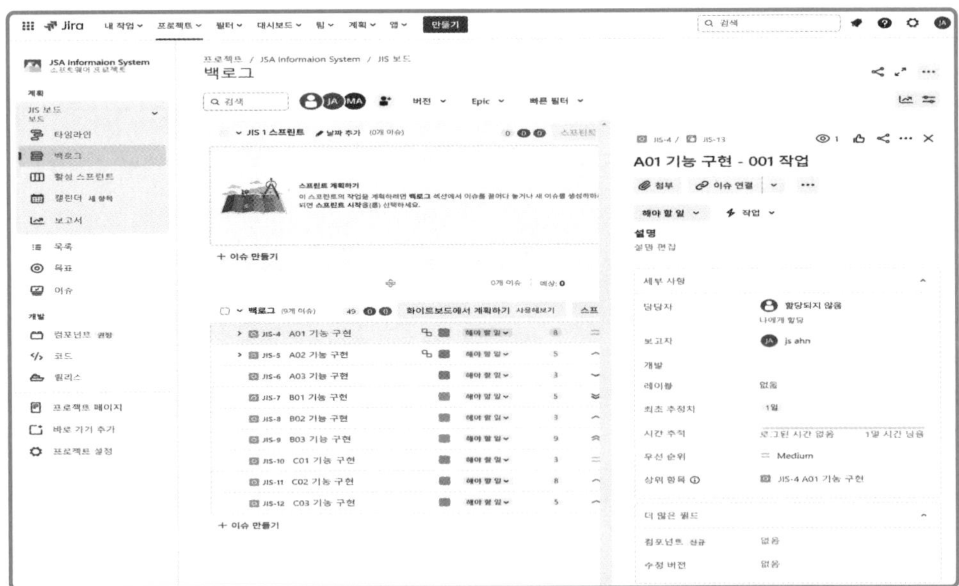

:: Note ::

스프린트 Backlog가 등록된 이 후에 하위정보 창을 열어보면 우선순위와 작업시간 추정치가 나타나 있다 .

2.4 작업 담당자 지정

하위 작업 정보 창에서 [담당자] 를 클릭하면 작업을 지정할 수 있는 팀원들이 나타난다.

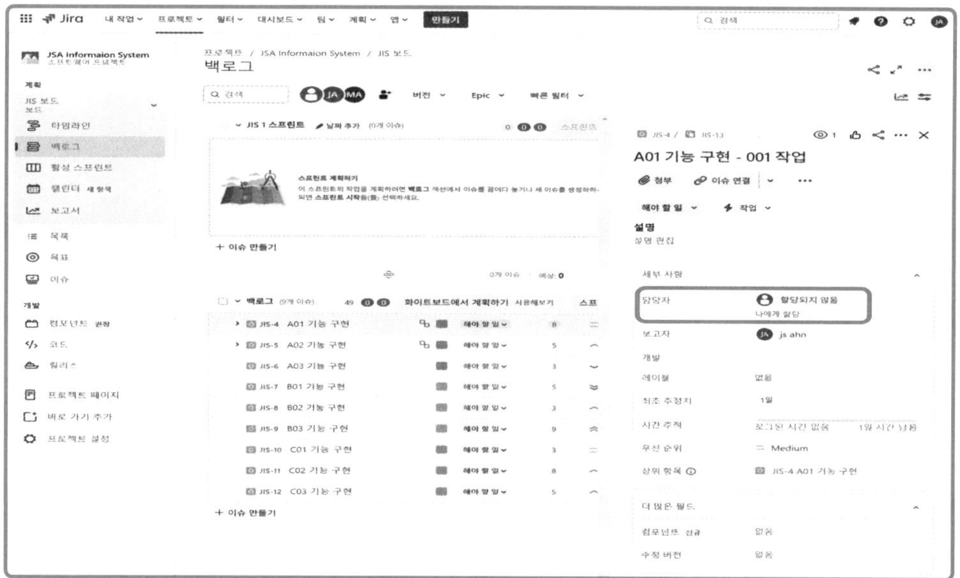

나타난 팀원 리스트에서 작업을 할당 하려는 작업 담당자를 지정 한다.

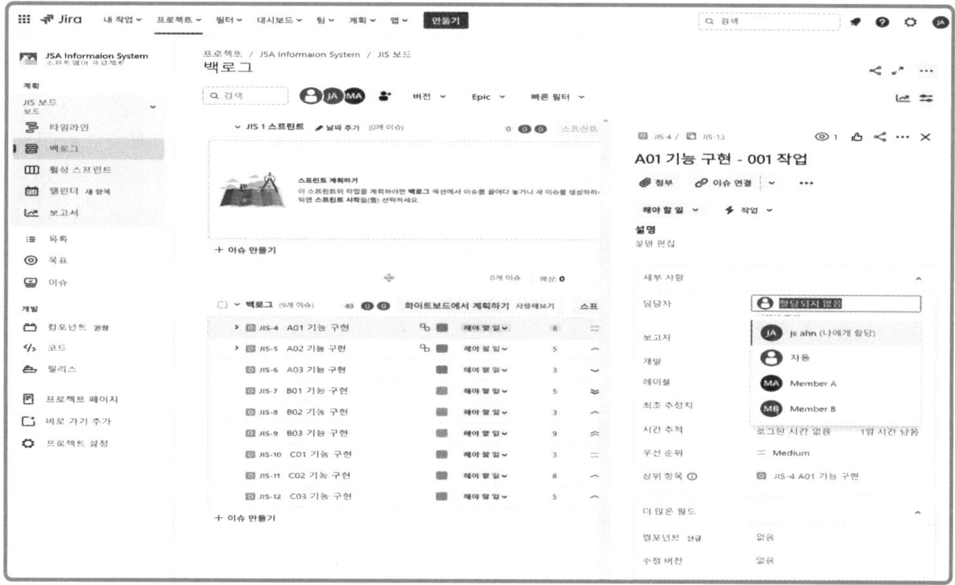

업무를 지정 받은 팀원에게 아래와 같이 지정 받은 업무의 이슈 정보와 링크가 메일로 전달 된다.

메일의 [이슈보기] 링크를 클릭하면 해당 이슈 화면으로 연결된다.

Chapter 08

스프린트 생성

1. 스프린트(Sprint)의 정의를 이해한다.
2. 스프린트 수행 절차에 대하여 알아본다.
3. 스프린트 생성 방법에 대해 공부한다.
4. 타임라인에서 Epic과 스프린트와의 관계를 이해한다.

Jira Software의 백로그 이슈 등록 방법을 살펴보았다. 이번 장에서는 스크럼에서의 스프린트(Sprint)의 의미를 알아본다. 다음으로 스프린트를 정의하고 생성하는 방법을 학습한 후에 타임라인 화면에서 스프린트와 Epic의 관계를 표시하는 방법을 배워보자.

핵심정리 01

1.1 스프린트 정의

1.1.1 스프린트(Sprint)란 무엇인가?

스프린트는 제한된 기간동안 정해진 Product Backlog Item을 구현하기 위한 스크럼 팀 이벤트이다.

스크럼 팀은 스프린트를 반복적으로 수행하면서 이해관계자와 합의 된 Product Backlog Item을 모두 구현 하고 Product Goal을 달성 시킨다.

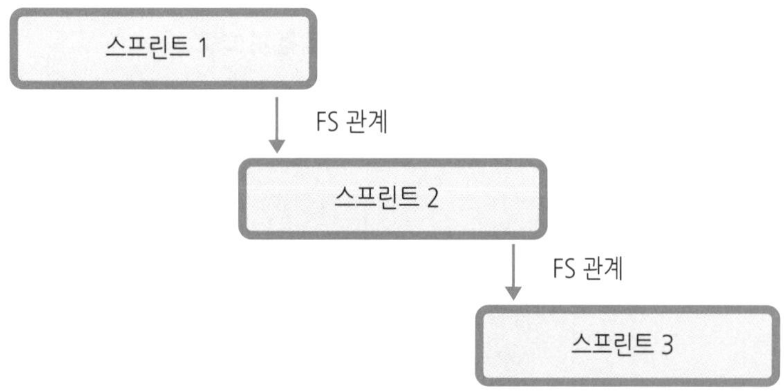

위의 그림에서 보는 것과 같이 첫번째 스프린크가 끝나면 스크럼 팀은 약간의 휴식을 취하고 지체없이 두번째 스프린트를 시작한다. 스프린트의 크기는 약 2주에서 4주 정도의 기간으로 수행하는 것이 일반적이다.

스프린트를 수행하는 스크럼 팀은 협업하며 정해진 서로 간의 약속을 지키기 위해 노력하여야 한다. 모든 업무를 자율으로 수행하고 팀원 스스로 무엇을 언제 어떻게 할지를 결정한다. 또한 그 결과 역시 팀원이 스스로 책임 진다.

스크럼 팀은 반복적으로 수행되는 스프린트 마다 유효하고 가치 있는 Product Increment를 만들어 내기 위해 노력해야 한다.

스프린트를 수행 하는 동안 스크럼 팀은 스프린트 중간에 스프린트 목표달성에 영향을 주는 변경을 해서는 안되며 산출물과 작업의 품질을 지켜야한다. 또한 수행 작업의 범위가 불명확 해서는 안되며 만일 범위가 불명확 하다면 프로덕트 오너와 다시 범위를 조율해야 한다.

스프린트가 목표를 잃고 표류한다면 스프린트를 중단시킬 수 있으나 그것은 전적으로 프로덕트 오너의 권한이다.

1.1.2 스프린트 수행 절차

스프린트는 4 가지 단계적 절차를 수행하면서 진행하며 주요 산출물은 다음과 같다.

스프린트 계획	스프린트 백로그
데일리 스크럼	스프린트 협업, 목표 동기화
스프린트 리뷰	산출물 점검 리스트
스프린트 회고	스프린트 회고록

- **스프린트 계획**
  : 스프린트 목표 설정, 스프린트 완료의 정의, 스프린트 수행 방법 결정

- **데일리 스크럼**
  : 1일 15분간의 협업 미팅, 스프린트 목표 대비 진척확인, 팀 의사소통 도구

- **스프린트 리뷰**
  : 스프린트 산출물 점검, 프로덕트 목표 대비 진척확인, 프로덕트 백로그 수정

- **스프린트 회고**
  : 다음 스프린트 품질 및 효율성 향상 방법 모색, 스프린트 개선책 강구

Jira Software 활용하기 02

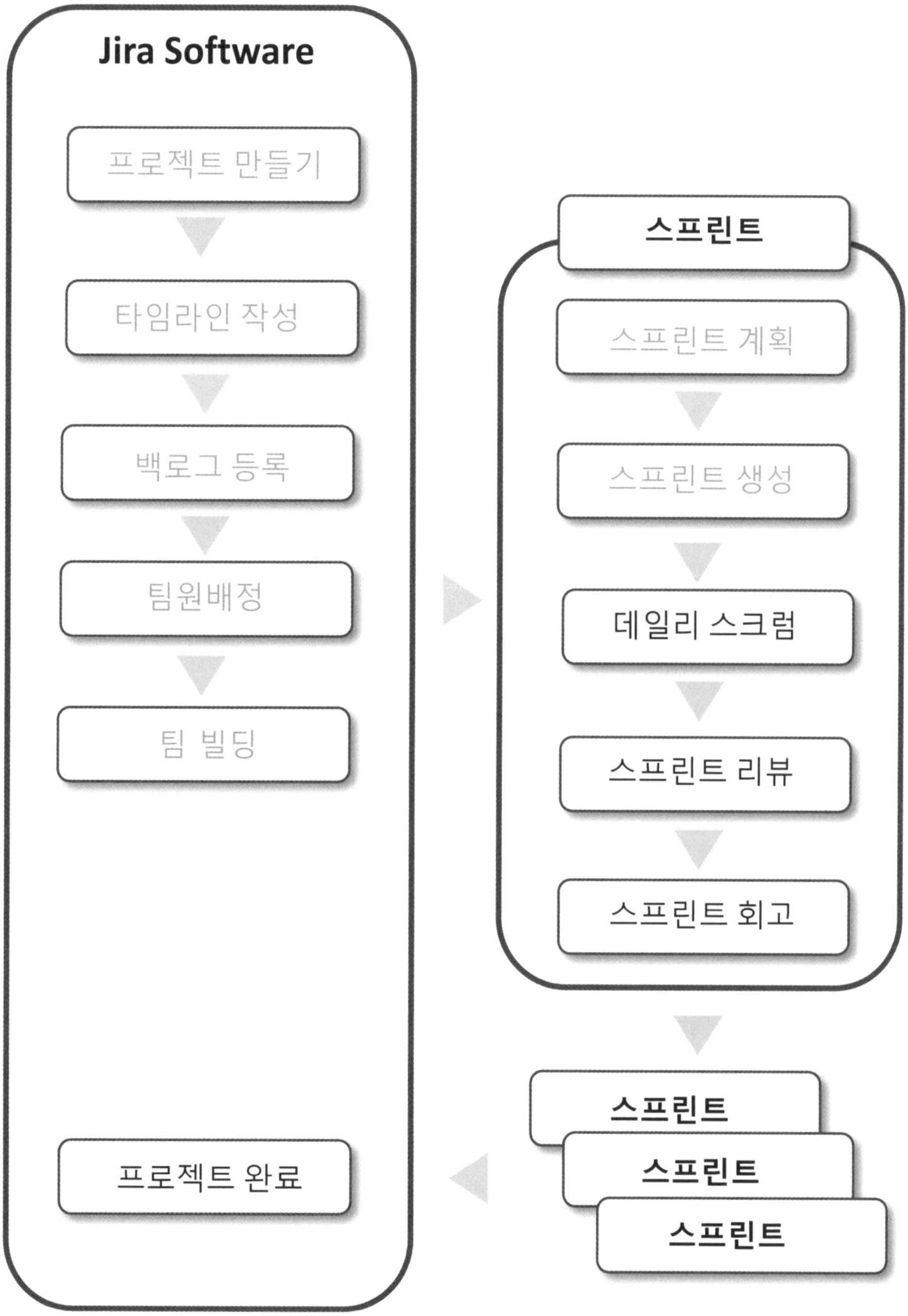

Jira Software

프로젝트 만들기

타임라인 작성

백로그 등록

팀원배정

팀 빌딩

프로젝트 완료

스프린트

스프린트 계획

스프린트 생성

데일리 스크럼

스프린트 리뷰

스프린트 회고

스프린트

스프린트

스프린트

2.1 스프린트 생성

2.1.1 스프린트 생성

1 스프린트 만들기

타임라인 화면에서 Epic과 이슈를 확인 한 후 백로그 화면으로 이동한다.

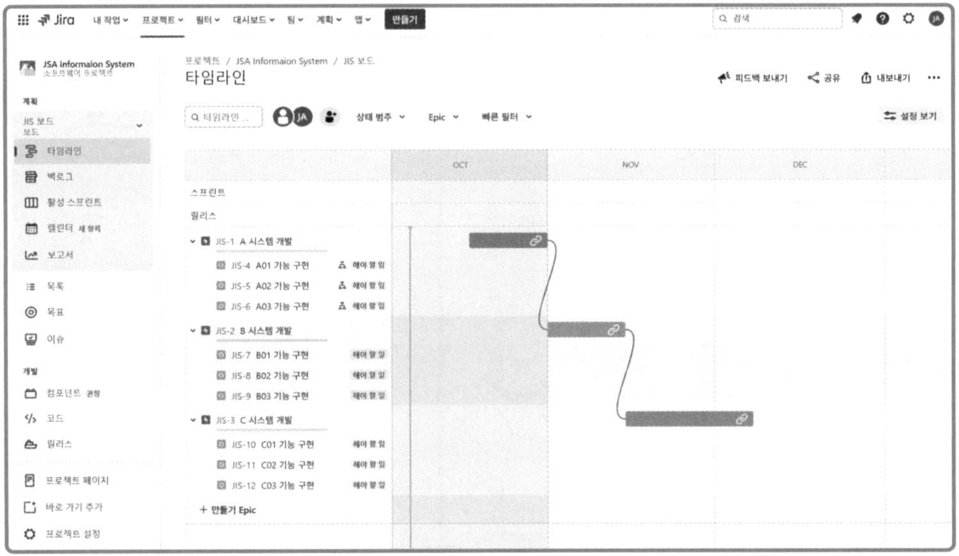

백로그 화면에서 첫번째 스프린트 입력 화면을 확인한다.

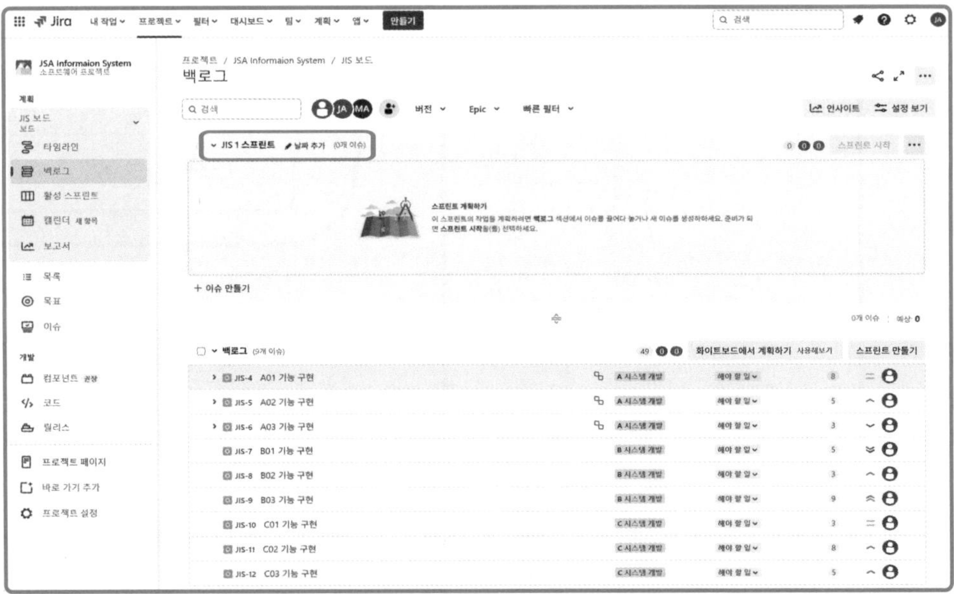

2 스프린트 계획 수립

첫번째 스프린트에서 수행하려는 이슈를 지정한다.

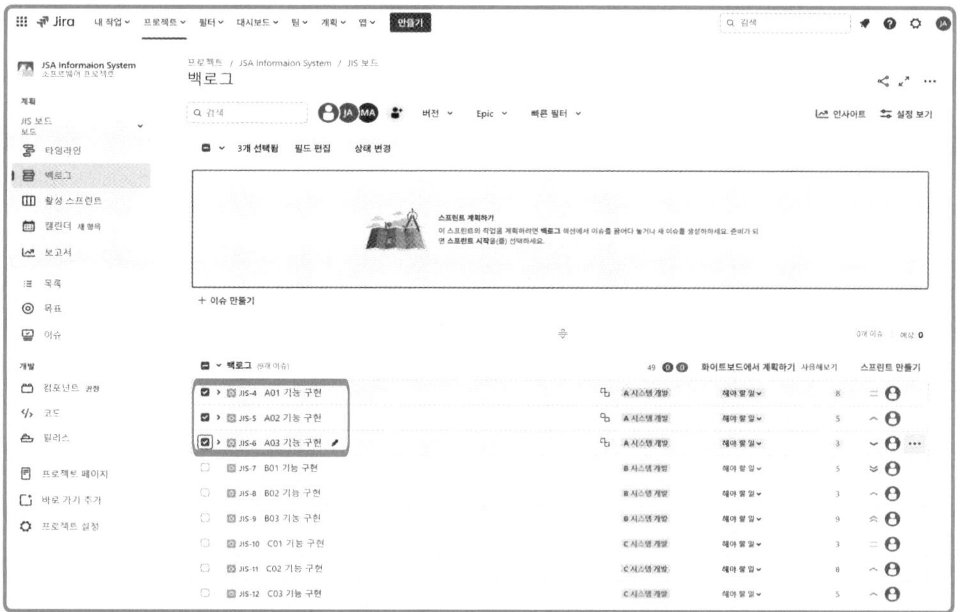

[스프린트 계획] 창에 첫번째 스프린트에 해당 하는 이슈를 마우스를 이용하여 이동시킨다.

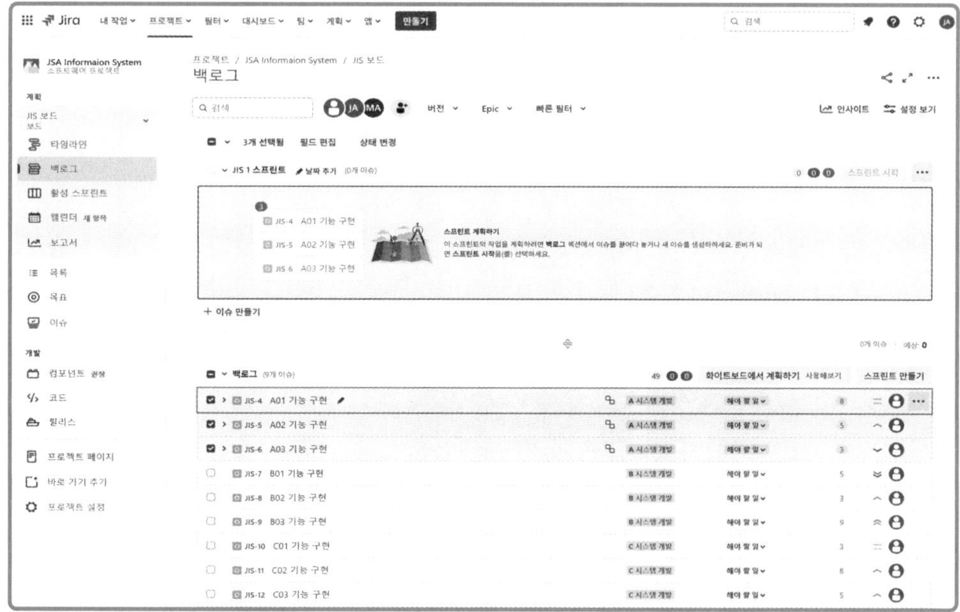

3 스프린트 시작

첫번째 스프린트 계획이 완성되면 [스프린트 시작] 버튼을 클릭한다.

4 스프린트 기간 설정

[스프린트 시작] 버튼을 클릭하면 [스프린트 시작] 정보 창이 나타난다.

[스프린트 시장 정보] 창의 [기간]을 클릭하면 원하는 스프린트 기간을 선택할 수 있다.

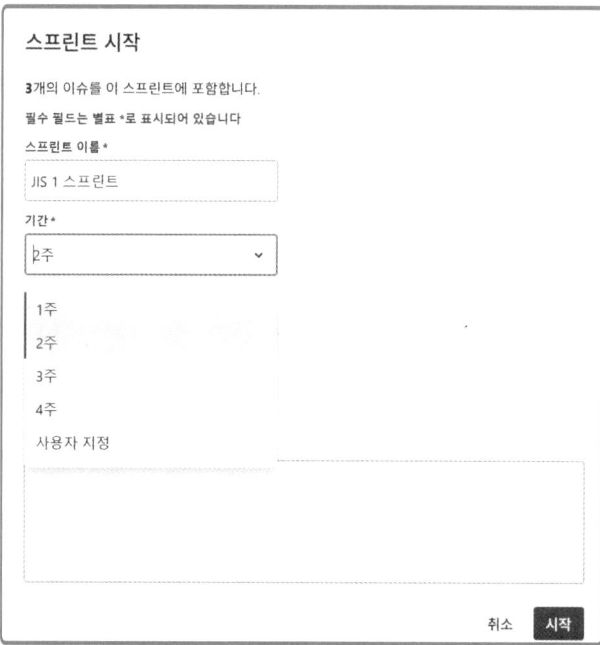

5 스프린트 사용자 정의 기간 설정

[기간] 설정을 사용자 정의로 선택하면 [종료일]을 입력할 수 있다.

6 스프린트 목표 입력

[스프린트 목표] 에 첫번째 스프린트의 목표 내용을 입력 한다.

7 스프린트 시작 확인

[시작] 버튼을 클릭하면 스프린트가 시작된다.

8 활성 스프린트 표시

스프린트가 생성되면 활성 스프린트 화면에 첫번째 스프린트의 진행 상태가 표시된다.

활성 스프린트 화면에서 [이슈카드] 를 마우스로 이동시키면 스프린트의 진행 상황을 관리할 수 있다.

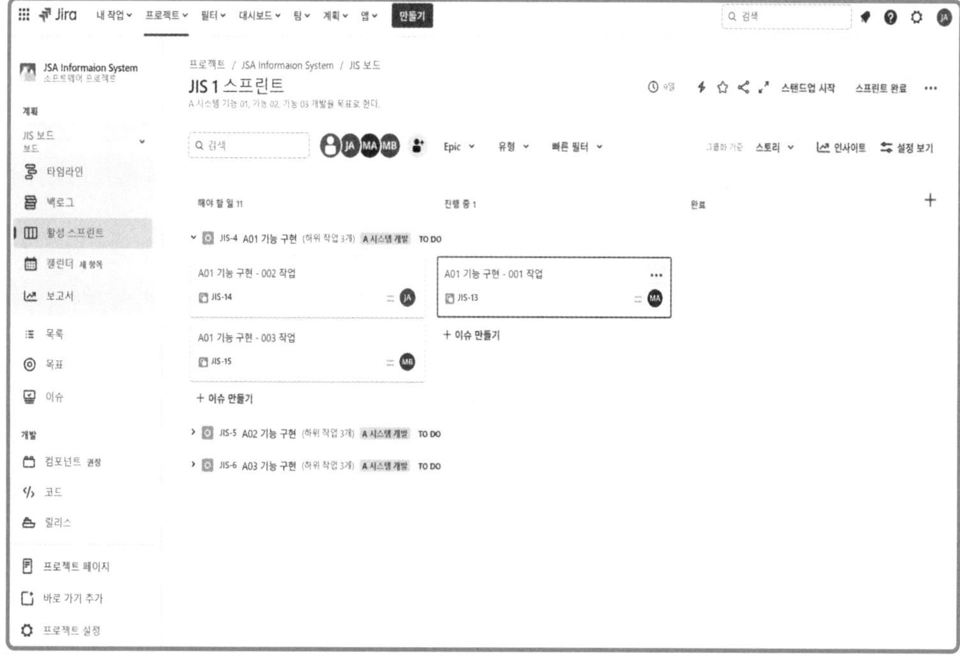

2.2 타임라인에서 스프린트 표시

타임라인 화면으로 이동해보면 첫번째 스프린트가 표시되어 있다.

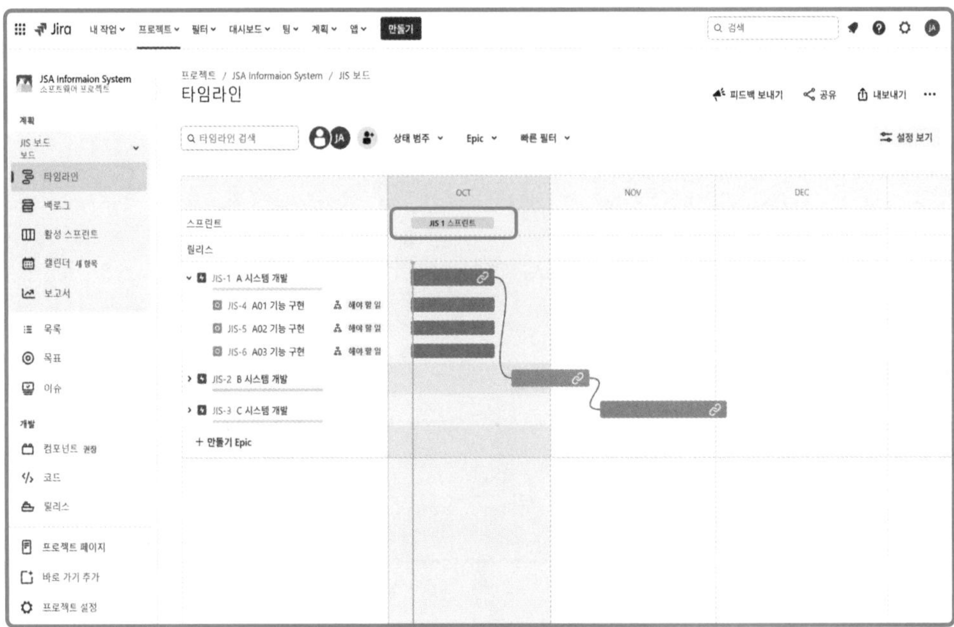

표시된 첫번째 스프린트 막대에 마우스를 이동시키면 스프린트 기간이 표시된다.

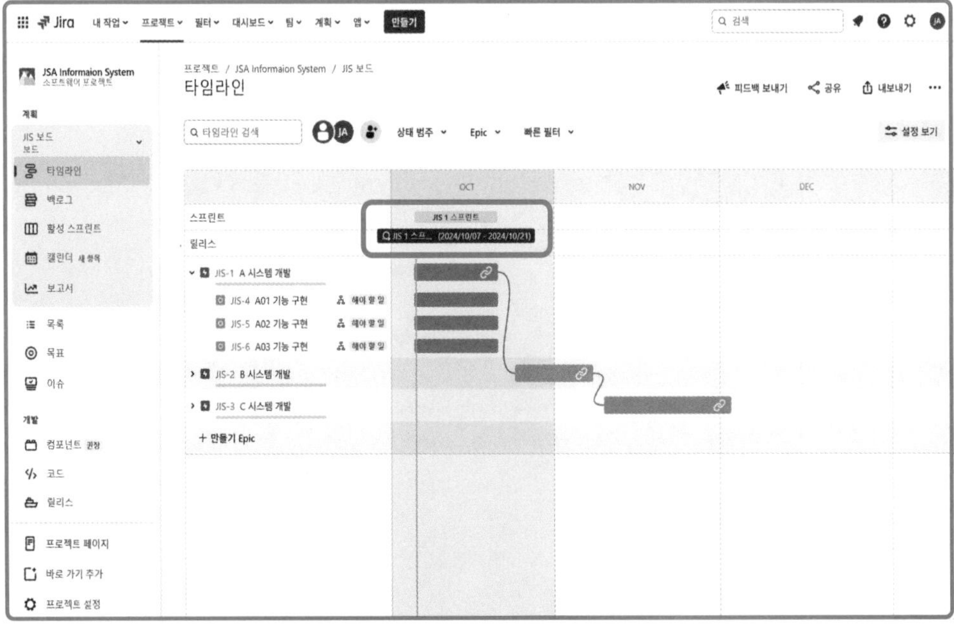

Chapter 09

스프린트 실행

1. 데일리 스크럼에 대하여 알아본다.
2. 작업 진척 관리 방법을 알아본다.
3. Jira Software 에서의 진척 입력 방법을 살펴본다.

지난 장에서 Jira Software에서 스프린트를 생성하고 로드맵에서 스프린트를 표시하는 방법을 학습하였다. 이어서 스프린트를 실행하고 데일리 스크럼과 스크럼 보드에 대하여 알아본다. 그리고 스프린트를 진행하기 위한 Jira Software의 사용법과 스프린트 보고서에 대하여 알아보자.

핵심정리 01

1.1 데일리 스크럼

스크럼 팀이 매일 약속된 시간에 모여 팀원들의 업무 진척상황을 공유하고 다음 업무의 변경 사항을 스프린트 Backlog에 반영하는 15분 정도의 타임박스를 활용한 일일 스탠드업 미팅이다.

1) 데일리 스크럼 의제

데일리 스크럼에서는 크게 세가지 주제로 이야기한다. 첫째는 어제한 작업내용, 둘째는 오늘 할 작업, 셋째는 작업에 장애가 되는 사항이다. 데일리 스크럼 회의에서 이 세가지 주제에 대한 이야기를 하지만, 미팅 시 주의할 점은 데일리 스크럼은 답을 찾는 미팅이 아니라는 점이다. 데일리 스크럼의 목적은 팀원들이 처한 상황을 공유하고 협업을 하기 위한 미팅이기 때문이다.

2) 데일리 스크럼 도구

데일리 스크럼 미팅 시 몇 가지 도구를 사용하면 효율적이다. 대표적인 도구는 스크럼 보드 혹은 칸반보드이다. 스크럼 보드 혹은 칸반보드는 현재 스프린트 Backlog의 처리 진행 상황에 대해 시각적 보드를 이용하여 직관적으로 표현하고 있어 스크럼 미팅 의사소통에 효율적이다. 또 다른 대표적 도구는 번다운차트이다. 번다운 차트는 스프린트 Backlog의 작업 상황을 수치화 시켜 팀에게 제공할 수 있는 장점이 있다.

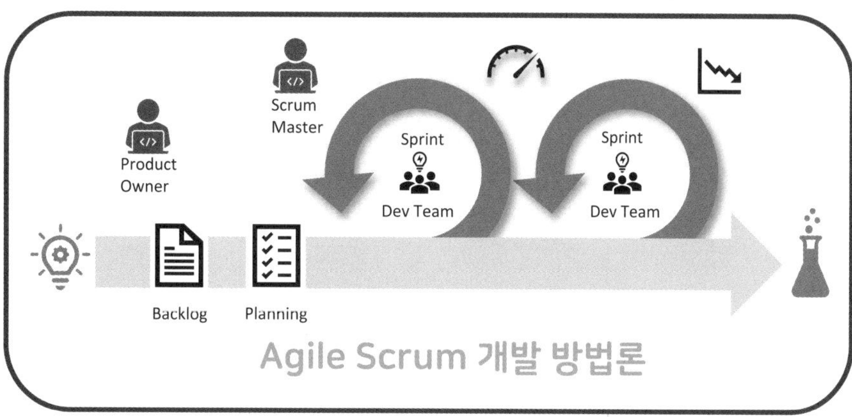

1.2 스크럼 보드 (Scrum Board)

스크럼 팀이 매일 약속된 시간에 모여 팀원들의 업무 진척상황을 공유할 때 팀원들의 업무 진행 상황을 가시적으로 볼 수 있는 도구 이다.

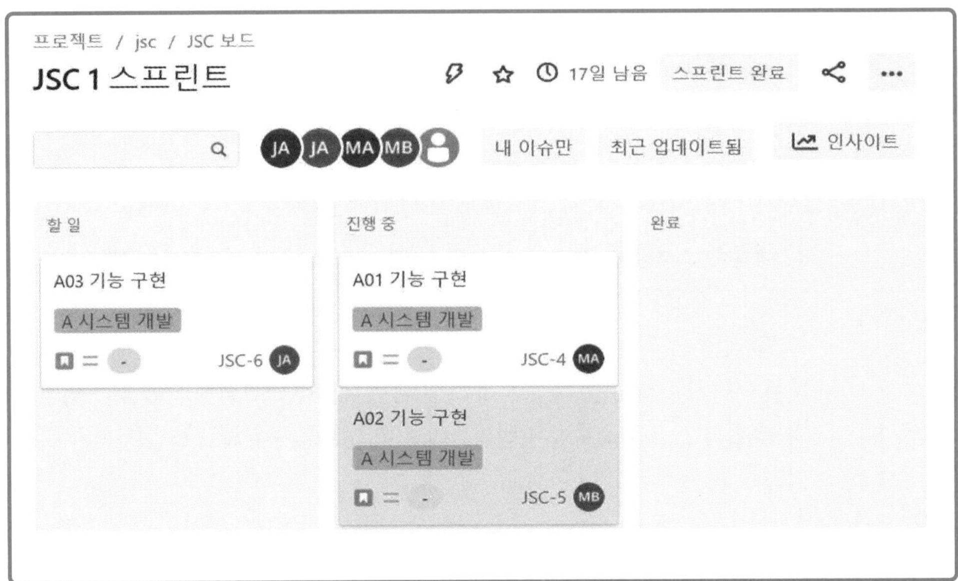

스크럼 보드에서는 작업 별 담당자를 쉽게 파악할 수 있으며 스프린트 진행상태에서 팀원 별로 담당하고 있는 예정된 작업과 진행중인 작업 그리고 완료된 작업으로 나누어 시각적으로 보기 쉽게 표현해 준다.

1.3 번 다운차트

스프린트 의사소통 수단으로 많이 사용 하는 번 다운차트는 스프린트의 남은 시간과 남은 작업의 총량으로 스프린트 진행 상황과 작업완료 시기를 추정하는 데 사용하는 차트이다.

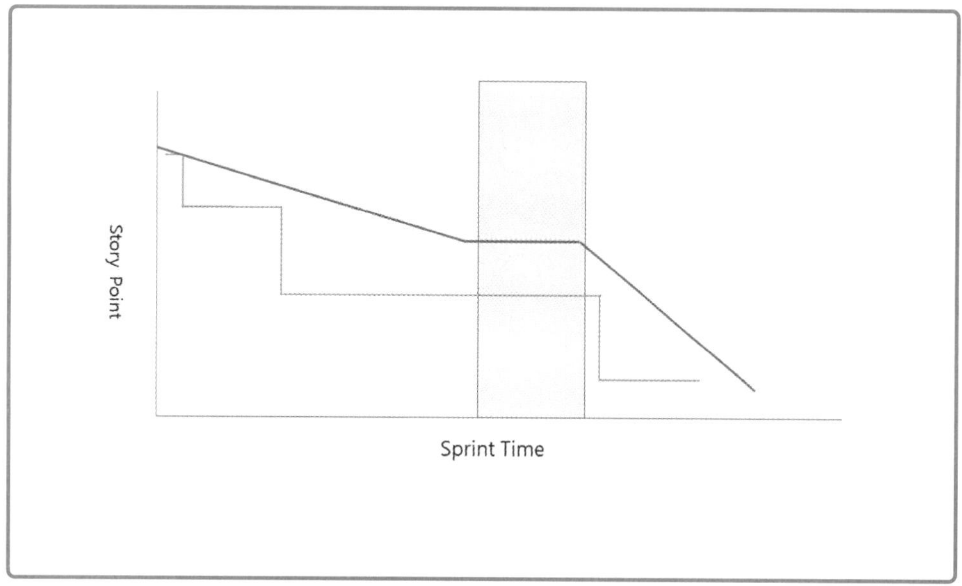

번다운 차트에서 스토리 포인트의 소멸이 계획보다 너무 느리다면 업무 진척에 장애가 생긴 것이고 반대로 계획보다 너무 급격한 속도로 빠르게 스토리포인트가 소멸된다면 스프린트 계획에 오류가 있는 경우일 수 있다.

Jira Sdftware 활용하기

02

Jira Software

프로젝트 만들기

타임라인 작성

백로그 등록

팀원배정

팀 빌딩

프로젝트 완료

스프린트

스프린트 계획

스프린트 생성

데일리 스크럼

스프린트 리뷰

스프린트 회고

스프린트

스프린트

스프린트

2.1 스프린트 진행

스프린트가 시작되면 활성 스프린트 화면에는 모든 이슈와 하위 작업이 [해야 할 일] 에 작업에 지정된 담당 팀원과 함께 표시되어 있다.

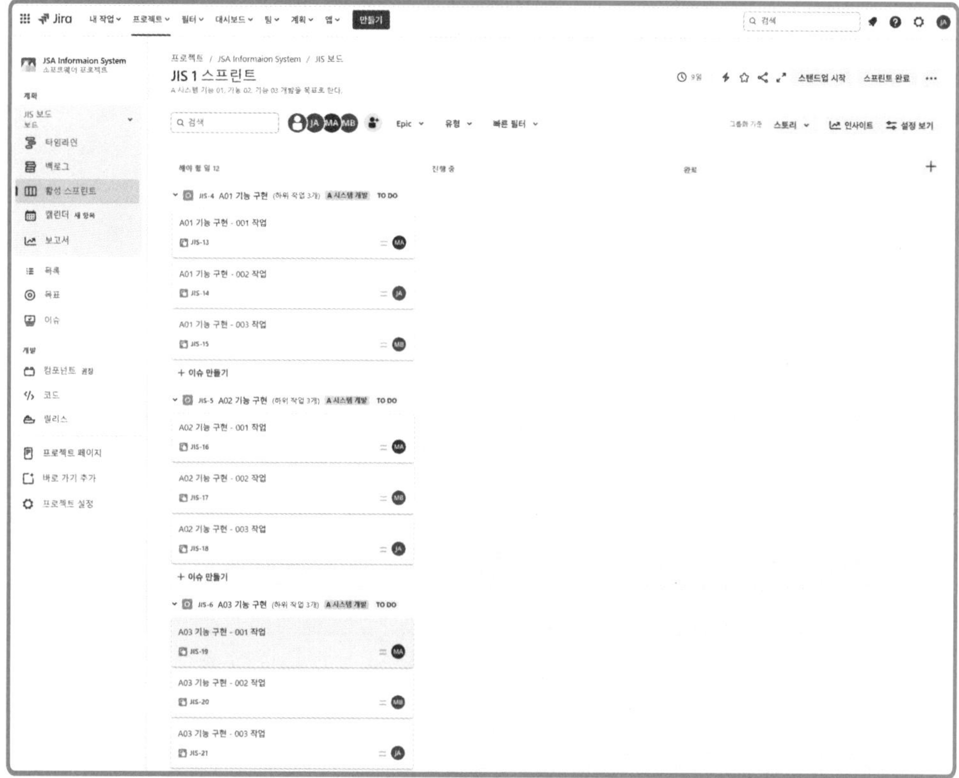

2.2 스프린트 진행 표시

[해야 할 일] 에 표시된 작업 중에서 업무가 시작된 작업은 [진행 중] 으로 마우스를 이용하여 이동시킨다.

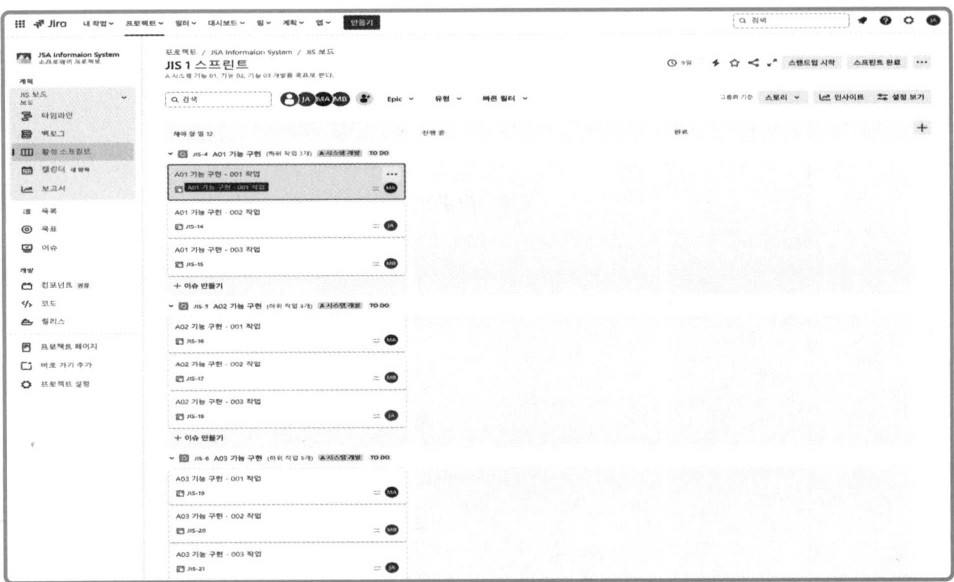

마우스로 [작업 중] 으로 이동 한 작업은 아래와 같이 표시되며 [작업 중] 으로 하위작업 정보도 변경된다.

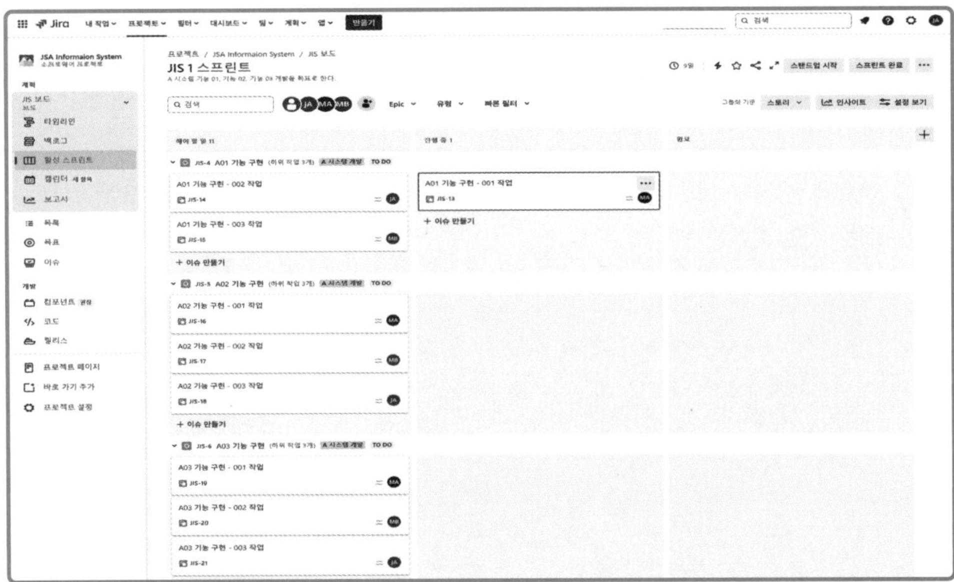

2.3 스프린트 협업

스크럼 팀의 모든 팀원은 자신이 진행 할 작업을 [진행 중] 으로 마우스를 이용하여 이동시킨다.

마우스로 작업 중인 작업을 클릭하면 해당 작업의 [하위작업 정보] 창이 나타난다.

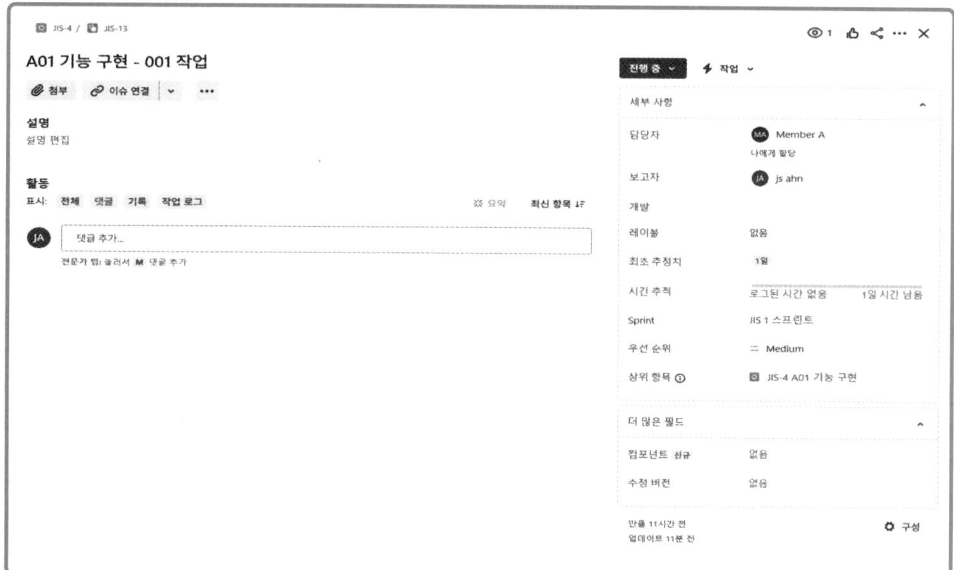

[하위 작업 정보] 창에서는 현재 작업에 대한 내용을 스크럼 팀원들과 공유할 수 있으며 문서 첨부 및 관련 정보 링크가 가능 하다.

팀 리더 및 관련 팀원은 댓글 기능을 이용하여 작업 팀원과 의사소통을 할 수 있다.

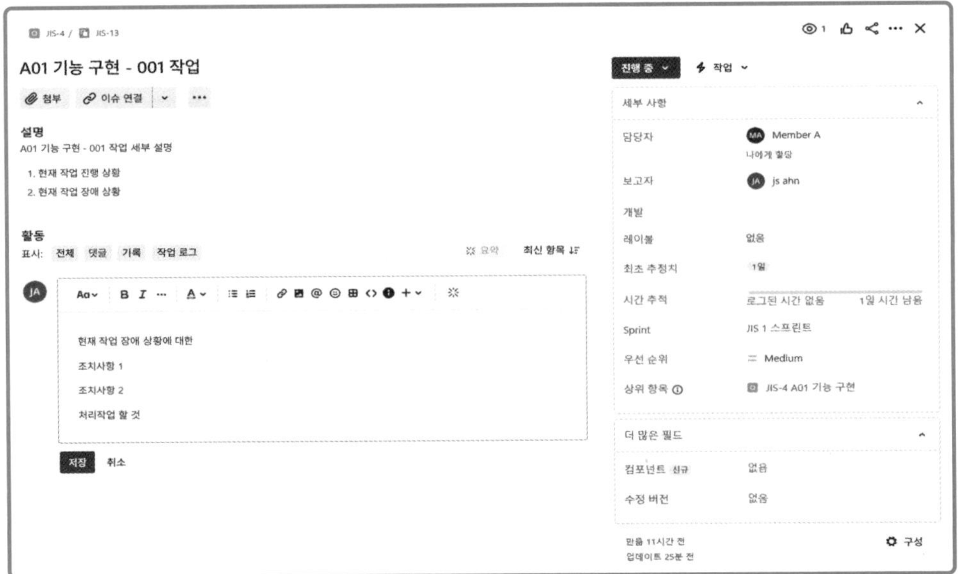

2.4 스프린트 보고서

보고서 화면에는 스크럼 스프린트 진행에 도움을 주는 번다운 차트, 번업 차트 등 다양한 보고서 작성 기능을 제공하고 있다.

Jira Project

Chapter 10

스프린트 종료

1. 스프린트 리뷰에 대하여 알아본다.
2. 스프린트 회고에 대하여 알아본다.
3. Jira Software 에서의 스프린트 완료 처리에 대하여 살펴본다.
4. 선행 스프린트 종료 후, 후행 스프린트와의 연계에 대하여 살펴본다.

지난 장에서 Jira Software의 스프린트 실행 방법에 대하여 학습하였다. 이어서 스프린트를 종료하고 후행 스프린트와 시작하는 방법에 대하여 알아본다. 먼저 스프린트 리뷰와 스프린트 회고에 대하여 이론을 학습한 다음 스프린트 완료처리를 위한 Jira Software의 사용법과 후행 스프린트 연계 진행 방법에 대하여 학습해 보자.

핵심정리 01

1.1 스프린트 리뷰

스프린트 리뷰는 스프린트 종료단계에서 스프린트 산출물(Increment)의 완료의 정의(Definition of Done)를 위해 수행하는 스크럼 팀 이벤트이다. 또한 스프린트 리뷰에서는 스프린트의 계획 대비 진척상태를 점검하고 Product Backlog를 스크럼 팀이 함께 수정할 수도 있다.

1) 완료의 정의(Definition of Done)

스프린트에서 완료의 정의(Definition of Done)의 의미는 수행 산출물(Increment)의 품질목표가 충족된 상태를 말한다.

다시 말하면 수행 작업이 스프린트 Backlog에 대한 완료의 정의(Definition of Done)가 되면 스프린트 산출물이 완성된 것을 의미 한다.

2) 스프린트 산출물

스프린트 산출물(Increment)은 목표한 스프린트 Backlog의 수행 결과이며 한 스프린트내에서 여러개의 산출물이 만들어 질 수 있다. 스프린트의 산출물이 누적되어 Product가 최종적으로 완성된다.

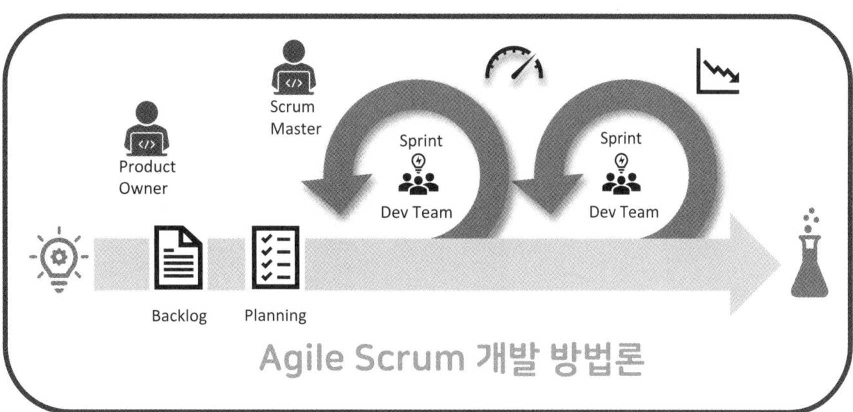

1.2 스프린트 회고

스프린트 회고는 스프린트 종료단계 마지막에 스크럼 팀이 같이 모여서 팀원들이 이번 스프린트를 통해 얻은 경험과 지식을 공유하는 자리이다. 스프린트를 하면서 좋았던 점 그리고 개선하고 싶은 사항을 같이 공유하고 다음 스프린트에 반영하도록 한다. 또한 Product Backlog에 추가할 사항도 같이 정리한다.

1) 스프린트 회고 (Sprint Retrospective)의 인식

스프린트 회고 (Sprint Retrospective)를 명확히 인식하기 위해서 다음과 같은 질문을 던져보도록 하자.

- 스프린트 동안 가장 만족스러웠던 부분은 어떤 것이며 왜 그랬는가?
- 스프린트 동안 가장 골치 아팠던 부분은 어떤 것이며 왜 그랬는가?
- 무엇이 성공적이었는가?
- 무엇이 실패적이었는가?
- 무엇이 달성되지 못하였는가?
- 다른 팀원 들에게 주지시키고자 하는 경험과 지식이 있는가?

2) 스프린트 회고 (Sprint Retrospective)의 마무리

스프린트 회고 (Sprint Retrospective)에서 얻은 지식을 다음 스프린트에서 실천할 방법과 실천사항을 스크럼 팀이 같이 정리한다. 그리고 이번 스프린트에서 수고한 스크럼 팀과 같이 참여한 이해관계자들에게 격려와 감사를 표현하는 것도 중요한 사항이다.

1.3 후행 스프린트와 연결

선행 스프린트를 종료 후, 후행 스프린트를 시작한다. 만일 선행 스프린트에서 완료하지 못한 이슈가 있다면 자동적으로 후행 스프린트 Backlog에 포함 되어 진행된다.

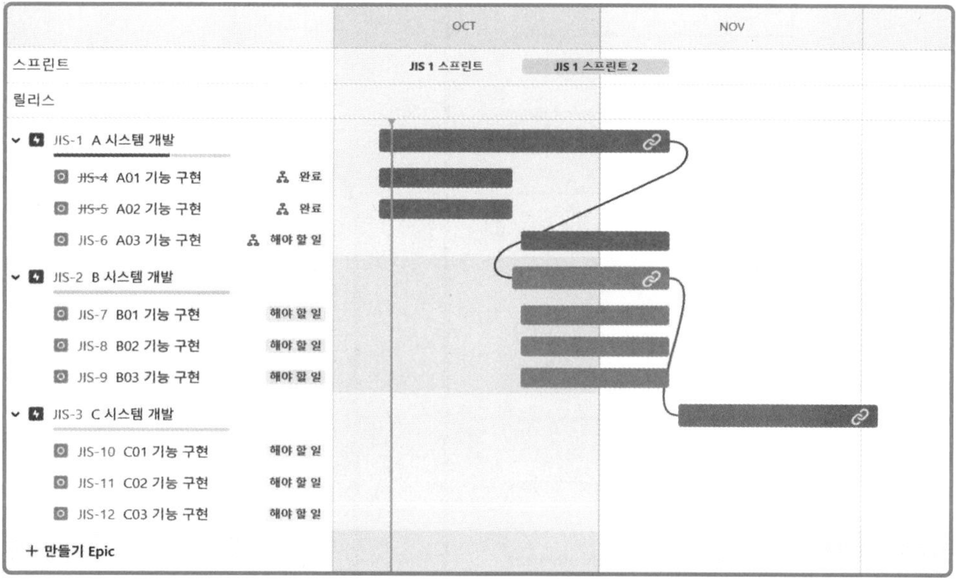

Jira Software 활용하기

02

2.1 스프린트 종료

스프린트를 종료하려면 활성 스프린트 화면에서 [스프린트 완료] 를 클릭하면 된다. 만일 스프린트에 완료하지 못한 이슈가 있다면 후행 스프린트에 포함된다.

[스프린트 완료] 를 클릭하면 [스프린트 완료정보] 창이 나타난다. [스프린트 완료 정보] 창에는 이번 스프린트 진행 상황이 표시된다.

[스프린트 완료 정보] 창에서 [스프린트 완료] 를 클릭하면 백로그 화면이 나타난다.

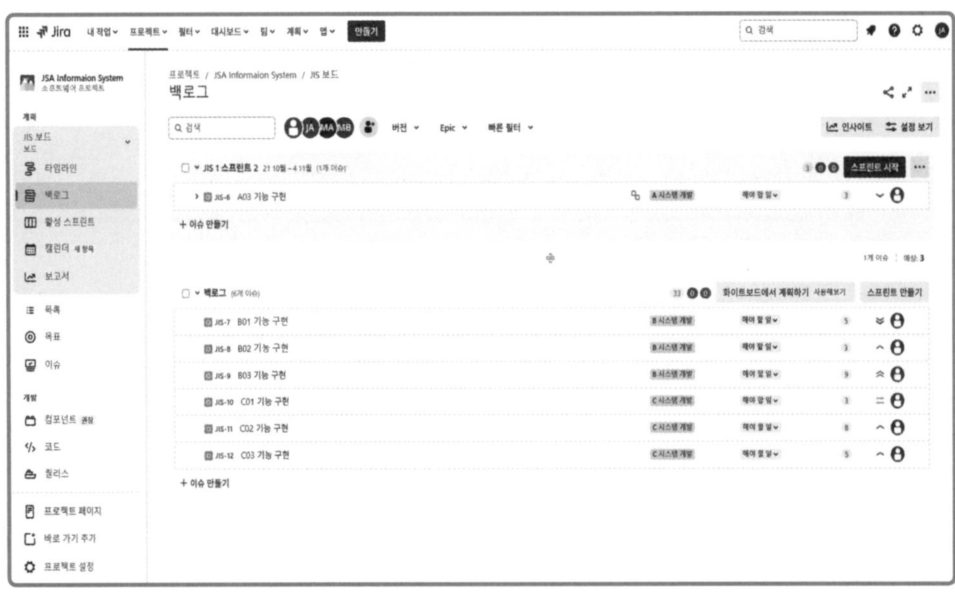

2.2 후행 스프린트 시작

타임라인 화면으로 이동해 보면 완료된 스프린트와 이슈를 시각적으로 확인할 수 있다.

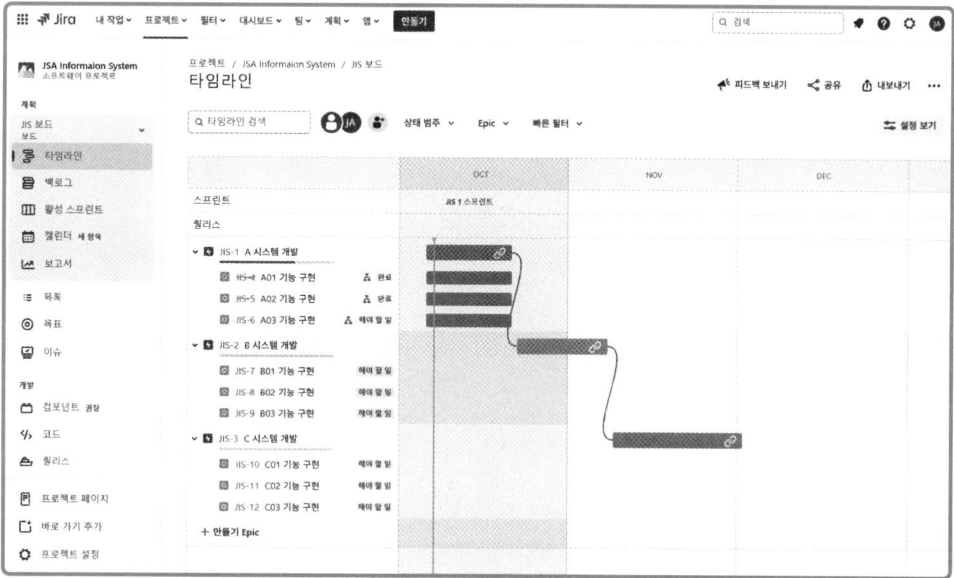

백로그 화면에는 선행 스프린트에서 미완료한 이슈가 후행 스프린트에 포함되어 있다.

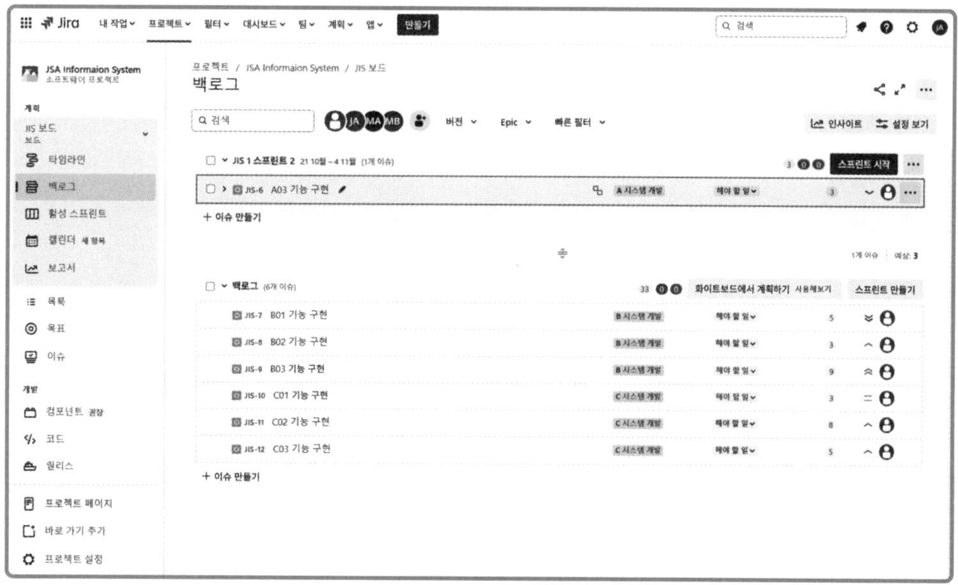

후행 스프린트에 해당하는 이슈를 후행 스프린트 계획으로 이동 시키고 [스프린트 시작] 을 클릭한다.

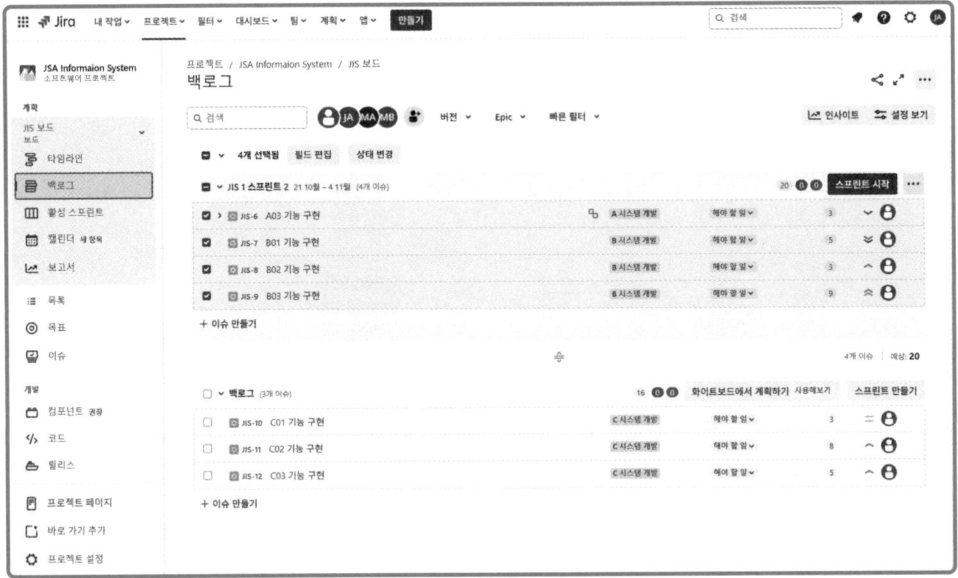

[스프린트 시작] 창이 열리면 후행 스프린트의 정보를 입력하고 [시작] 을 클릭한다.

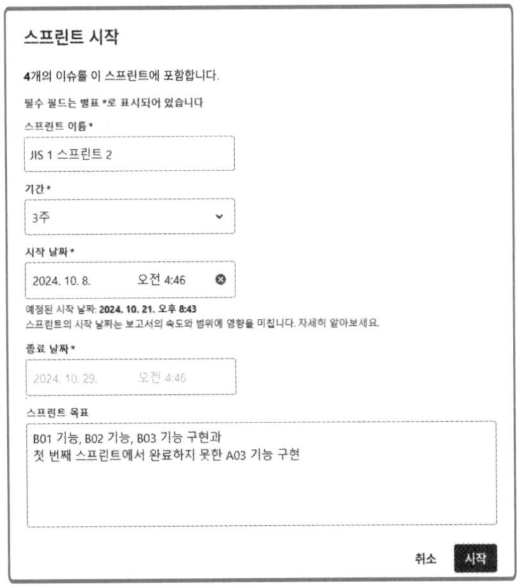

후행 스프린트가 시작되면 활성 스프린트 화면에 후행 스프린트 시작 상황이 나타난다.

타임라인 화면으로 이동해 보면 후행 스프린트와 현재 이슈 상황을 시각적으로 확인할 수 있다.

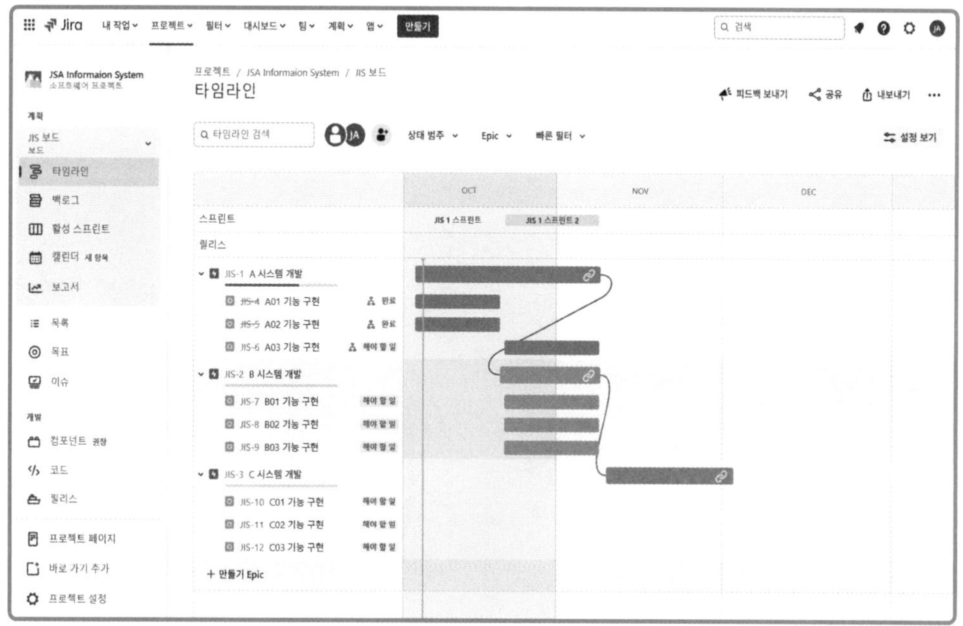

2.3 후행 스프린트 진행

선행 스프린트가 종료 되면 스크럼 팀은 약간의 휴식을 취하고 후행 스프린트를 수행한다. 보고서 화면의 번다운 차트를 확인해 보면 아래와 같이 후행 스프린트를 시작 할 준비가 되어 있다.

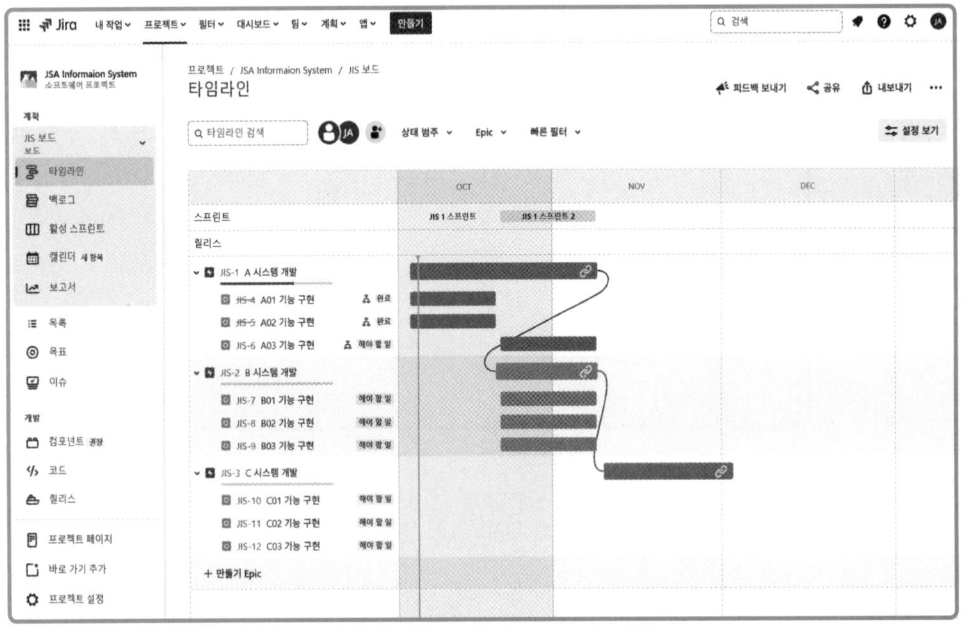

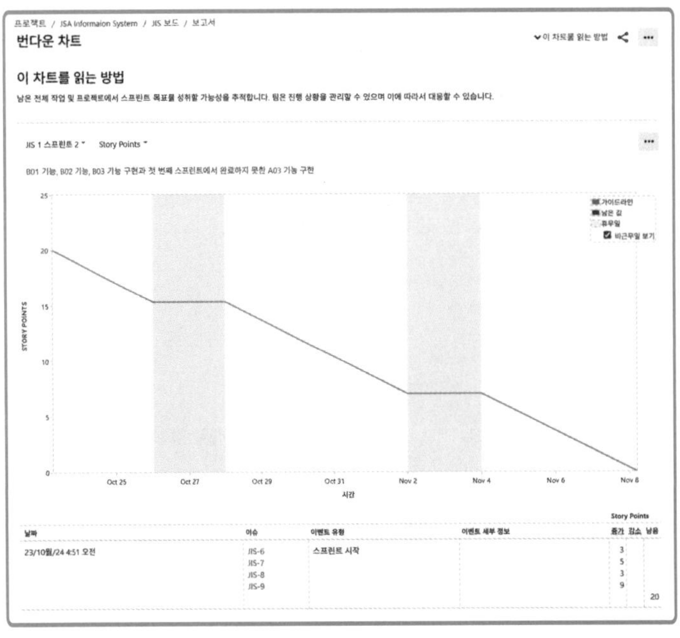

정리하기

Chapter 7

스프린트 계획 수립 [스프린트 계획수립이 중요한 이유]

스크럼 프로젝트가 의미 있는 산출물을 만들기 위해서는 스크럼 팀이 수행하는 스프린트가 효율적으로 계획되고 진행 되어야 한다. 잘 계획된 스프린트는 스크럼 팀에게 적절한 자극과 원동력이 될 수 있다. 스프린트 계획 수립 중에 반드시 신경 써야 할 사항은 적절한 스프린트 기간 설정이다. 스프린트 기간은 2주에서 4주사이가 적절하다. 그리고 작업의 우선 순위와 작업시간의 추정치가 올바르게 측정되고 설계되어야 한다.

Chapter 8

스프린트 생성 [스프린트 생성 시 주의점]

스프린트를 생성하기 위해서 백로그 아이템에 등록된 우선순위를 고려하는 것이 매우 중요하다. 특히 첫번째 스프린트는 이후 진행될 나머지 스프린트에서 처리할 백로그 아이템 수, 기간을 정하고 속도 측정하는 기준이 되기 때문에 처음 수행될 스프린트의 백로그 아이템의 적절한 선정과 기간 설정에 특별히 주의하여야 한다.

Chapter 9

스프린트 실행 [데일리 스크럼 수행 시 고려사항]

스크럼은 많은 개발자에게 기대와 환영을 받은 프레임워크이다. 그 이유는 불필요한 작업 행위, 특히 과다한 문서작업을 줄이고 의미있고 가치 있는 산출물을 만드는 작업에 개발자의 에너지를 집중할 수 있다는 점이다. 그러나 실제 프로젝트에서는 스크럼 수행 시 개발자들에게 부담스러운 점이 많아 불평의 소리도 많이 들린다. 스크럼에서 팀원이 가장 부담스러워 하는 행위가 데일리 스크럼이 되는 경우가 많다. 그러나 원래의 데일리 스크럼의 목적은 수행하지 못한 작업을 매일 추궁하여 팀원을 압박하거나 부담을 주기 위함이 아니다. 그것은 스크럼팀이 스크럼의 사상을 올바르게 이해하지 못해서 발생한 오해이다. 데일리 스크럼은 반드시 스크럼팀의 협업과 목표동기화를 이루는 수단이 되어야 한다.

Chapter 10 　스프린트 종료 [스프린트 리뷰와 스프린트 회고의 차이점은?]

스프린트 리뷰는 스프린트 수행 산출물의 완료의 정의를 실시하고 수행 한 Product Backlog를 점검하고 업데이트하는 행위이다. 스프린트 회고의 목적은 스프린트를 진행하면서 발생한 계획대비 실적의 차이를 통하여 알게 된 지식을 스프럼 팀원들이 서로 공유하여 후행 스프린트 계획에 적용하고 리스크를 대비하는 것이며 또한 스크럼 팀원간의 협업에 대해 서로 감사를 표하고 스크럼팀 팀웍을 다지며 목표를 다시한번 동기화한다.

Part 04
고급기능

Key Point

- 이슈 검색을 Jira Software에서 어떻게 할 수 있는가?
- Jira Software에서 버전관리와 릴리즈 기능 활용하기
- Jira Software의 필드 사용자 정의 기능이란?
- 대시보드를 이용한 프로젝트 통합관리란 무엇인가?

Jira Project

Jira Software 고급 기능 사용하기

Jira Software를 이용하여 프로젝트 수행 관리하면서 이슈를 검색하고 고급 자료를 도출해낼 수 있도록 해주는 기능과 산출물의 버전 및 릴리즈 관리, 프로젝트의 일정관리, 위험관리 그리고 이슈 및 필드, 워크플로에 관련된 사용자정의 기능, 프로젝트 통합관리를 위한 대시보드 기능들에 대하여 설명한다. 이러한 Jira Software의 고급기능은 프로젝트 관리에는 큰 영향을 미치지는 않으나 스크럼 팀이 원하는 데이터를 만드는 데 활용할 수 있으며, 스크럼 팀 리더가 Jira Software를 보다 쉽고 용이하게 사용할 수 있도록 하는 설정 및 프로젝트 관리 방법을 제공한다.

Jira Project

Chapter 11

이슈 검색

1. 이슈 필터링 및 검색 기능을 이해한다.
2. 일반검색과 고급검색, JQL검색에 대하여 알아본다.
3. 검색 필터를 만드는 방법에 대하여 알아본다.

Jira Software의 고급 기능을 살펴보자. 이번 장에서는 스프린트 시 생성된 각 작업들을 효과적으로 관리하기 위한 이슈 필터링, 이슈 검색 기능에 대하여 알아본다. 먼저 이론을 학습하고 다음으로 각각의 기능들에 대하여 실습을 진행한다. 이로써 학습자는 스프린트 관리를 보다 편리하고 효율적으로 수행할 수 있을 것이다.

핵심정리 01

이번 장에서는 만들어진 이슈들을 효과적으로 관리하기 위해 이슈 검색을 활용하여 원하는 조건에 맞는 이슈정보를 효과적으로 검색 및 집계하는 방법을 배우게 된다.

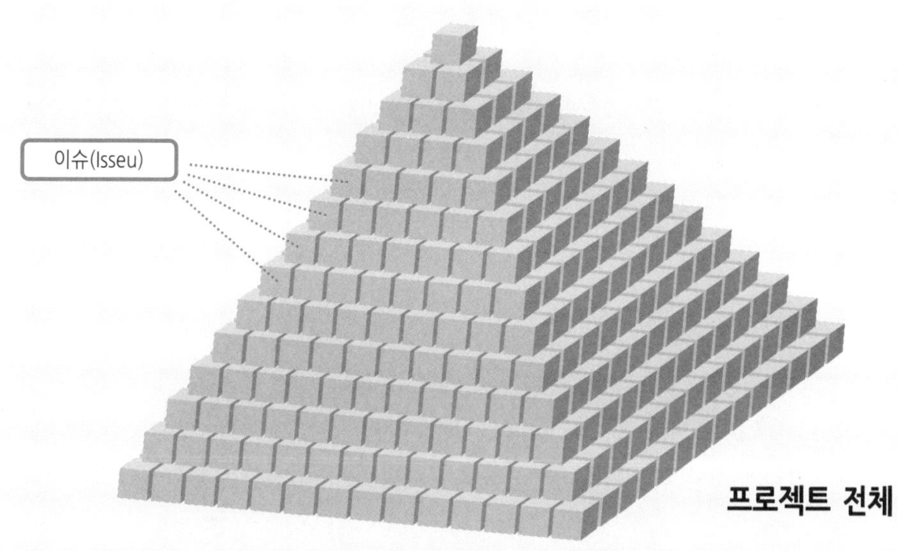

위 그림에서와 같이 프로젝트는 수 많은 특수하고 개별적인 이슈로 구성되어 있으며, 이러한 개별적인 이슈를 잘 관리하는 것이 전체적으로 프로젝트를 잘 관리하는 것이다. 백로그상에 존재하는 개별 이슈를 관리하기 위해서는 사용자가 원하는 조건에 맞는 이슈를 손쉽게 찾거나 분류해야 한다. 이러한 기능에 해당되는 것이 지금부터 설명하는 이슈 검색 기능이다.

1.1 이슈 필터링

프로젝트 관리 전용 도구의 가장 큰 이점은 프로젝트의 복잡하게 얽혀 있는 정보를 저장하고 필요한 때에 찾아낼 수 있도록 지원해 주기 때문이다. 정확한 정보를 입력하는 것은 사용자의 몫이지만 이후 그 자료를 분석해 주는 역할은 도구가 해주게 되는데, Jira Software의 이슈 필터링 기능이야 말로 이러한 역할의 가장 핵심이라 할 수 있다.

1.2 이슈 검색의 종류

1 일반 검색

필터링이 Jira Software가 사전에 정의한 필터를 이용하여 특정한 조건에 맞는 작업을 검색하는 것이라면, 일반 검색은 분류 기준에 따라 만든 검색 정의 기준을 이용하여 모든 이슈를 분류하는 것을 말한다. 여기서 적용될 수 있는 기준은 프로젝트, 담당자, 보고자, 상태, 유형, 상태 범주이다. 필터링과 가장 큰 차이점은 사용자가 필터링 기준을 지정할 수 있다는 것이다.

2 고급 검색

고급 검색은 JQL(Jira Query Language) 검색 및 AI 프롬프트 (prompt) 검색 그리고 사용자가 자신이 만든 검색기준을 별도의 필터로 만들어 저장 후 검색하는 것도 가능하다.

3 JQL 검색

JQL(Jira Query Language) 검색은 사용자가 직접 이슈를 검색하는 구조화된 쿼리를 작성하는 기능이다. JQL(Jira Query Language) 검색은 가장 세밀하며 유연한 검색 기능이다.

JQL은 사용자에게 Jira의 검색 기능 중에 가장 강력한 검색 기능을 제공하지만 사용자가 JQL을 자유롭게 사용하려면 일정 시간 이상의 학습이 필요하다.

Jira Software 활용하기

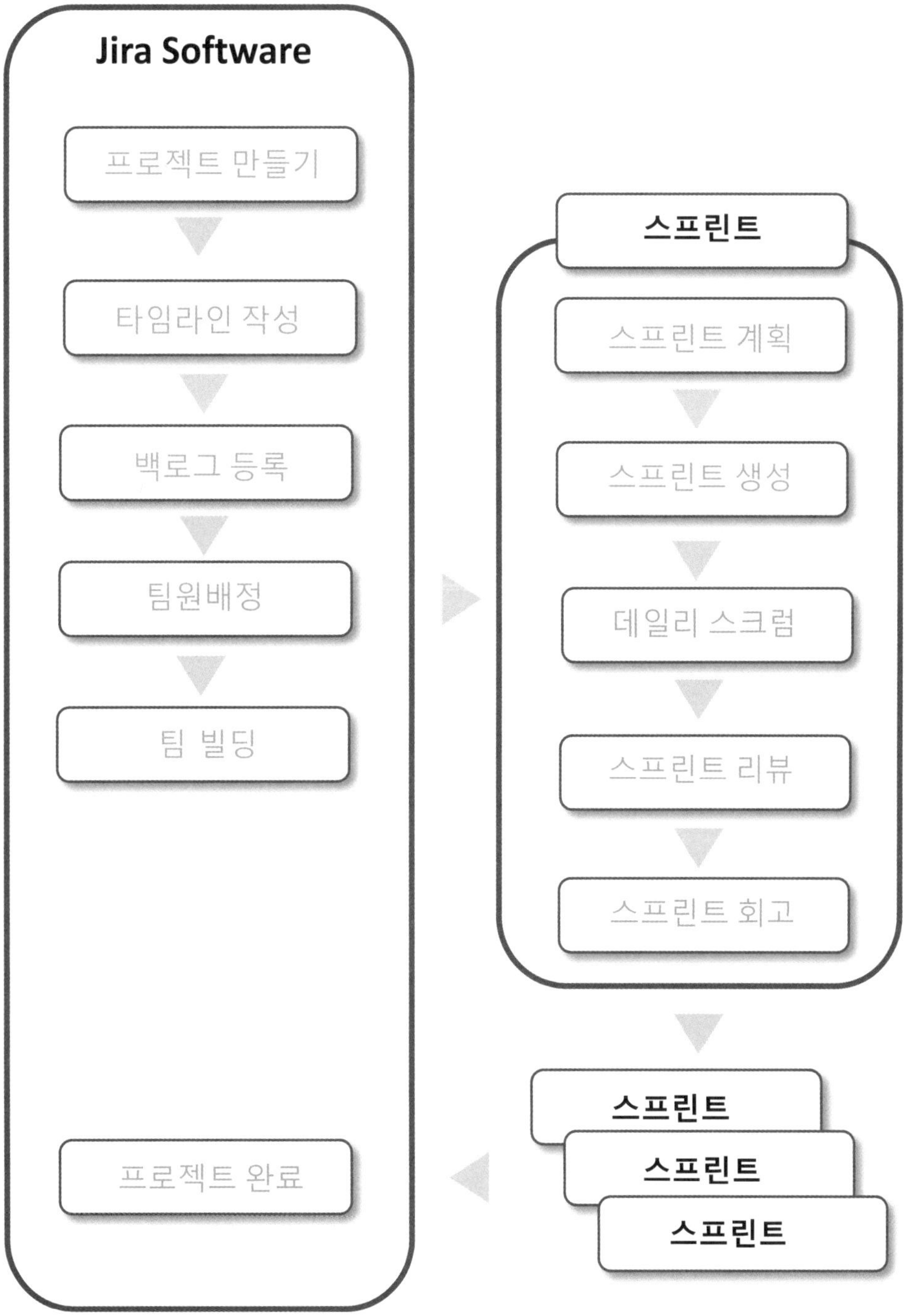

02

Jira Software

프로젝트 만들기

타임라인 작성

백로그 등록

팀원배정

팀 빌딩

프로젝트 완료

스프린트

스프린트 계획

스프린트 생성

데일리 스크럼

스프린트 리뷰

스프린트 회고

스프린트

스프린트

스프린트

2.1 이슈 필터링

모든 프로젝트의 이슈들 중에서 완료된 작업만을 골라내려면 필터링 기능을 통해 가능하다. [이슈 > 완료된 이슈] 메뉴를 선택한다.

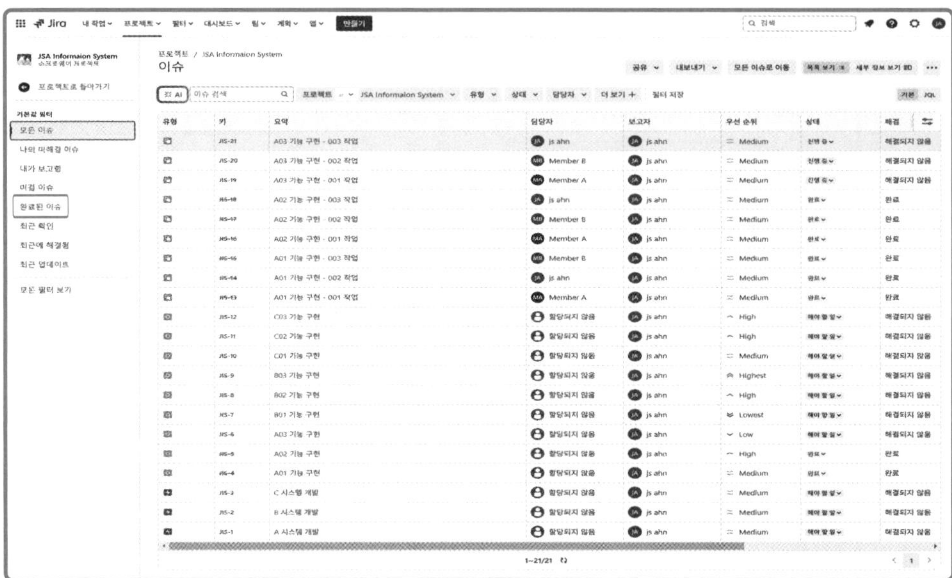

그 결과 모든 이슈 중에서 완료된 이슈만 보여진다.

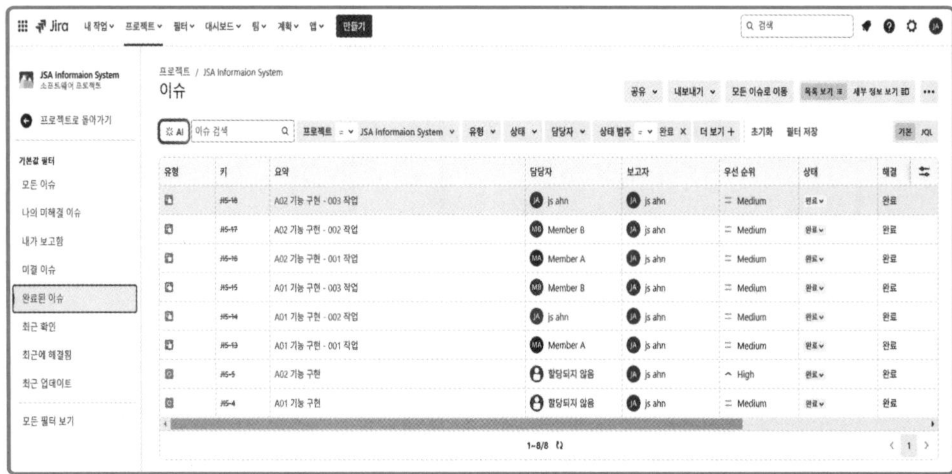

이번에는 반대로 [이슈 > 미결 이슈] 메뉴를 선택하면 아래와 같이 완료되지 않은 이슈만 보인다.

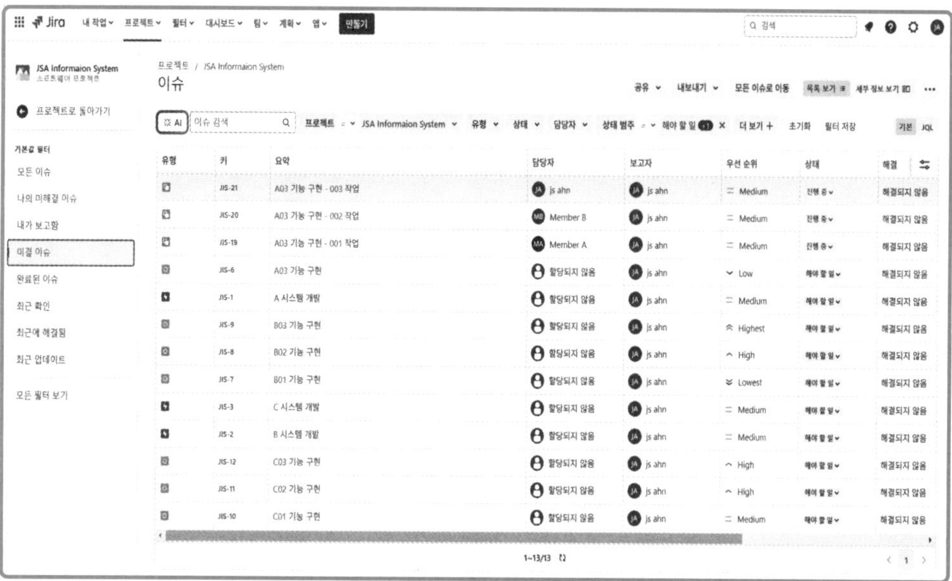

메뉴 상에 나타나 있는 주요 필터를 살펴보면, 나의 미해결 이슈, 내가 보고함, 미결 이슈, 완료된 이슈, 최근 확인, 최근에 해결 됨, 최근 업데이트 이슈를 보여주는 필터가 있다.

: : Note : :

이슈 관리

이슈 관리란, 프로젝트 관리에서 중요한 이슈(Issue) 를 집중적으로 상시 모니터링하고 관리하는 것을 말하며 중요한 이슈에 위험이나 장애가 발생하지 않도록 사전에 관리하는 것을 말한다. Jira Software는 애자일 프로젝트에서 활용할 수 있는 대표적 이슈관리 솔루션이다.

2.2 일반 검색

이슈 필터 상단에 [담당자] 메뉴를 선택하면 이슈 담당자 별 검색 선택메뉴가 나타난다.

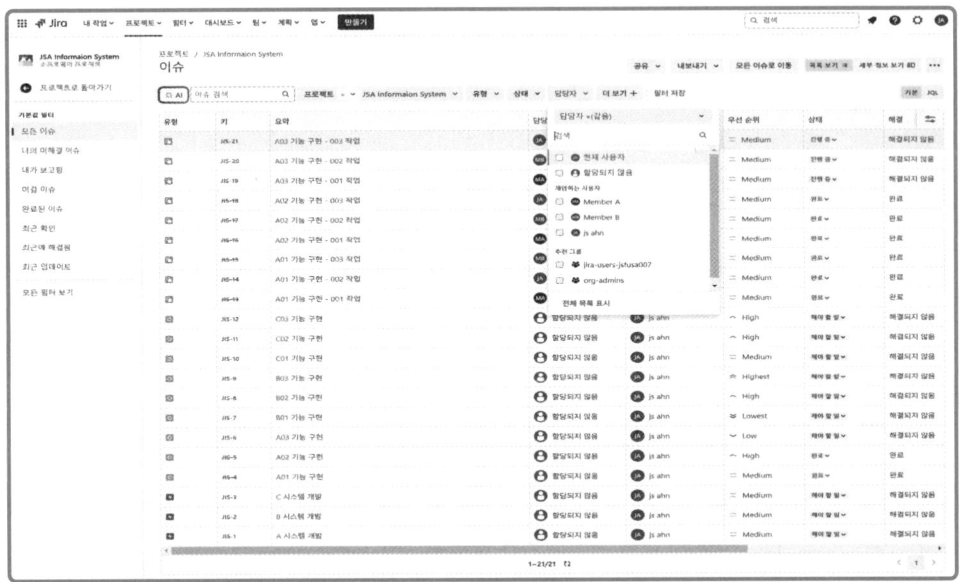

이슈 유형별 검색을 하려면 [유형] 을 선택하면 이슈유형 별 검색 선택 메뉴가 나타난다.

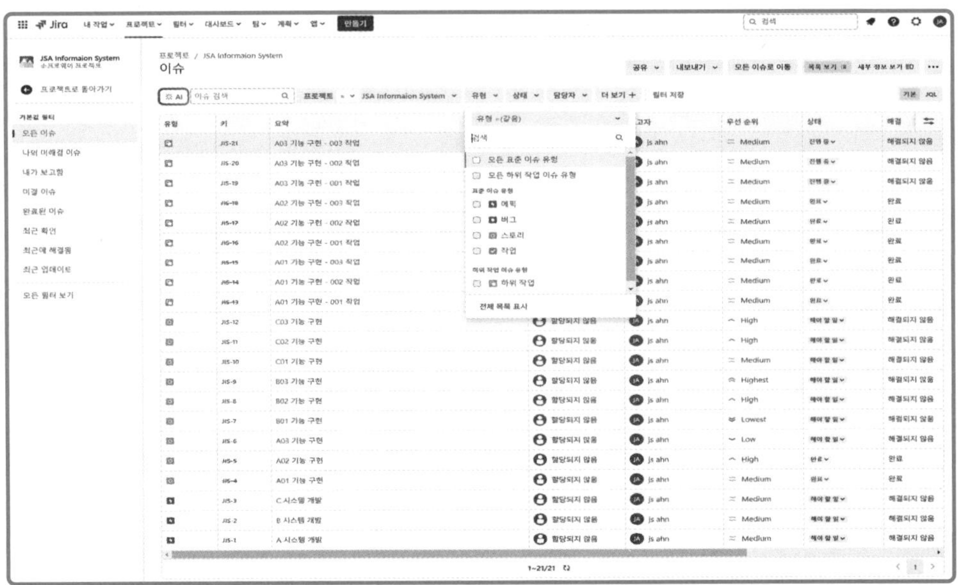

2.3 고급 검색

이슈 필터 화면 상단의 [AI] 메뉴를 선택하면 AI 프롬프트 (prompt) 입력 창이 나타난다.

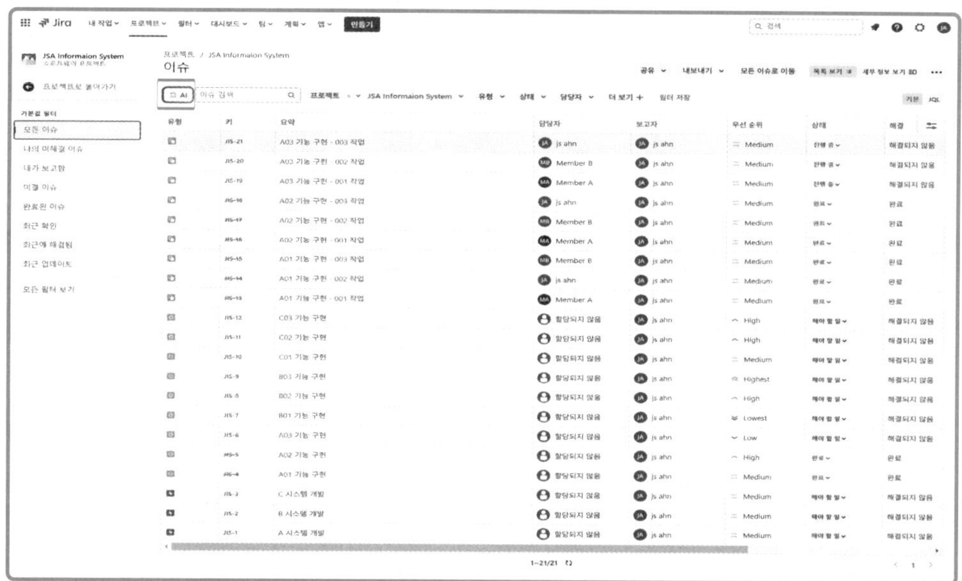

AI 프롬프트 (prompt) 입력 창을 이용하여 다양한 이슈를 검색할 수 있다.

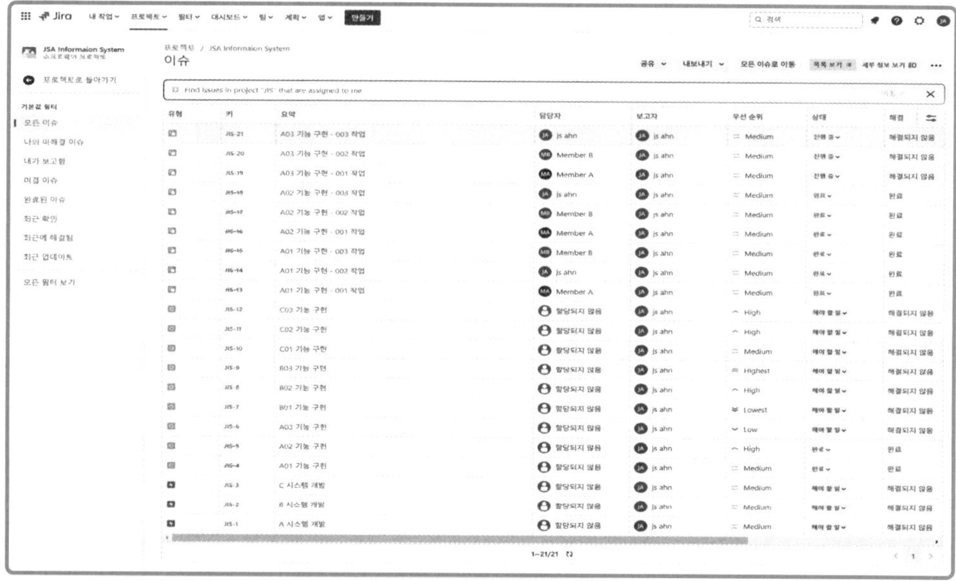

[더 보기 +] 를 선택하면 다양한 검색 조건을 확인할 수 있다.

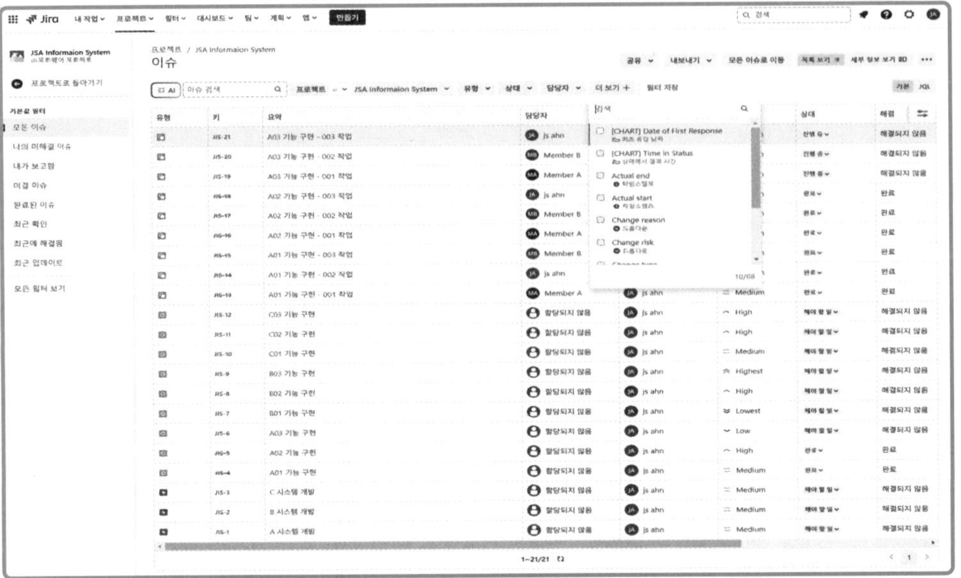

지금부터 고급 검색 기능 실습를 수행한다. 검색조건은 담당자 Member A가 수행 중인 이슈 중에 모든 완료한 하위 작업 이슈에 대한 검색을 해보자.

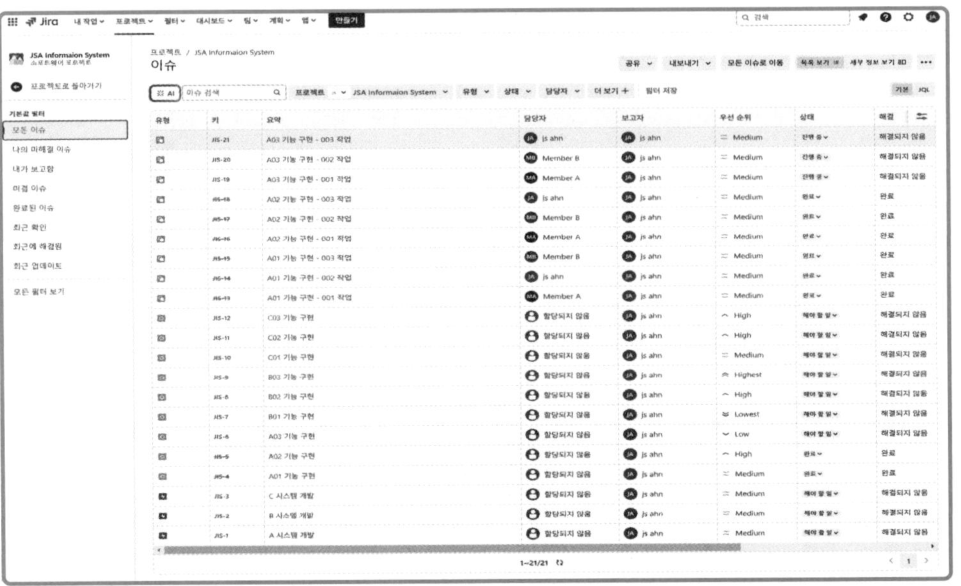

첫번째 검색조건 선택은 [유형 > 모든 하위 작업 이슈유형] 을 선택한다.

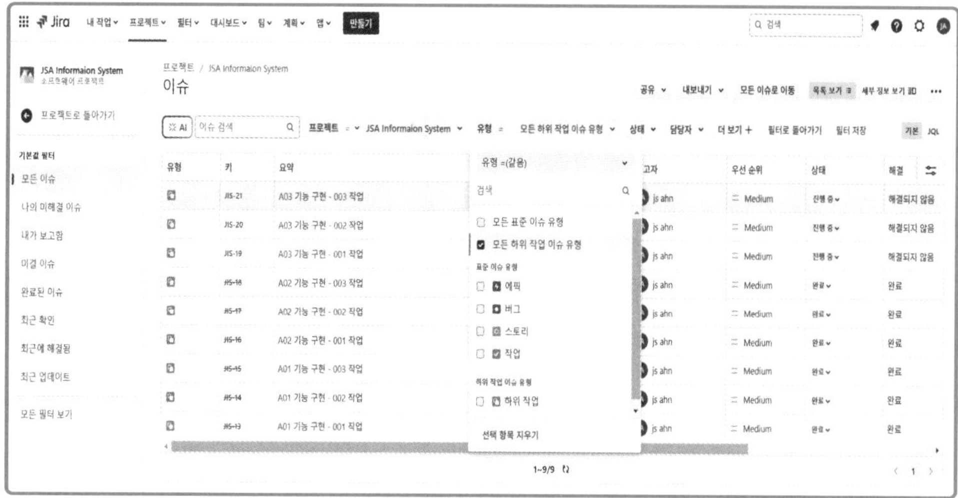

두번째 검색조건 선택은 [담당자 > Member A] 를 선택한다.

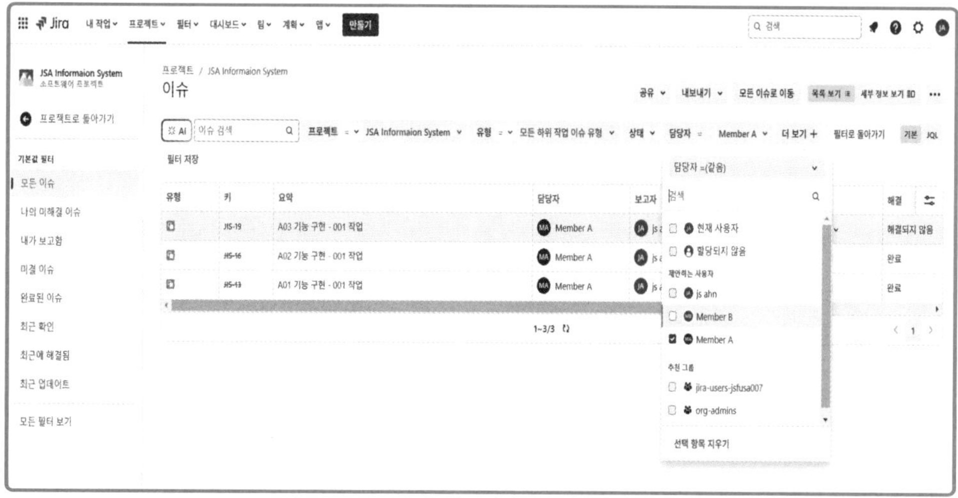

세번째 검색 조건 선택은 [더 보기 + > 해결] 을 검색한다.

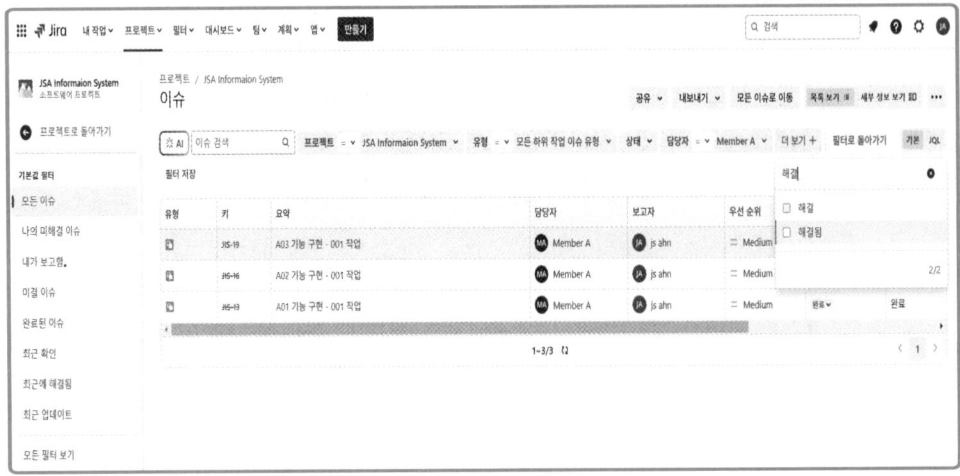

네번째 검색 조건 선택은 [해결 > 완료] 를 선택한다.

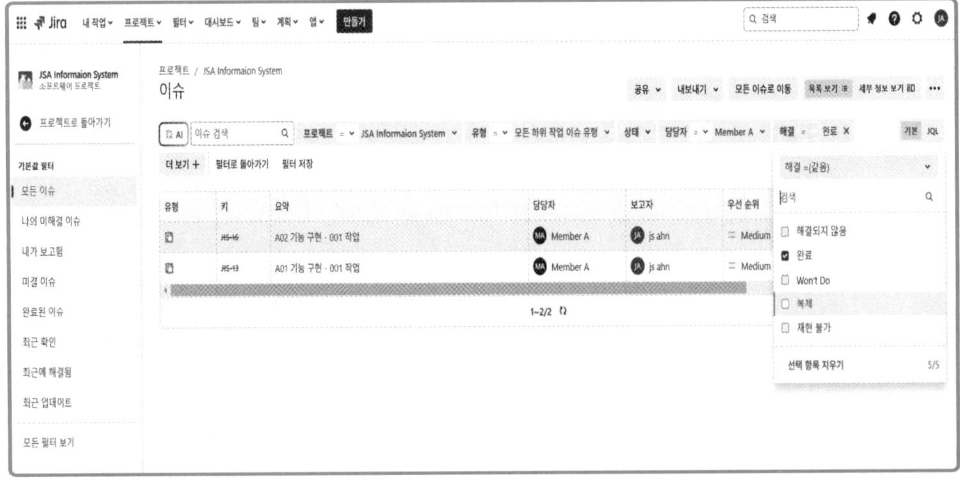

모든 검색조건 선택을 완료하며 Member A가 수행 중인 모든 하위 작업 이슈 중에 완료한 이슈들이 검색되어 나타난다.

고급 검색 기능은 JQL(Jira Query Language)을 사용한 검색기능 , 사용자지정 필터 만들기 기능, AI 프롬프트(prompt) 검색 기능을 제공할 수 있다.

: : Note : :

필터링을 통해 결과를 얻은 다음 새로운 필터링 조건을 적용할 경우에는 필터의 모든 검색조건을 새로운 검색조건으로 조정하거나 아니면 다른 화면으로 이동한 후 다시 [이슈 > 모든 이슈]로 돌아오면 검색 조건들이 초기 상태로 리셋된 상태에서 새로운 검색 조건을 입력하면 된다.

2.4 JQL 검색

JQL(Jira Query Language)검색기능을 사용하려면 검색 화면에서 [JQL] 버튼을을 선택하면 된다.

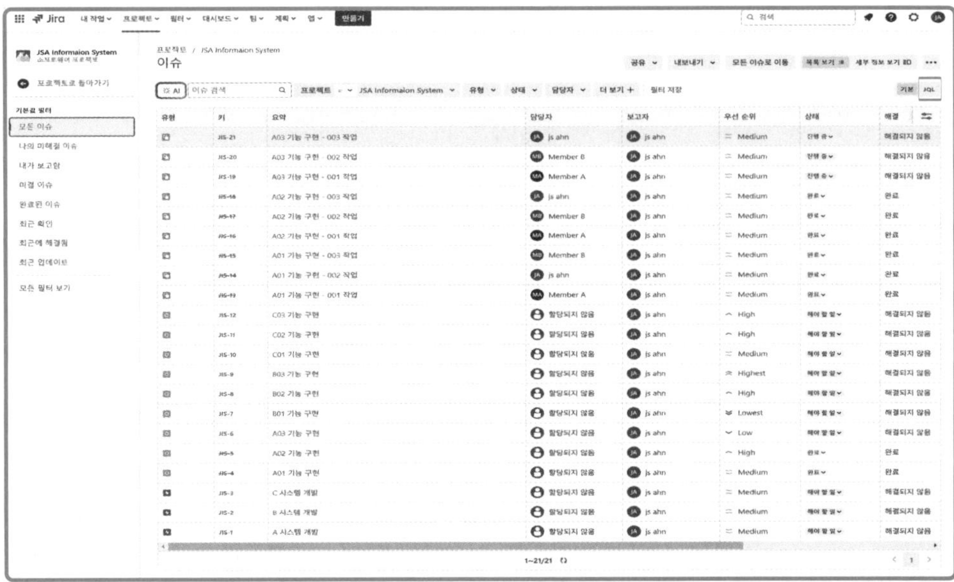

[JQL로 전환] 을 선택하면 [JQL입력] 창이 나타난다.

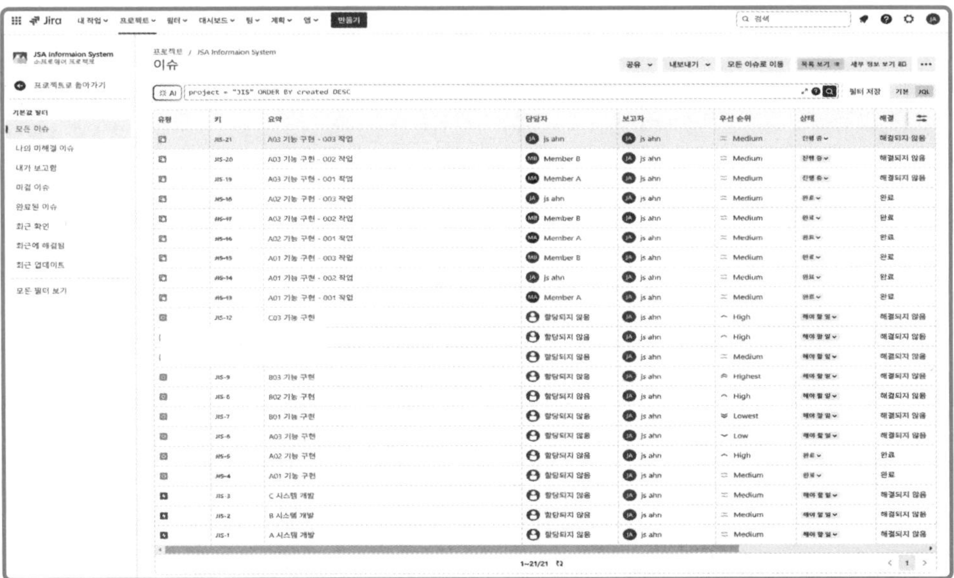

[JQL 입력] 창에 나타난 JQL구문은 Member A가 수행한 이슈 중에 완료한 모든 하위 작업 이슈를 검색하는 JQL구문이다. JQL구문의 자세한 사용법을 알고 싶으면 JQL구문입력창 끝에 [?]버튼을 선택하면 된다.

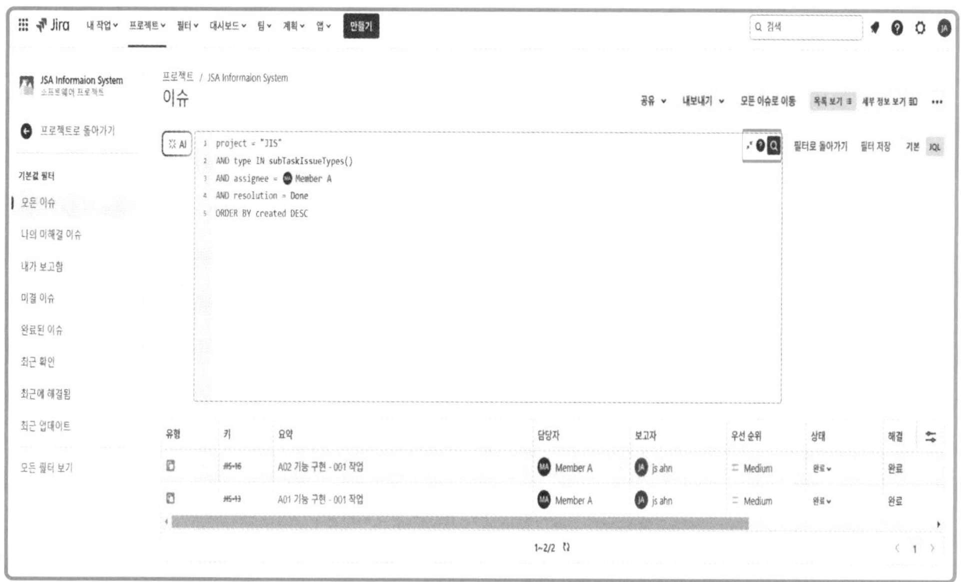

JQL 구문입력창 끝에 [?] 버튼을 선택하면 Jira 서비스 지원 사이트로 이동하게 되며 이 사이트에서 JQL에 대한 자세한 사용 정보를 제공 받을 수 있다.

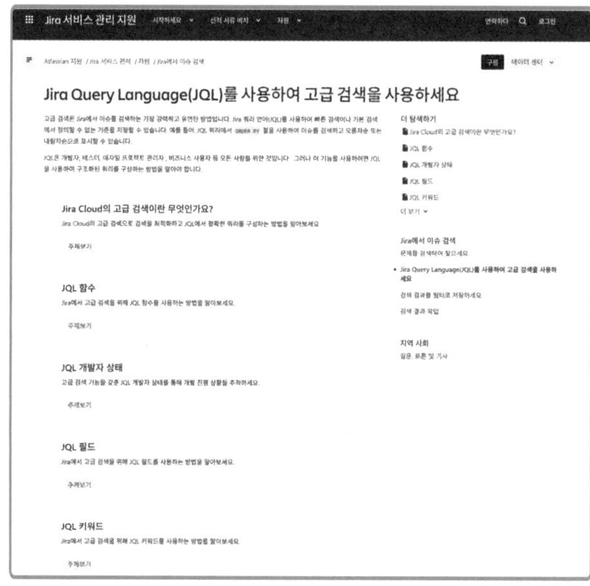

2.5 검색 필터 만들기

사용자 지정 검색 필터를 만들고 싶으면 검색에서 원하는 검색 조건을 선택 후 [필터 저장]을 선택하면 된다.

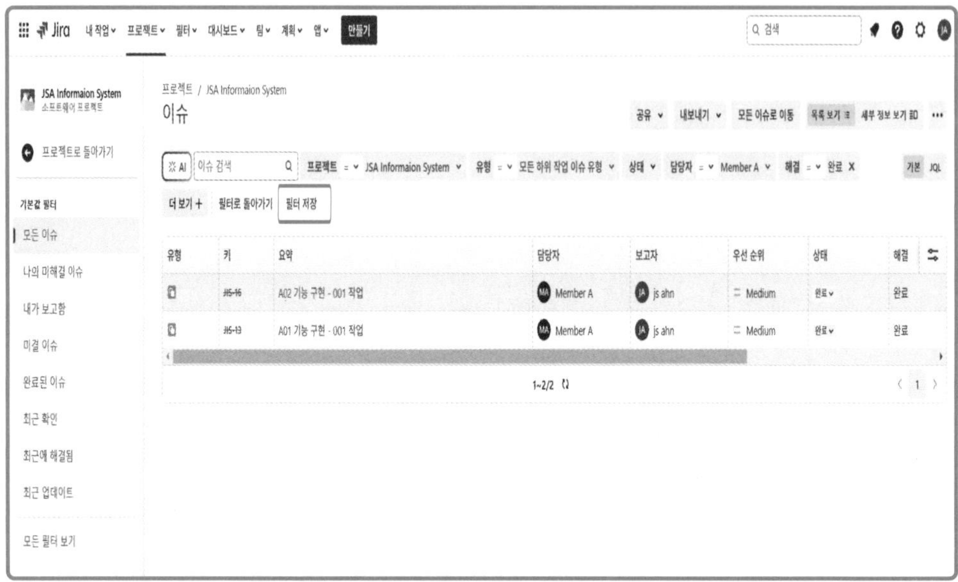

[필터 저장] 창에 원하는 필터 이름을 입력하면 사용자 지정 필터가 만들어 진다.

사용자 지정 필터가 만들어지면 화면 왼쪽 필터 메뉴에 사용자가 지정한 이름의 [만든필터] 가 나타난다.

[만든 필터]를 선택메뉴에서 사용자 지정 필터를 삭제하고 싶으면 화면 상단의 [별표]를 해제시키면 된다.

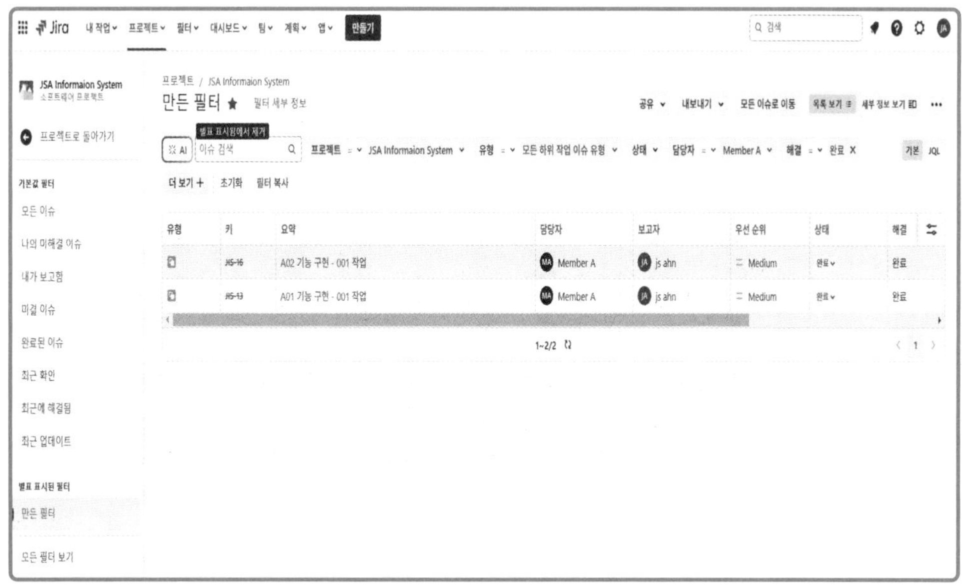

[별표] 를 해제시키면 아래와 같이 필터 선택 메뉴에서 사용자 지정 필터인 [만든 필터] 가 사라진다. 사용자 지정 필터를 확인하고 싶으면 [이슈 > 모든 필터 보기] 를 선택하면 된다.

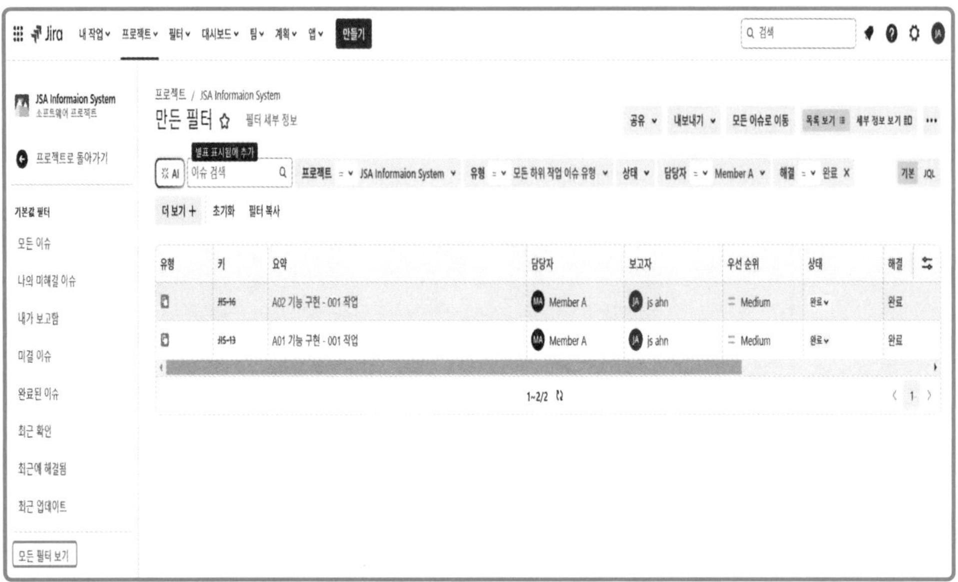

[이슈 > 모든 필터 보기] 를 선택하면 나타나는 필터 리스트에는 사용자 지정 필터인 [만든 필터] 가 등록되어 있다.

Chapter 12

릴리즈 및 버전 관리

1. 산출물 버전 관리를 이해한다.
2. 산출물 릴리즈 관리 방법에 대하여 알아본다.
3. 버전, 릴리즈, 스프린트 간의 관계에 대해 알아본다.

Jira Sofware의 고급 기능으로서 이슈 검색 기능에 대하여 살펴보았다. 이번 장에서는 프로젝트 관리 시 생성된 산출물을 효과적으로 관리하기 위한 버전관리, 릴리즈 관리 기능에 대하여 알아본다. 먼저 이론을 학습하고 다음으로 각각의 기능들에 대하여 실습을 진행한다. 이로써 학습자는 프로젝트 산출물 관리를 보다 편리하고 효율적으로 수행할 수 있을 것이다.

핵심정리 01

이번 장에서는 만들어진 산출물(increment)들을 효과적으로 관리하기 위해 릴리즈 및 버전 관리를 효과적으로 하는 방법을 배우게 된다.

버전과 릴리즈

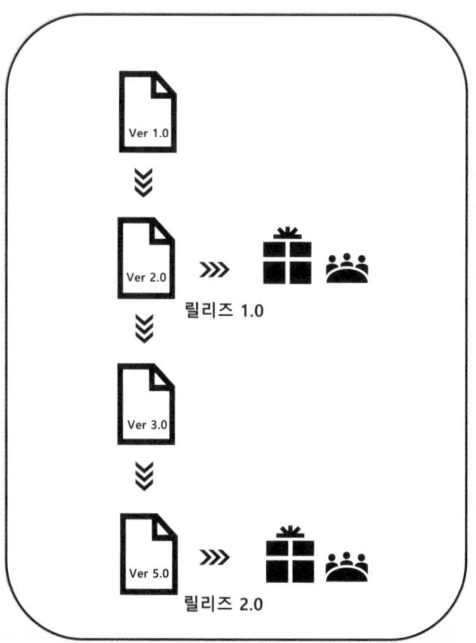

위 그림 에서와 같이 프로젝트는 팀원들이 다양한 작업을 수행하면서 만드는 수 많은 산출물의 다양한 버전이 존재한다. 또한 산출물의 릴리즈 역시 산출물의 버전 별로 선택적으로 이루어진다. 이러한 개별적인 산출물 버전과 릴리즈에 대한 정보를 잘 관리하는 것이 전체적으로 프로젝트를 잘 관리하는 핵심 요소이다.

프로젝트에 만들어지는 모든 산출물의 버전과 릴리즈 정보는 반드시 통합적으로 관리되어야 하며 팀에서 사전에 정한 표준 절차에 따라 이루어져야 한다.

스크럼은 팀원들의 자율성과 합리적인 업무처리를 가장 중시하는 프레임워크이다. 그러나 스크럼에도 팀원들이 준수해야 하는 최소한의 절차가 있는 데, 그 중 대표적인 것이 산출물 관리를 위한 버전관리와 릴리즈에 대한 절차 그리고 그것들에 대해 팀이 사전에 정한 원칙이다.

1.1 버전 (Version)

버전이란 스프린트 산출물의 특정시점 상태를 말한다. 그리고 버전은 산출물의 상태 추적을 할 수 있는 Data이며 산출물 생애주기에 따른 형상관리 기준지표로 활용된다.

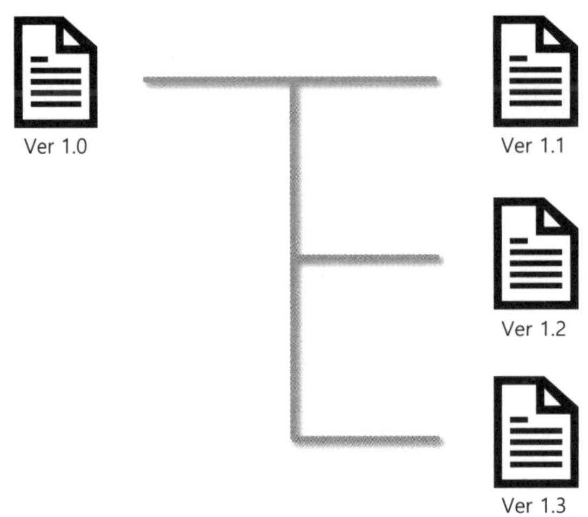

1.2 릴리즈 (Release)

스크럼 팀의 스프린트 수행으로 만들어진 산출물에 대한 공식적인 배포행위를 말한다. 릴리즈는 프로젝트 초기 단계부터 계획된 소프트웨어 생명주기를 기반으로 릴리즈 담당자가 릴리즈 계획에 따라 철저히 시행 관리한다.

1.3 버전, 릴리즈, 스프린트 관계

일반적인 경우 버전, 릴리즈 그리고 스프린트 간의 관계를 시각적으로 표현하면 아래와 같다.

스크럼에서는 스프린트 결과로 산출물이 만들어지며 만들어진 산출물의 상태를 표시하는 Data를 버전이라 한다. 일반적인 경우 대부분의 스프린트에서 산출물의 버전이 만들어지며 산출물에 대한 릴리즈는 사전에 계획된 소프트웨어 생명주기에 따라 실시된다. 모든 버전의 산출물을 릴리즈하지 않으며 선택적 버전의 산출물만 릴리즈 되는 경우가 대부분이다.

: : Note : :

프로젝트에서는 산출물의 버전 및 릴리즈 관리는 프로젝트 초기에 수립된 프로젝트 형상관리계획에 의거하여 관리 된다.

Jira Software 활용하기 02

Jira Software

프로젝트 만들기
▼
타임라인 작성
▼
백로그 등록
▼
팀원배정
▼
팀 빌딩

▶

스프린트

스프린트 계획
▼
스프린트 생성
▼
데일리 스크럼
▼
스프린트 리뷰
▼
스프린트 회고

▼

스프린트
스프린트
스프린트

◀

프로젝트 완료

2.1 버전 관리

2.1.1 버전 만들기

프로젝트의 버전 관리를 시작하려면 [릴리즈 > 버전만들기]를 클릭한다.

[릴리즈 > 버전 만들기] 창이 나타나면 버전의 이름과 시작날짜, 릴리즈 날짜를 입력한다.

만들어진 버전에 관한 정보가 나타나며 버전 생성 안내가 나타난다.

프로젝트 형상관리 계획을 기준으로 사용될 버전을 모두 같은 방법으로 입력 한다.

다시 프로젝트 활성 스프린트 화면으로 와서 버전관리 대상 작업을 선택한다.

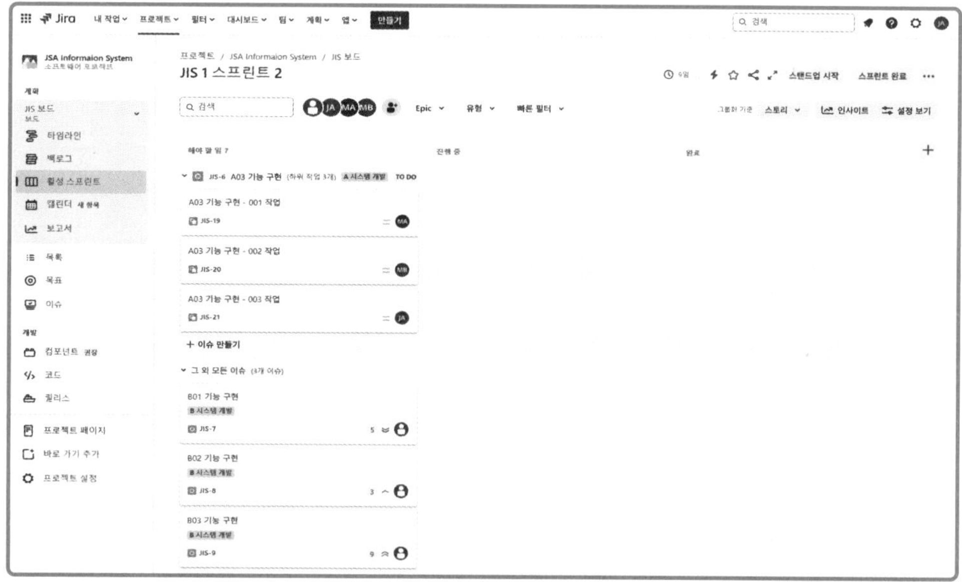

이슈정보 화면에서 [더 많은 필드 > 수정 버전]을 선택한다.

[더 많은 필드 > 수정 버전] 을 선택하면 사전에 등록된 버전 리스트가 나타난다.

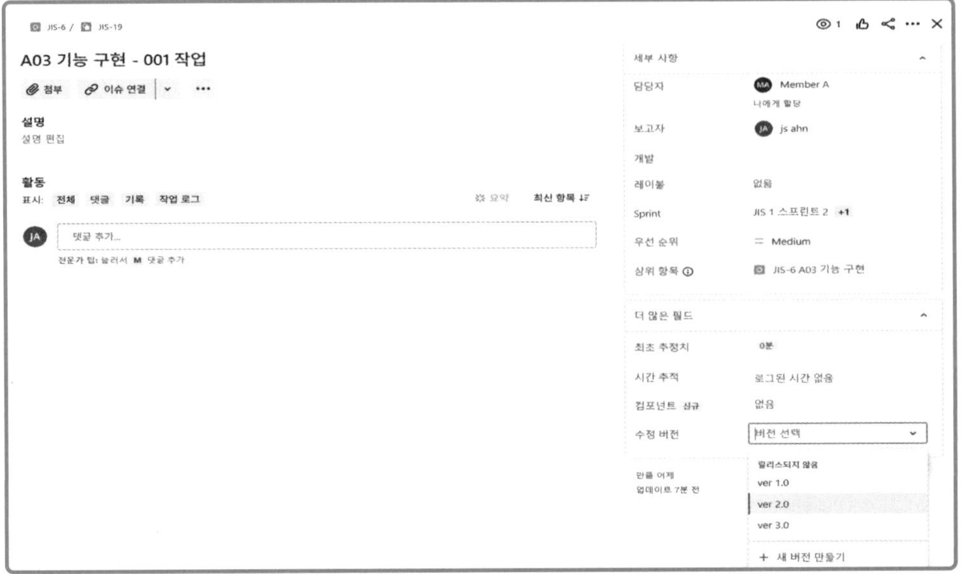

나타난 버전 리스트에서 지정할 버전을 선택한다.

프로젝트의 릴리즈 화면으로 이동하면 지정한 버전의 이슈 진행 상태가 나타난다.

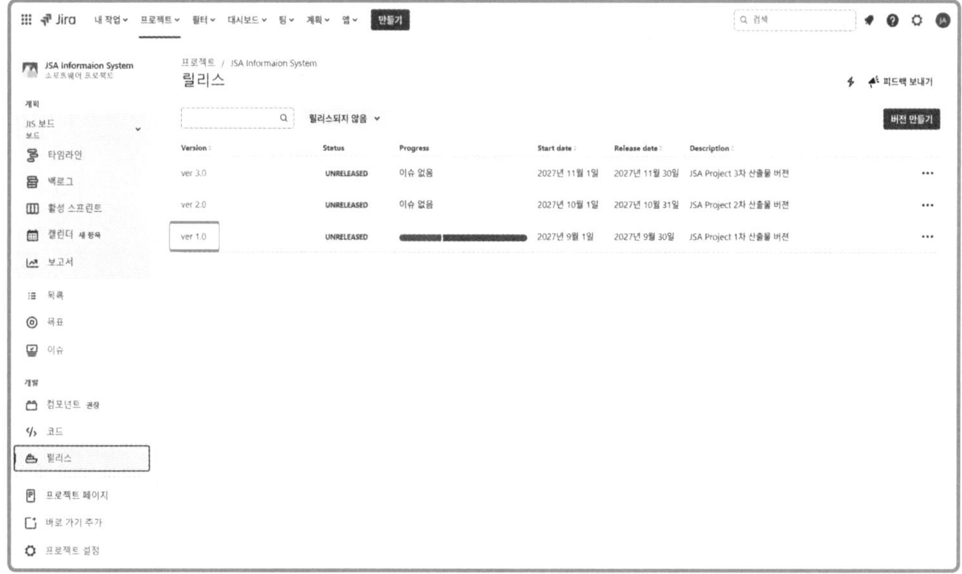

버전 정보를 클릭하면 지정 버전에 해당되는 모든 이슈의 현재 진행 상태를 알 수 있다.

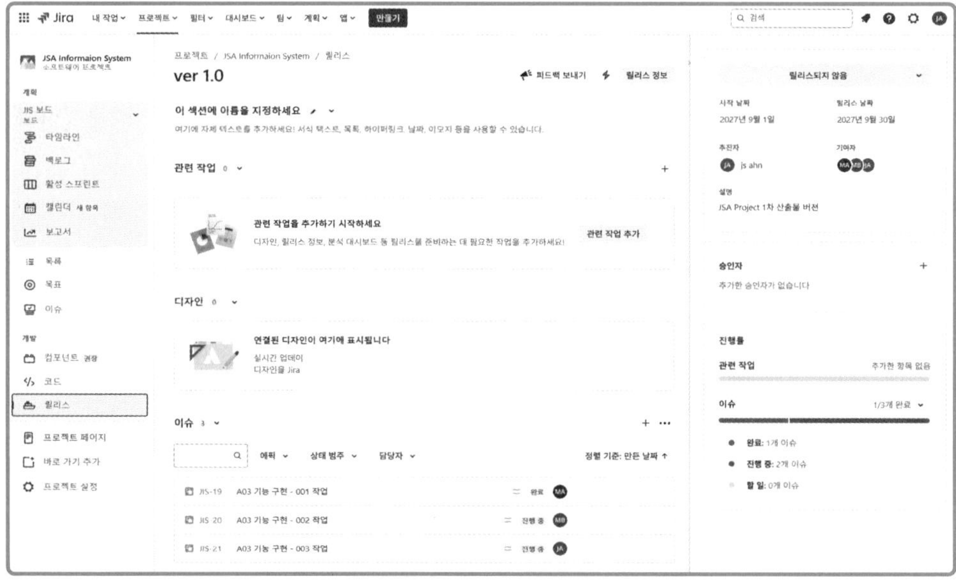

2.2 릴리즈 관리

앞에서 지정한 버전의 이슈 작업이 모두 완료되면 버전 정보에 [릴리즈] 표시가 나타나며 [릴리즈] 표시를 클릭하면 [릴리즈] 창이 나타나면서 릴리즈가 시작된다.

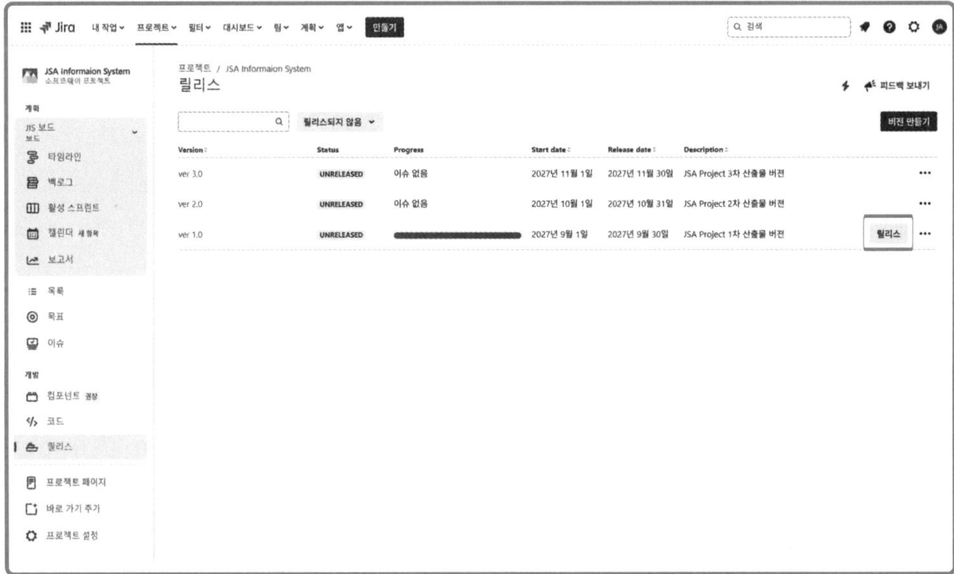

[릴리즈] 창에 나타난 릴리즈의 정보를 확인한 후 [릴리즈] 버튼을 클릭한다.

릴리즈가 실시된 지정 버전은 [릴리즈 안됨] 메뉴 화면에서 사라진다.

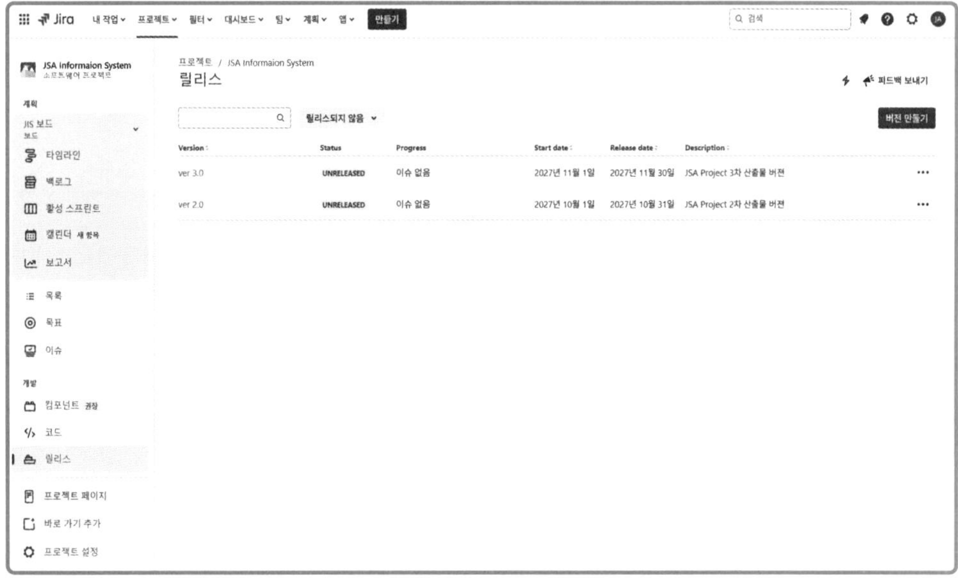

릴리즈된 지정 버전의 정보를 보려면 [릴리즈 됨] 메뉴를 선택한다.

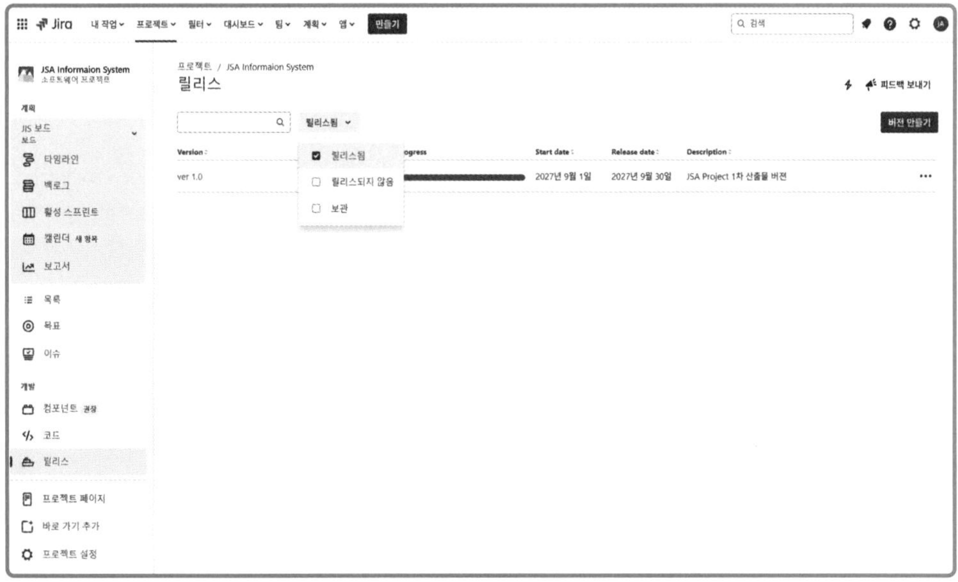

모든 버전 정보를 보려면 [릴리즈 됨, 릴리즈 안됨] 모두를 선택하여 클릭한다.

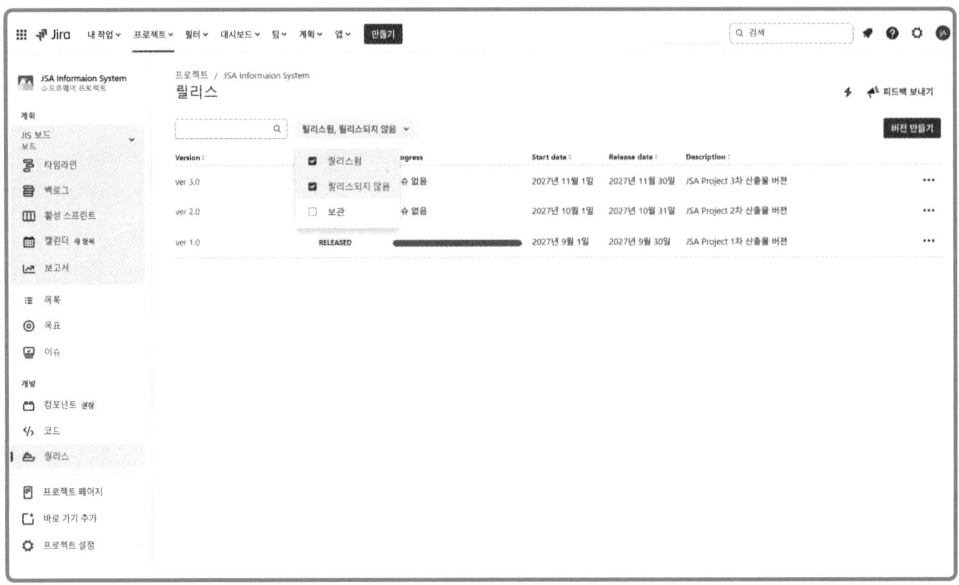

현재 프로젝트의 모든 버전 정보가 표시되며 릴리즈 상태를 확인할 수 있다.

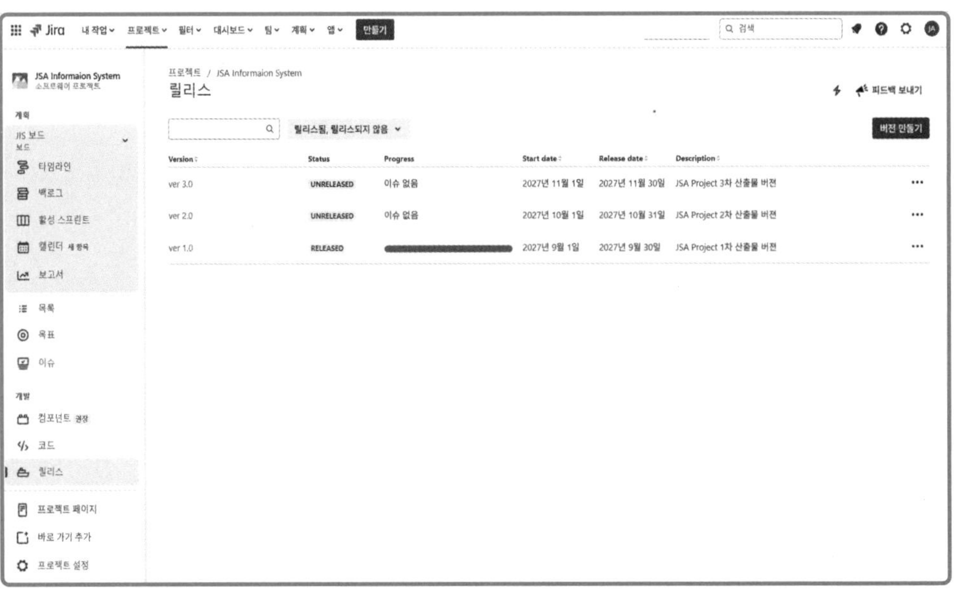

릴리즈된 지정 버전을 클릭하면 지정 버전의 이슈진행 결과와 릴리즈 상태를 확인할 수 있다. 좀 더 자세한 지정 버전의 릴리즈 상태를 확인하려면 화면 우측 상단의 [릴리즈 정보] 를 클릭하면 된다.

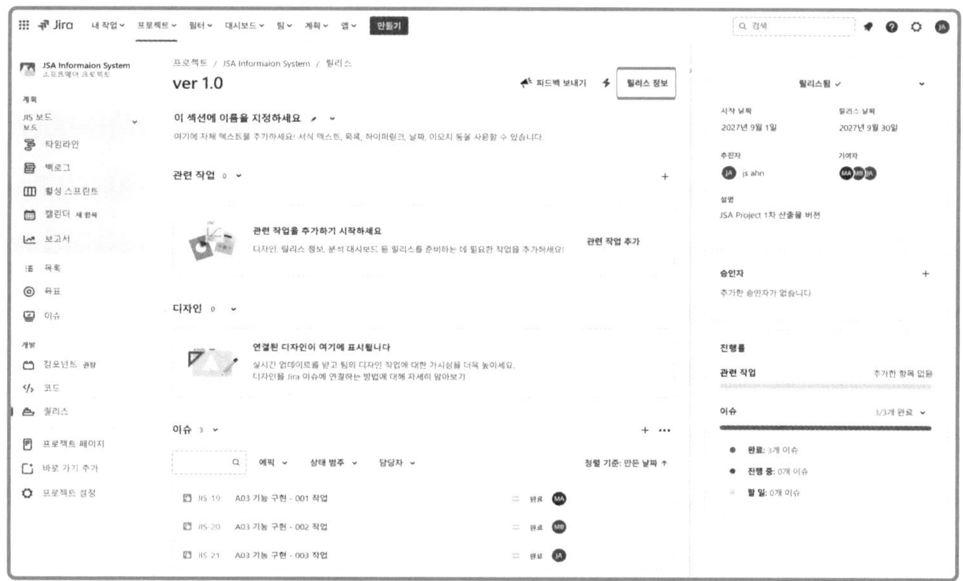

[릴리즈 정보] 를 클릭하면 아래와 같이 릴리즈에 대한 자세한 정보를 확인 및 저장할 수 있다.

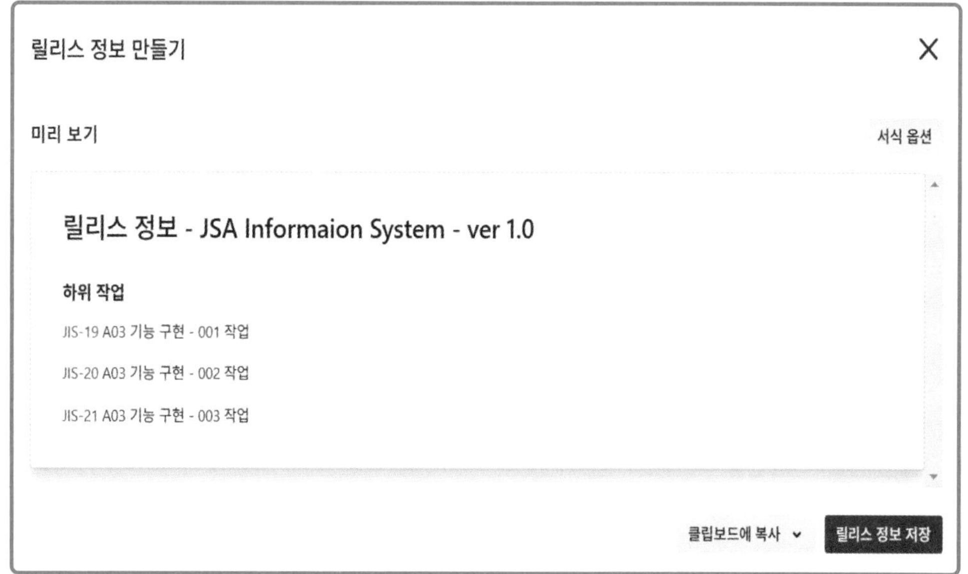

Jira Project

Chapter 13

일정 관리

1. 일정 기준에는 어떤 것이 있는지 알아본다.
2. 시간 추정의 개념에 대해 알아본다.
3. 스크럼 일정 관리의 개념을 이해한다.
4. 일정 상태 분석을 위한 통제지표에는 어떤 것이 있는지 알아본다.

앞에서 이슈검색 기능, 릴리즈 및 버전관리를 학습하였다. 일정 관리에서는 스크럼 프로젝트에서 일정을 관리하는 방법을 배운다. 먼저 시간 추정의 개념과 일정기준, Story Point, 속도측정 등의 스크럼 일정관련 이론을 학습한 후 Jira Software의 사용법으로는 시간추정 표시 및 남은 시간 현황을 파악하는 방법을 배워본다.

핵심정리 01

1.1 일정(Schedule)

1.1.1 프로젝트가 언제 시작하고 종료할지를 기술

1) 해당 작업의 시작 날짜와 종료 날짜
2) 작업 간의 연관관계(dependency)
3) 마일스톤(milestone)

1.1.2 프로젝트 외부에서 발생하는 영향 요소와의 조율

하나의 프로젝트는 조직의 다른 프로젝트들과 연관관계가 있다. 따라서 해당 프로젝트가 다른 프로젝트 및 조직의 업무와 맞물리는 일정상 장애 요소가 있는지를 파악하고 해결하여야한다. 또한 휴가와 공휴일 같은 일정 요소도 외부 요소로써 고려되어야 한다.

1.1.3 프로젝트 내부의 작업 간 연관관계 설정

스프린트 계획에는 작업 간의 연관관계는 기술되어 있지 않다. 그러나 프로젝트 일정은 이런 작업 간의 연관관계가 설정되어야 산출해 낼 수 있다.

1.1.4 수행 기간과 자원의 할당

수행 기간 동안에 자원을 적절한 수준으로 작업 별로 할당하여 진행한다.

1.1.5 잠재 일정 장애요소 및 자원 할당 문제 파악

주요 자원요소(key resource)를 파악해야 한다. 이는 사람, 장비, 기계 등이 될 수 있으며, 필요시에 적절히 할당되는 것을 보장해야 한다. 특히 우선순위가 높은 작업에 할당되는 자원에 대해서는 특별한 주의를 기울여야 한다.

1.1.6 위험 요소의 파악

일정에 따라 작업 진행 여부를 확인하여 위험 요소를 파악한다.

1.2 일정 개발 프로세스

1.2.1 일정 개발 프로세스

작업활동을 정의하고 단위 활동시간을 계산한 후 활동 간의 연관관계를 고려하여 산정한다.

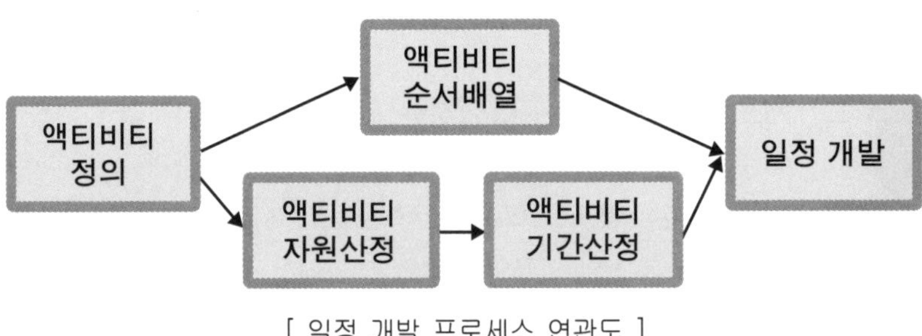

[일정 개발 프로세스 연관도]

1.3 여유시간 (Float or Slack)

1.3.1 전체 여유 시간

프로덕트 최종 릴리즈 일정에 영향을 주지 않고 가질 수 있는 여유 시간

1.3.2 스프린트 여유 시간

선행 스프린트 종료 이 후에 후행 스프린트 시작일에 영향을 주지 않고 가질 수 있는 여유 시간

1.3.3 프로젝트 여유 시간(Project float)

프로젝트 전체가 지정된 프로젝트 종료 날짜를 지연시키지 않고 가질 수 있는 여유 시간

1.4 스크럼 일정관리

스크럼 프레임워크에서 가장 일반적으로 사용하는 일정 계산 방법은 우선적으로 Product Backlog Item별 Story Point 산정한 후, 첫번째 스프린트를 시행하고 스프린트에서 수행된 작업의 Story Point 수를 계산하여 스크럼 팀의 작업속도(velocity)를 측정한다. 다음으로 스크럼 팀이 작업해야 하는 Product Backlog Item의 Story Point 총합을 기준으로 스프린트에서 측정된 팀 작업속도(velocity)와 작업에 소모된 시간 그리고 남은 작업 시간을 고려하여 앞으로 수행할 작업 일정을 추정하는 방식이다.

스크럼 프레임워크의 일정산정 방식은 언뜻보면 산술적으로 꽤 정확한 방법으로 보이지만 그렇지 않다. 그 이유는 스크럼 기간산정의 기준 데이터인 Story Point가 상대적 추정치이며 정량적 데이터가 아니기 때문이다. 또한 기간산정에 팀원의 생산성, 집중도를 측정하거나 반영하기 어렵고 예측치 못한 위험요소를 시간으로 환산하기는 더욱 어렵기 때문이다. 그리고 또 다른 기간산정의 핵심 데이터인 Product Backlog 역시 고정되어 있지 않고 프로젝트 수행 중에 지속적으로 진화하며 변하고 있어 스크럼 프레임워크에서 정확한 작업의 규모와 기간을 산정하는 것은 무리가 있다.

스크럼 프레임워크가 가지고 있는 이러한 기간산정의 특성을 충분히 이해하지 못하고 스크럼을 도입한 다수의 기업이나 스타트업 들에서 프로젝트 수행 시 제품 출시 및 릴리즈의 일정지연 문제가 연속적으로 발생하고 있으며 그와 병행하여 지연된 일정을 해결하기 위해 스크럼 팀원들의 끝없는 잔업 또한 발생하고 있다.

스크럼 프로젝트 일정관리를 성공적으로 수행하기 위해서는 우선 스크럼 팀 구성원 각자가 자신의 역할을 이해하고 능동적이고 책임감 있는 자세로 팀 시너지를 발휘할 수 있는 팀웍을 기반으로 한 업무처리 방식이 반드시 필요하다.

무엇보다도 프로덕트 오너와 스크럼 마스터의 책임 있고 솔선수범하는 업무자세가 필요하며 만일 프로젝트 수행 중 일정지연이 발생하는 경우, 일정지연의 원인에는 다양한 복합적 원인요소가 있음을 인지하고 담당 팀원과는 반드시 수평적인 의사소통으로 문제를 해결해야 한다.

일정지연의 책임을 담당 팀원에게만 전가하는 것은 스크럼 팀의 생명인 팀웍을 해치는 부정적인 결과를 만든 다는 것을 스크럼 팀 모두가 알아야 한다.

스크럼 프레임워크에서 일정 관리를 성공적으로 수행하기 위한 핵심요소는 다음과 같다.

종류	설명	담당자	예시
Product Backlog 관리	Prroduct Backlog는 스크럼 프로젝트의 시작이고 끝이다. 기술적이고 세밀한 관리가 필요하다.	프로덕트 오너	테마, 에픽, 사용자스토리, 작업
User Story 크기	User Story는 INVEST 해야하며 그 중 크기는 작을 수록 일정관리가 쉽다.	스크럼 팀	A01-001-01 기능의 구현
스프린트 기간	기간 추정이나 일정관리 측면에서 스프린트 기간은 짧게 가져가는 것이 좋으며 3주를 넘어서는 안된다.	스크럼 팀	스프린트 1 기간 : 2주

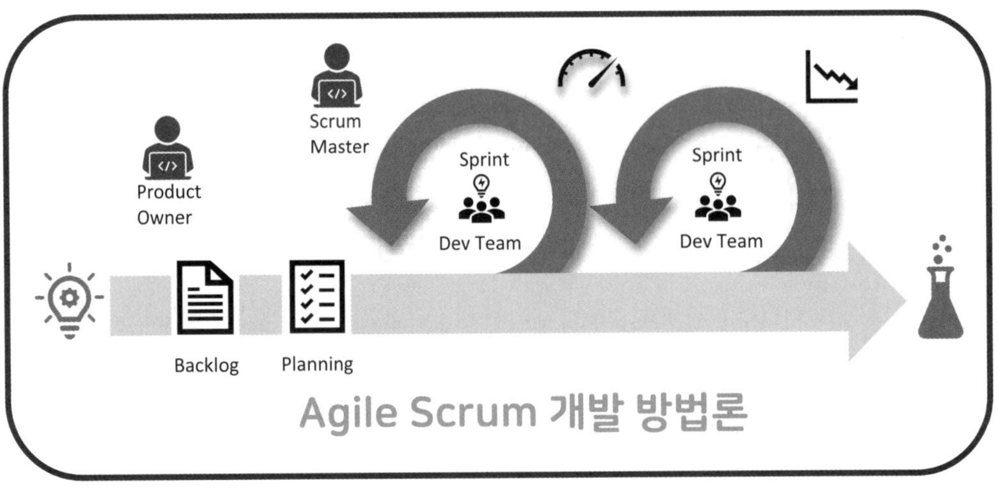

1.5 스크럼 기간 추정 지표

스프린트의 기간 추정을 위한 통제지표에는 다음과 같은 것들이 있다.

1.5.1 Story Point

User Story의 크기나 규모를 점수화한 수치로써 복잡도를 고려하여 기준 User Story와의 상대적 크기를 비교하여 수치화 한 점수이다.

1.5.2 속도 (Velocity)

단일 스프린트에서 처리 완료한 Story Point의 총 합산 수치를 기준으로 계산 한다.

1.5.3 작업시간

작업을 완료하는데 까지 걸리는 시간을 말한다.

1.5.4 집중도

스크럼 팀원이 작업에 몰입하는 정도를 말한다.

1.6 스크럼 추정 도구

스크럼에서 활용가능한 추정 도구는 다음과 같은 것들이 있다.

1.6.1 플래닝 포커

스크럼 팀원들이 함께 모여서 포커게임의 규칙을 이용하여 작업규모를 측정하는 방법

1.6.2 델파이

전문가에게 반복적인 질문을 통해 익명으로 답을 구해 추정 하는 방법

1.6.3 3점추정

추정기준을 비관치, 낙관치, 긍정치 세가지로 나누어 구한 후 가중치를 주어 평균을 구하는 방법

1.6.4 Analogue 산정

해당 분야 전문가의 경험적 산정치를 추정치로 구하는 방법

1.7 현시점까지의 프로젝트 진척 현황

프로젝트에서 중요하게 다루는 성과지표들은 많지만, 그 중에서 가장 중요한 것은 현시점까지의 프로젝트가 얼마나 진행되었는가, 즉 공정 진척율일 것이다. 작업이 10개 있고 이 중에서 현시점까지 3개가 완료되었을 경우 **공정 진척율**을 30%라 규정하는 것은 무리가 있다. 왜냐하면 작업들의 규모(size)는 각각 차이가 있고, 이를 반영해야 프로젝트에서 사용하는 실제적인 진척율이라고 말할 수 있다.

스크럼에서는 프로젝트 전체 공정 진척율을 계산하는 것보다는 스프린트 진척율을 계산하는 것이 합리적일 것이다. 왜냐하면 선행 스프린트의 결과에 따라 후행 스프린트의 작업이 결정되기 때문이다.

 Jira Software 활용하기 02

2.1 작업시간 추정

이슈처리에 필요한 시간을 추정하는 기능을 활성화 시키기 위하여 활성 스프린트 화면에서 오른쪽 상단에 [---] 메뉴를 선택한다.

[---] 메뉴에서 [보드 구성] 을 선택한다.

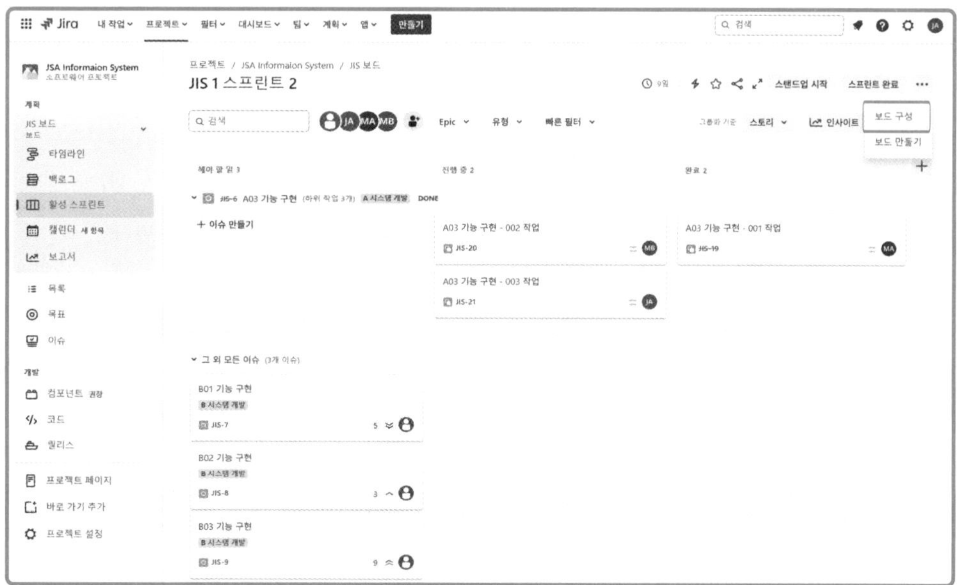

[보드 구성 > 추정] 을 선택한다.

[추정 > 추정 방법 > 최초 추정시간] 을 선택한다.

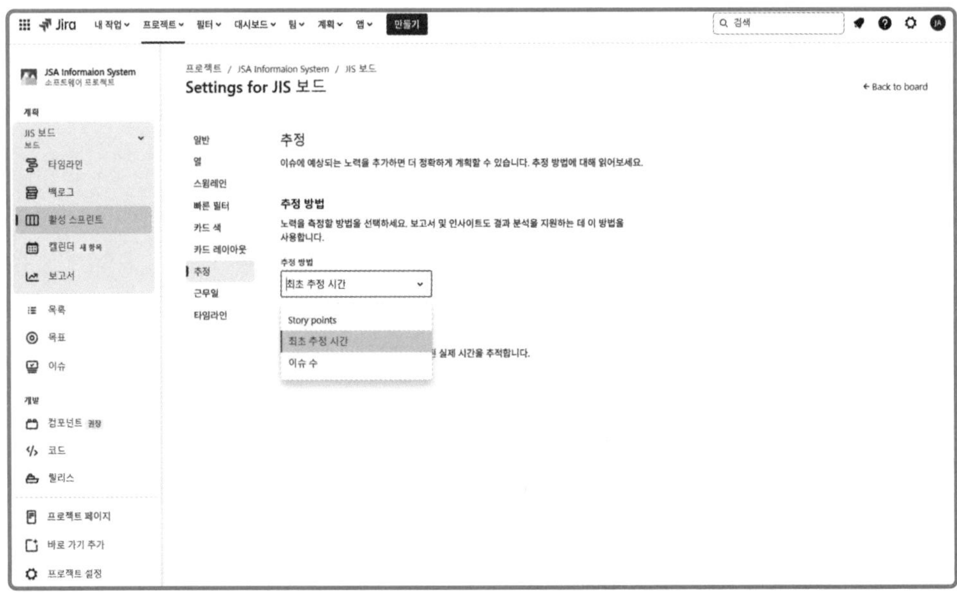

추정 방법이 Story Point에서 최초 추정 시간으로 변경 된다.

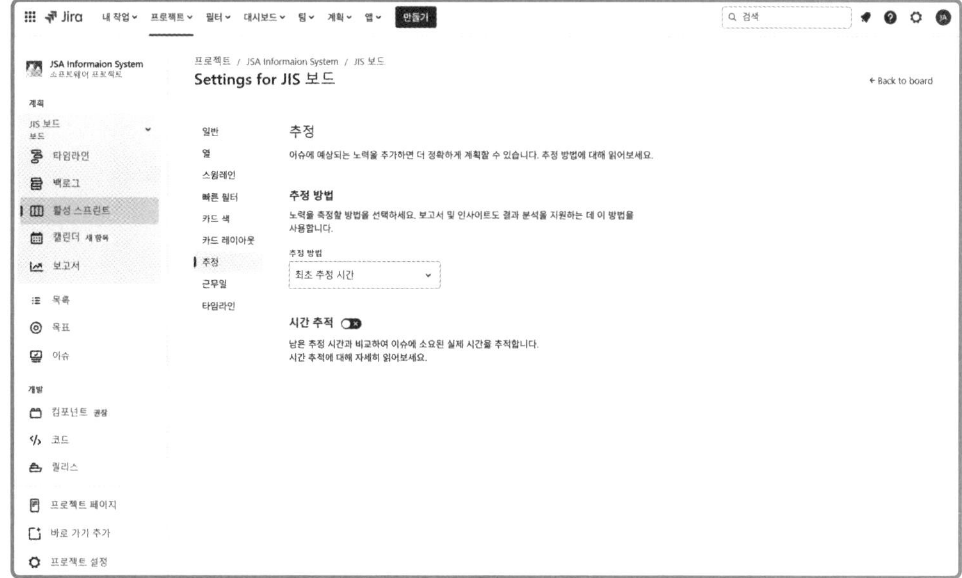

최초 추정 시간 방법을 사용하려면 근무시간이 정확히 셋팅되어 있어야 한다.

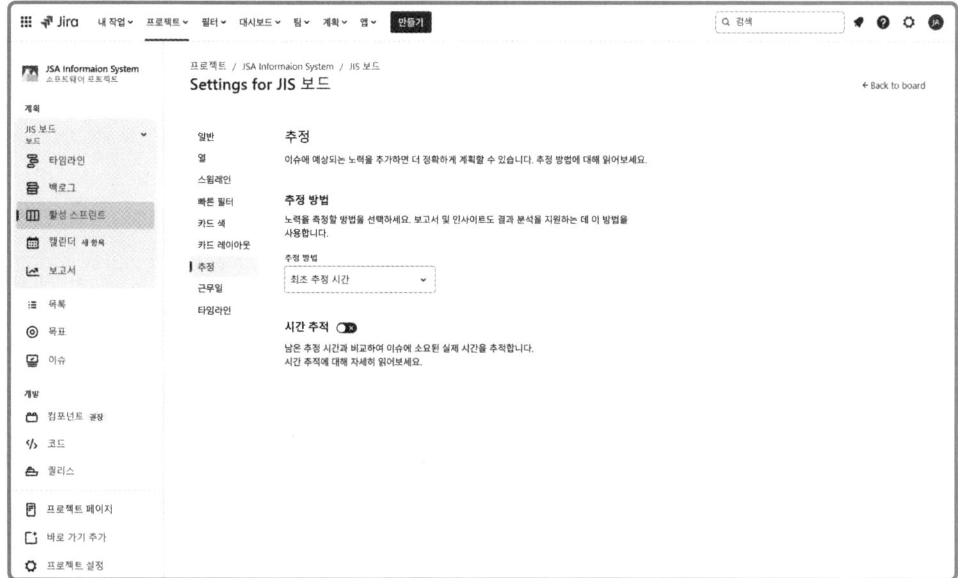

근무시간 셋팅을 위해서 [근무일] 을 선택한다.

표준 근무일을 선택하고 휴무일을 입력 한다.

활성 스프린트 화면으로 이동하여 시간 추정을 하려는 이슈를 선택한다.

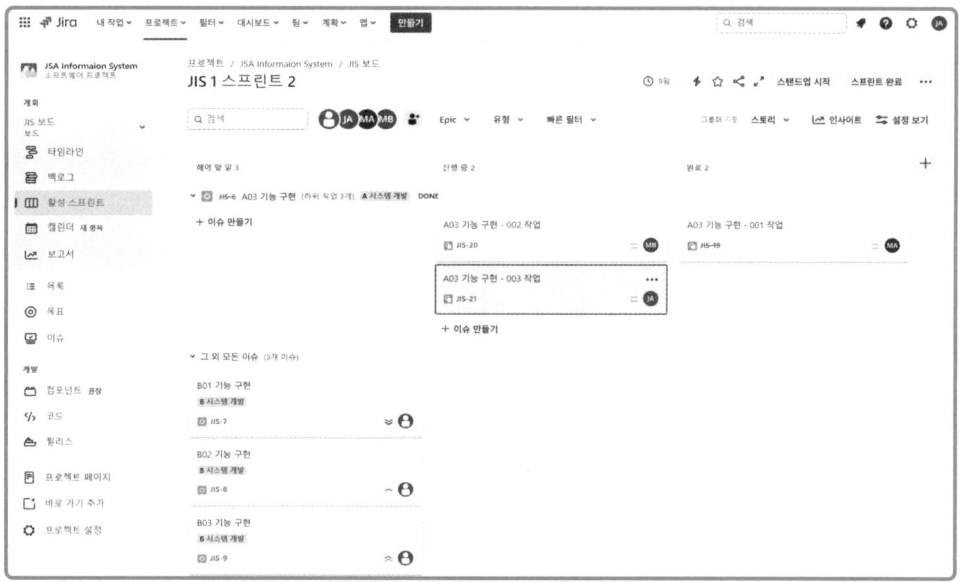

시간 추정을 하려는 이슈의 [세부 사항 > 최초 추정치]에 8h를 입력하면 1일로 표시된다.

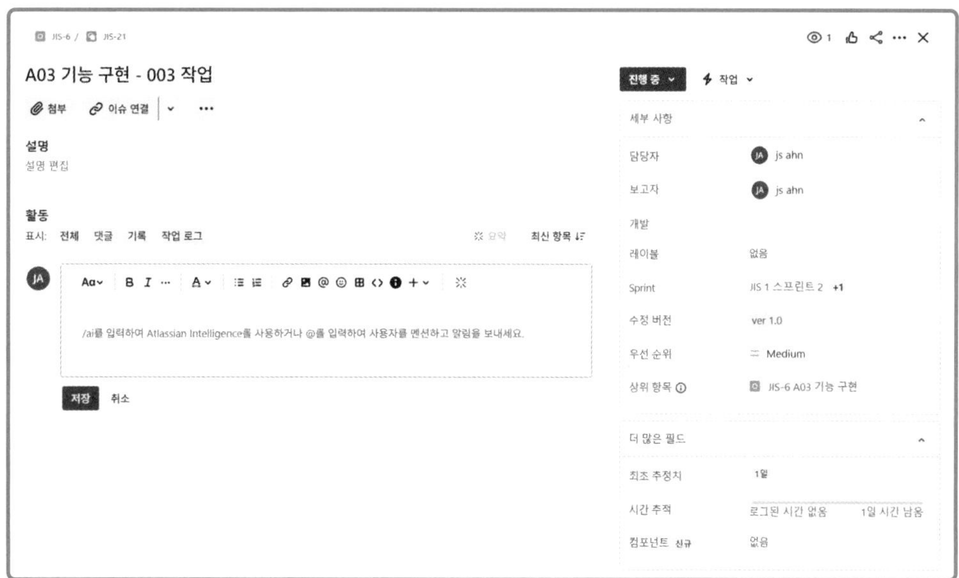

나타난 이슈 세부정보 창에서 [시간 추적] 을 클릭한다.

[시간 추정] 창이 나타나면 작업 소요 시간을 입력한다.

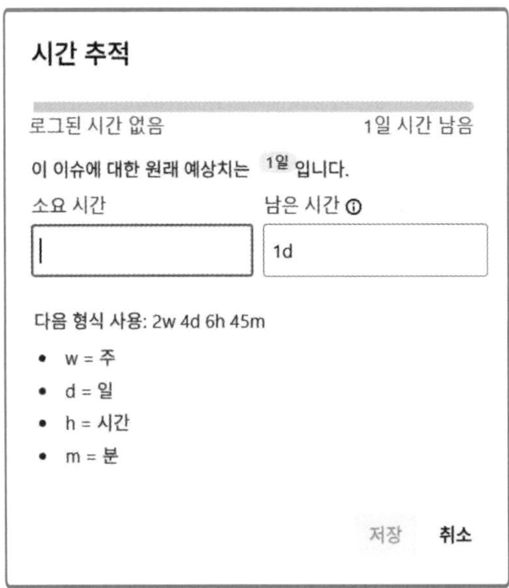

작업 소요 시간을 입력하면 남은 시간이 자동으로 계산되어 나타난다.

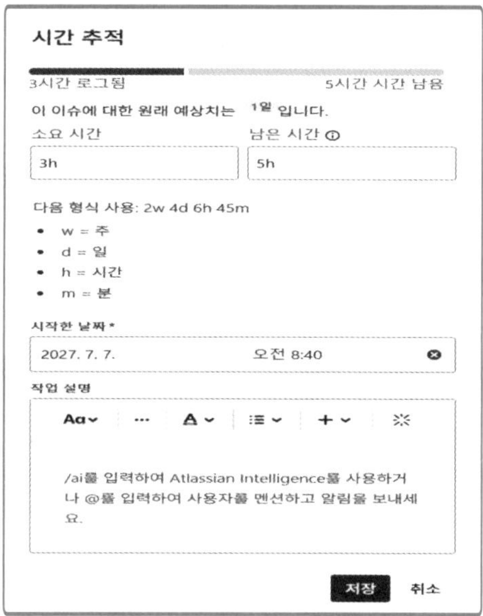

[작업 설명] 에 수행한 작업 내용을 입력하고 [저장] 버튼을 클릭한다.

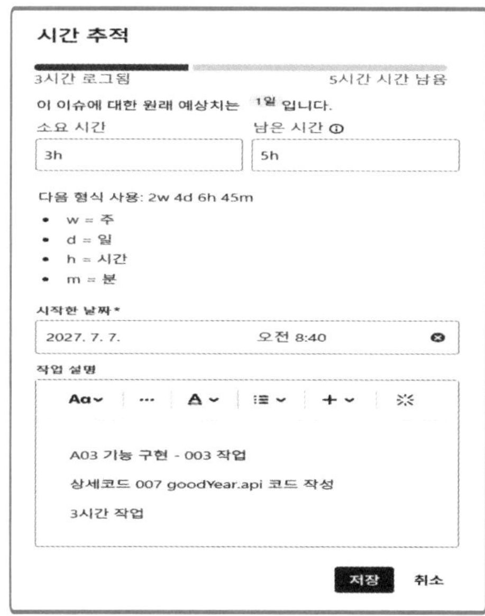

[이슈 정보 > 세부 사항 > 시간 추적] 메뉴에 작업 시간과 남은 작업 시간이 표시된다.

활성 스프린트 화면으로 이동해보면 해당 이슈에 최초 추정치가 표시되어 있다.

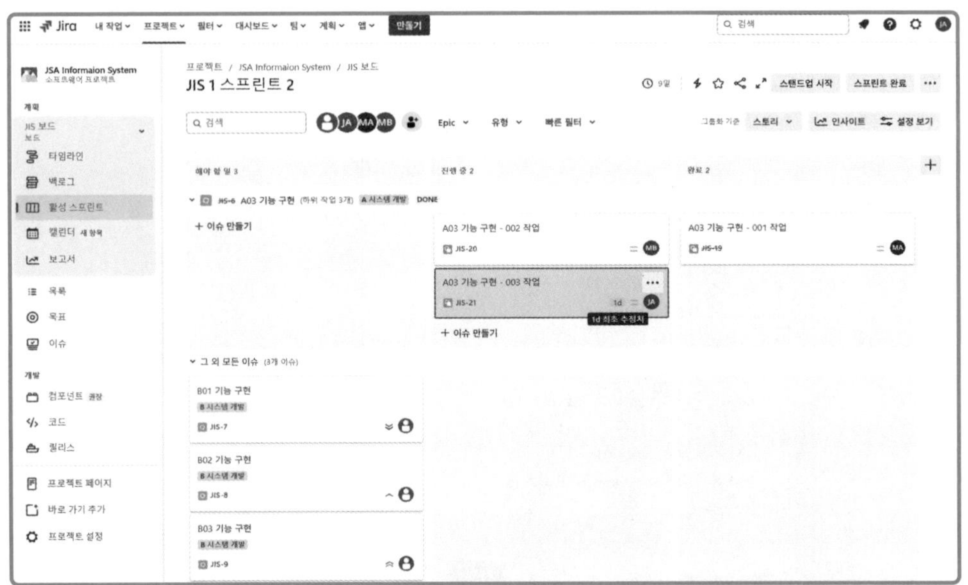

Chapter 14

위험 관리

1. 위험 관리 계획의 개념과 방법에 대하여 이해한다.
2. 위험 식별 방법에는 어떤 것이 있는지 알아본다.
3. 위험 분석 방법에는 어떤 것이 있는지 알아본다.
4. 위험 대응 계획에 대하여 이해한다.
5. Jira Software에서 위험관리 기능을 이해한다.

모든 프로젝트는 반드시 위험요소를 가지고 있다. 이러한 위험을 얼마만큼 잘 관리하느냐에 따라 프로젝트의 성패가 좌우되며 프로젝트 관리의 흐름도 바뀔 수 있다. 명확한 위험 대응 계획을 수립하여 체계적으로 접근해야 하는 것이다. 먼저 위험 관리의 이론을 학습한 후 Jira Software에서 적용하는 방법을 배워보자.

핵심정리

1.1 프로젝트 위험관리(Project risk management)

위험은 본질적으로 불확실성을 내포하고 있다. 위험은 금융 산업에서도 자주 사용되는데, 이때에도 불확실성은(Ex. 환율, 주가 등) 위험의 가장 핵심이 되는 개념이다. 만일 불확실하지 않고 확실하다면(발생가능성=1) 이는 위험이 아니라 문제라고 하는 것이 옳다.

위험은 예방하는 것이고 문제는 해결하는 것이다(Risk prevention, Problem solving). 그러나 위험을 관리한다는 것은 위험을 인식하였다는 것을 의미하며 인식하지 않은 위험은 관리를 할 수 없다. 위험을 인식하였다는 것은 확실한 어떤 정보를 인식하였다는 것이다. 즉, 위험을 야기하는 원인은 확실하게 인식하였다는 것에 유의하여야 한다. 따라서 불확실한 것은 위험요소와 영향력이고 위험 원인을 확실하게 인식하도록 한다.

불확실한 위험요소는 프로젝트에 긍정적인 혹은 부정적인 결과를 초래할 수 있다. 프로젝트 목표는 예산과 납기 내에 제품을 출시하거나 고객이 원하는 기능을 제공하는 것이다. 따라서 프로젝트의 목표에 영향을 미치지 않는 사건은 위험이 아니다. 실제 프로젝트에서 현안이 되는 것은 프로젝트에 미치는 부정적인 영향력이다. 대부분의 책자에서 위험의 정의를 부정적인 영향력을 미치는 사건으로 정의하는 것도 바로 이 때문이다.

1.2 위험 관리 계획(Risk management planning)

프로젝트 위험 관리 프로세스를 프로젝트에서 어떻게 수행할 것인가를 계획하는 것이다. 즉, 위험의 식별, 정성/정량적 위험 분석, 위험 대응 계획, 위험 감시 및 통제를 어떻게 수행할 것인가를 구체적으로 정의하게 된다.

1.2.1 위험 관리 방법

프로젝트에서 수행할 위험 관리의 수행 프로세스, 데이터 등을 정의한다. 위험 관리의 기본 프로세스는 위험의 평가와 통제로 나눌 수 있는데, 그러한 방법은 프로젝트의 성격에 따라, 진행 단계에 따라, 활용 가능한 정보에 따라 달라질 수 있음에 유의하여야 한다.

1.2.2 역할과 책임

위험 관리 방법에서 정의된 개별 액티비티를 수행할 역할과 책임을 정의하는 것으로써, 프로젝트와 독립적인 집단에서 위험을 평가하는 것이 보다 객관적이고 정확한 위험 식별에 유용하다.

1.2.3 수행 시점

개별 액티비티를 수행하는 시점을 정의하여야 한다.

1.2.4 위험 수위

Trigger라고도 할 수 있는 위험관리 활동을 위한 임계치로 이해할 수 있다. 즉, 어느 정도의 위험이면 대응 계획을 가동시키는지 혹은 위험을 마감하는가에 대한 사전에 정의한 기준이 된다. 이러한 thresholds는 위험을 평가하는 이해관계자에 따라 달라짐에 유의하여야 한다.

1.2.5 보고 방법

위험의 평가와 tracking에 관련된 양식은 최소한 정의하는 것이 바람직하다.

1.2.6 추적 방법

미래의 다른 프로젝트를 위하여 위험 관리와 관련된 각종 활동들을 어떻게 문서화하고 위험 관리 프로세스를 어떻게 심사하는지를 정의한다.

1.2.7 위험 민감도(Risk tolerance)

조직이나 개인에 따라 위험에 대한 허용 수준은 달라진다. 위험을 추구하는 사람도 있고(risk seeker), 위험에 대하여 중립적인 사람도 있으며(risk neutral), 위험을 회피하는 사람(risk avoider)도 있다. 이와 같이 의사 결정하는 사람의 위험에 대한 인식에 따라 대응 방법이 달라지는 것을 utility theory라고 한다.

1.3 위험 식별(Risk identification)

1.3.1 누가 식별할 것인가?

프로젝트와 관련한 이해관계자가 참여하여 식별한다. 프로젝트 리더를 포함한 몇몇 사람에 의한 위험 식별은 잘못된 위험 관리를 유발할 가능성이 있다. 프로젝트 팀 뿐만 아니라 고객이 함께하는 것이 바람직하며, 필요할 경우 해당 업무 혹은 기술 분야의 전문가도 참여하는 것이 바람직하다.

1.3.2 언제 식별할 것인가?

한 마디로 말하면 위험 관리는 프로젝트 시작에서 부터 끝날 때까지 수행하여야 한다. 그렇지만 계획 수립 단계의 위험 식별이 가장 중요하다. 빨리 식별할수록 적은 비용으로 위험을 줄일 수 있다.

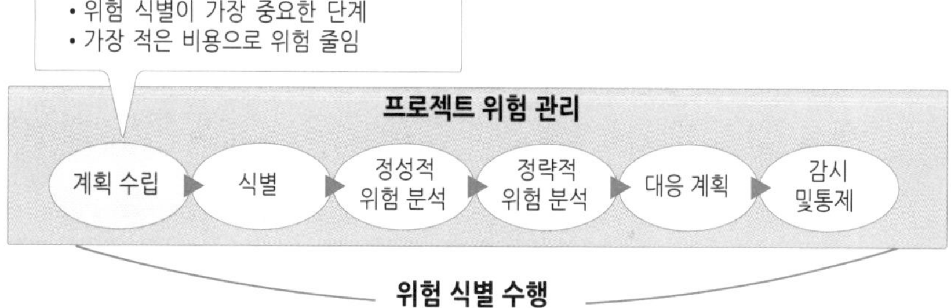

1.3.3 어떻게 식별할 것인가?

1) **Documentation review**

프로젝트 계획서, 각종 가정들, 이전 유사 프로젝트 기록들에 대한 검토는 프로젝트 팀원이 위험 식별을 위하여 취하는 첫 번째 활동이 된다.

2) **Delphi technique**

델파이 기법은 다음과 같이 위험을 식별하는 방법이다.

① 전문가에 의하여 이루어진다.

② 익명으로 참여한다. (조정자가 우편이나 메일로 접수를 받아 의견제시자 이름을 밝히지 않음.)

3) **반복적인 토의를 통하여 consensus를 도출**

프로젝트 리뷰, 회고에서 나온 사항을 1차 정리 후 배포한 다음, 2차 의견 을 정리한다.

4) **Checklists**

회사에서 활용하는 위험 식별 체크 리스트 혹은 각종 책자에서 발표되는 체크 리스트를 활용하여 위험을 식별하는 방법이다.

5) **Assumptions analysis**

프로젝트 계획 수립 시 수립한 여러 가지 가정은 그 가정대로 되지 않을 경우 위험요소가 된다.

1.4 위험 분석(Risk analysis)

1.4.1 위험 노출도(risk exposure)

한정된 자원으로 프로젝트를 수행하는 경우 중요한 것은 위험들의 우선 순위를 결정하는 것이다. 어떠한 위험에 대하여 높은 우선 순위를 부여하여야 할 것인가의 문제는 어떤 위험부터 대응하여야 할 것인가의 문제와 동일하게 생각할 수 있다. 위험의 우선 순위를 결정하는데 있어 중요한 개념이 위험 노출도이다. 위험 노출도는 다음의 두 가지 항목에 의하여 결정된다.

1) **발생 가능성(likelihood, probability)**

해당 위험요소가 실제로 발생할 가능성

2) **영향력(impact, consequence)**

해당 위험요소가 발생하였을 경우 프로젝트의 성공에 미치는 부정적인 영향력

발생가능성 \ 영향력	1	2	3	4	5
5	2	3	6	9	12
4	2	3	5	8	11
3	1	2	4	7	10
2	1	2	3	5	8
1	1	1	2	3	5

1.4.2 위험 분석 방법

1) **Interviewing**

위험의 정성적인 분석과 마찬가지로 전문가들의 의견을 모아서 위험의 발생 가능성과 영향력을 계량화하는 방법이다.

2) **Sensitivity analysis**

민감도 분석이라고도 하는 이 방법은 다른 위험들은 고정시킨 상태에서 임의의 한 위험을 한 단위 변동시켰을 때 프로젝트에 미치는 영향력이 어떻게 변동하는가를 분석하는 방법이다.

3) **Decision tree analysis**

의사결정 나무 분석이라고 하며 최적의 의사결정을 도출하기 위한 방법으로 각각의 의사결정에 따라 불확실한 여러 가지 경우가 발생할 시에 그때의 기대 값을 계산하여 최적의 의사 결정을 선택한다. 기대 값을 구하는 것과 동일한 계산 방법이다.

4) **Simulation**

흔히 몬테 칼로 시뮬레이션이라 불리는 방법으로 컴퓨터 상에서 난수표를 생성하여 모의 프로젝트를 복수로 수행하여, 그의 결과(주로 원가 및 일정)로 얻은 정보를 기반으로 원가 및 일정의 확률 분포를 결정하는 방법이다.

5) **Utility theory**

위험 정도에 대한 의사 결정권자의 대응 정도를 나타낸 이론이다.

1.5 위험 대응 계획(Risk response planning)

위험에 대한 대응 계획을 수립한다는 것은 위험을 줄이는 계획을 수립한다는 것으로 구체적으로는 위험의 발생 가능성을 줄이는 방안과 위험이 발생하였을 때의 영향력을 줄이는 방안을 생각할 수 있다. 위험 대응 계획 수립은 무엇을, 누가, 언제, 어떻게 한다는 구체적인 계획을 포함하여야 한다. 물론 프로젝트의 상황, 위험 노출도, 비용 대비 효과성 등을 고려하여 위험 대응 계획을 수립하여야 할 것이다.

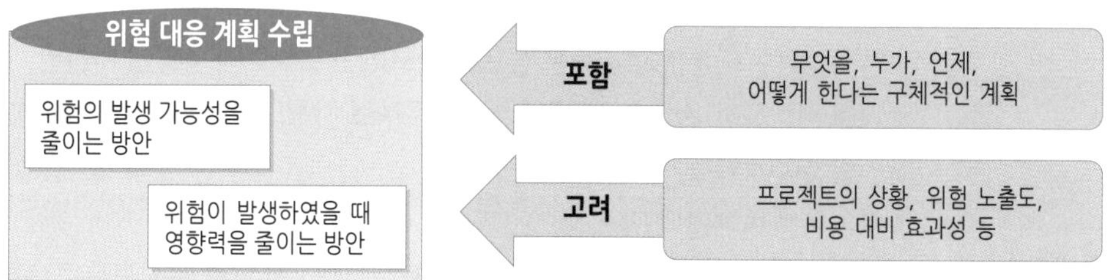

1) **제거(avoidance)**

심각한 위험의 경우 발생 가능성을 원천적으로 제거하는 방법을 의미하며 주로 계획 변경을 통하여 이루어진다.

2) **전달(transference)**

위험 조치에 대한 책임을 제3자에게 넘기는 것으로 위험 자체를 넘기는 것이 아님에 유의하여야 한다. 위험 조치에 대한 책임을 넘기는 대신 이에 상응하는 risk premium 을 지불하여야 하며 주로 재무 위험에 대한 대책으로 적합하고 보험이 대표적인 예가 된다.

3) **축소(mitigation)**

위험의 발생 가능성이나 영향력(혹은 둘 다)을 줄이는 방안이다.

4) **수용(acceptance)**

식별된 위험에 대한 분석 정보가 미흡하거나 아무런 예방 조치를 취하지 않는 경우를 의미한다. 적극적인 수용 (active acceptance)의 경우에는 contingency plan 을 준비하고 수용하며,소극적인 수용(passive acceptance)의 경우에는 아무런 대책 없이 수용하는 것을 의미한다. 가장 일반적인 유형은 허용 가능한 위험의 수준(contingency allowance)을 사전에 정의하여 일정 수준 이하의 위험을 수용하는 것이다.

5) **위험 대응 계획 수립 시 유의사항**

①위험은 제거하는 것이 아니다.

위험은 제거하는 것이 아니라 일정 수준 이하로 줄이는 것이다. 물론 경우에 따라 매우 심각한 위험의 경우에는 제거할 위험도 있지만 대부분의 위험은 일정 수준 이하로 줄이는 것이 목표다.

②모든 위험에 대하여 대응하는 것이 아니다.

프로젝트에서 식별된 모든 위험에 대하여 대응하는 것은 거의 불가능하다. 경우에 따라 일정 수준 이하의 위험은 그대로 수용할 수 있다.

③위험은 상호 연계되어 있다.

프로젝트 대부분의 위험은 상호 연계되어 프로젝트에 영향을 미친다. 따라서 개별 위험을 분리하여 관리할 것이 아니라 프로젝트 전체의 입장에서 종합한 위험 대응 계획을 수립하여야 한다.

④위험은 변해간다.

위험은 살아 있는 유기체와 같아서 프로젝트 진행 도중 지속적으로 변해간다. 프로젝트 내부 상황의 변화로 인하여 변경될 수도 있고, 외부 상황의 변경으로 인하여 변해갈 수도 있다.

Jira Software 활용하기

02

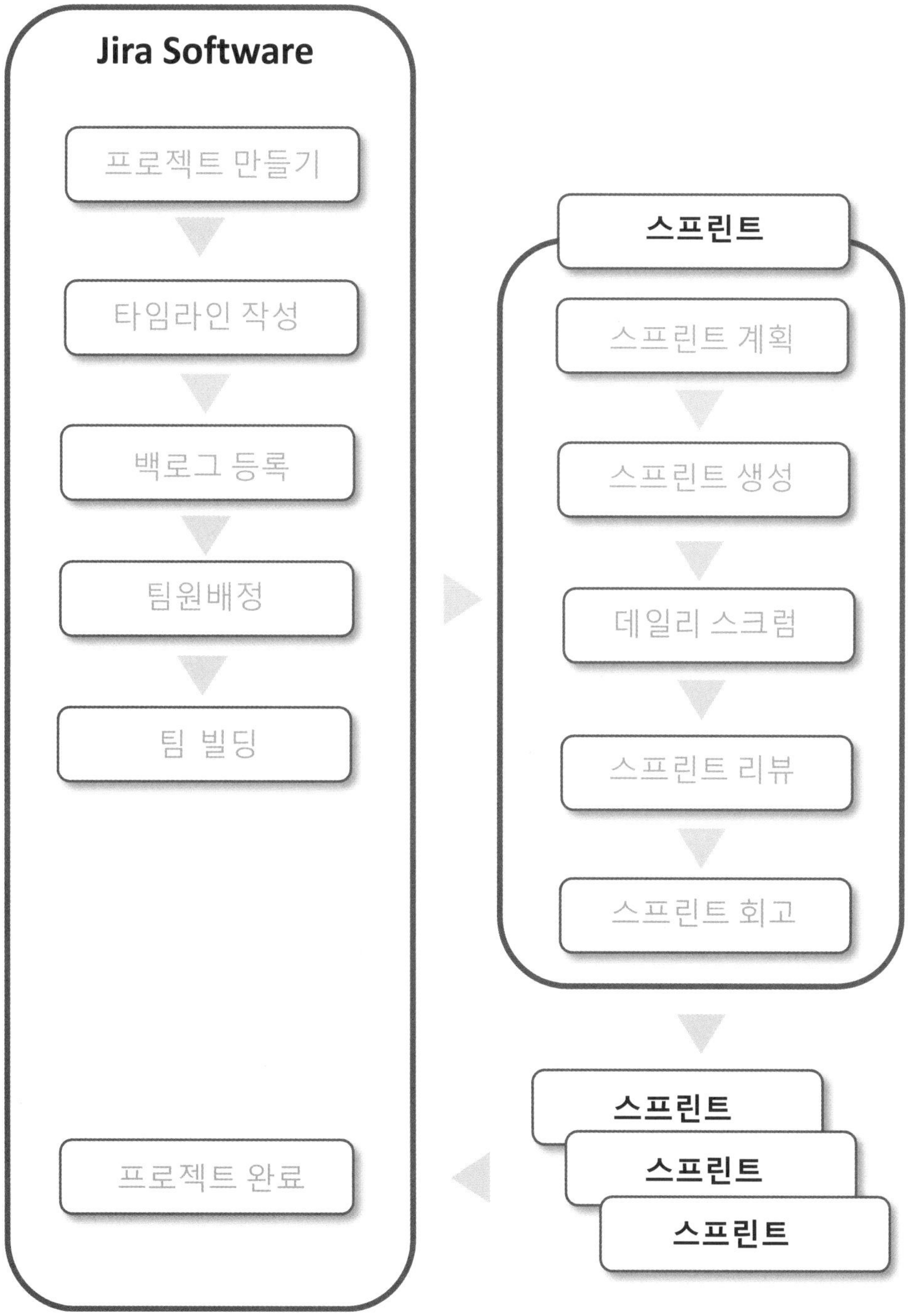

Jira Software

프로젝트 만들기

타임라인 작성

백로그 등록

팀원배정

팀 빌딩

프로젝트 완료

스프린트

스프린트 계획

스프린트 생성

데일리 스크럼

스프린트 리뷰

스프린트 회고

스프린트

스프린트

스프린트

2.1 이슈 지켜보기

Jira Software의 위험관리 기능 중에는 이슈를 모니터링 하는 [이슈 관찰] 기능이 있다.

이슈 관찰 기능은 위험도가 높은 이슈를 상시 모니터링할 수 있는 유용한 기능으로 이슈 지켜보기 기능이 활성화 되면 모니터링 대상의 이슈에 변화가 생기면 지정된 이슈 관찰 대상자에게 알람 메일이 자동적으로 전송된다.

위험관리자는 활성 스프린트 화면에서 위험 노출도가 큰 이슈를 선택하여 클릭한다.

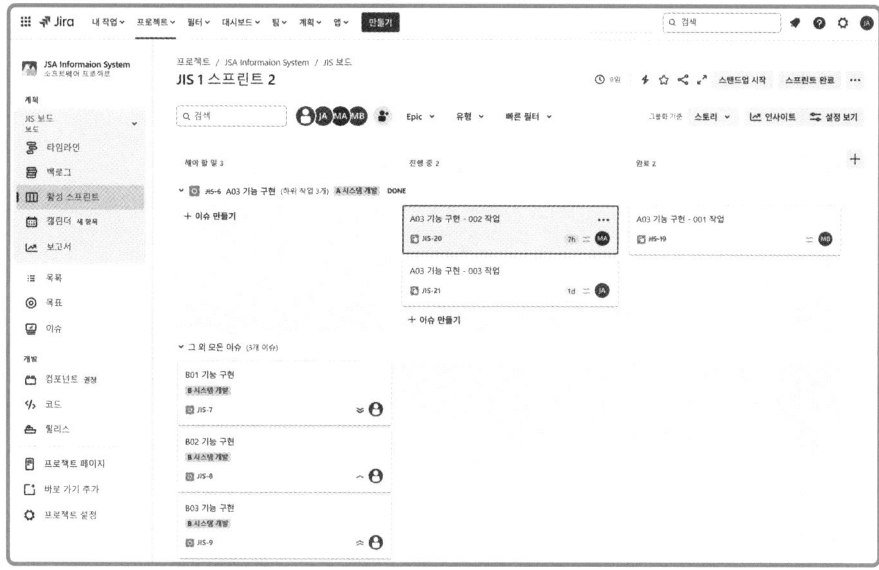

[이슈 정보] 창이 나타나면 상단에 [이슈 관찰] 아이콘을 클릭한다.

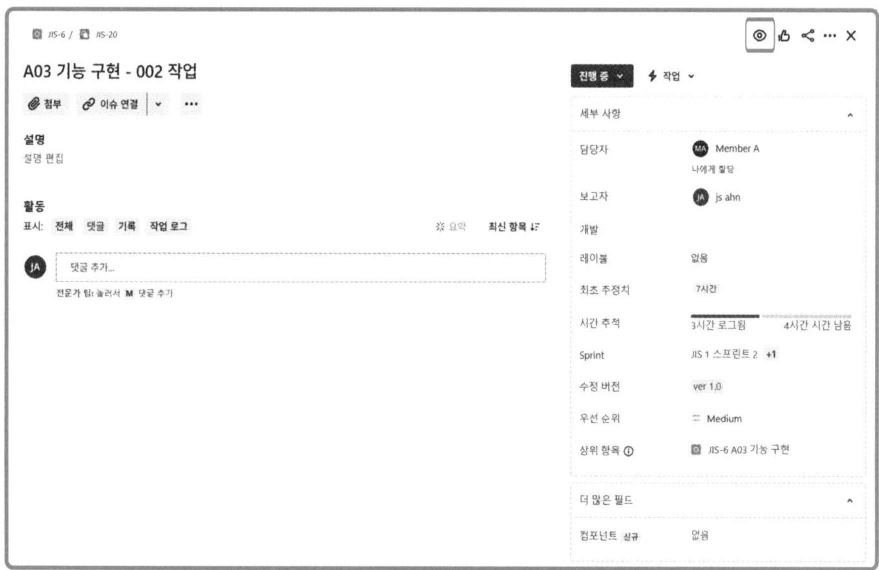

[이슈 관찰] 창이 나타나면 [관찰 시작]을 클릭한다.

[이슈 관찰] 아이콘 옆에 모니터링 인원수가 표시되면서 이슈 관찰이 시작 된다.

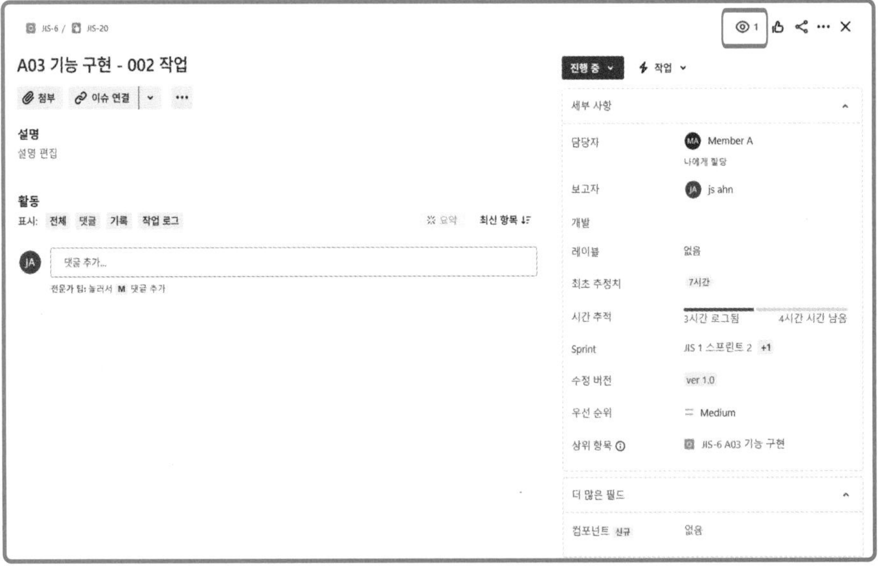

활성 스프린트 화면으로 돌아와 모니터링 대상인 [이슈 관찰]이 설정된 이슈에 상태를 아래 그림과 같이 [진행 중]에서 [완료]로 전환시킨다.

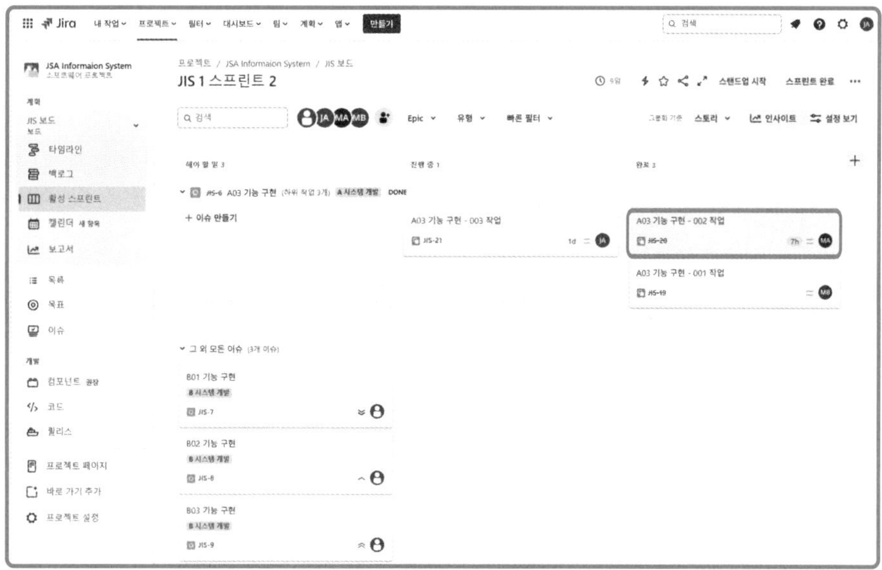

[이슈 관찰]이 설정된 이슈에 변화가 생기면 지켜보기 지정자인 위험관리자에게 알람 메일이 아래와 같이 발송되며 만일 모바일 앱을 설치한 경우 모바일로도 알람이 전달 된다.

2.2 이슈 플러그 표시

Jira Software에서 위험관리 방법 중 하나는 위험도가 높은 이슈에 아래와 같이 플러그를 표시해 관리하는 방법이다.

위의 화면과 같이 이슈에 플래그를 표시하면 이슈가 많은 복잡하고 대규모 프로젝트에서 이슈의 현재 상태를 쉽게 파악할 수 있으며 다른 이슈와 구분하기 쉽다.

활성 스프린트 화면에서 플래그를 표시하기 원하는 이슈를 선택하여 [이슈 정보] 창을 오픈한다.

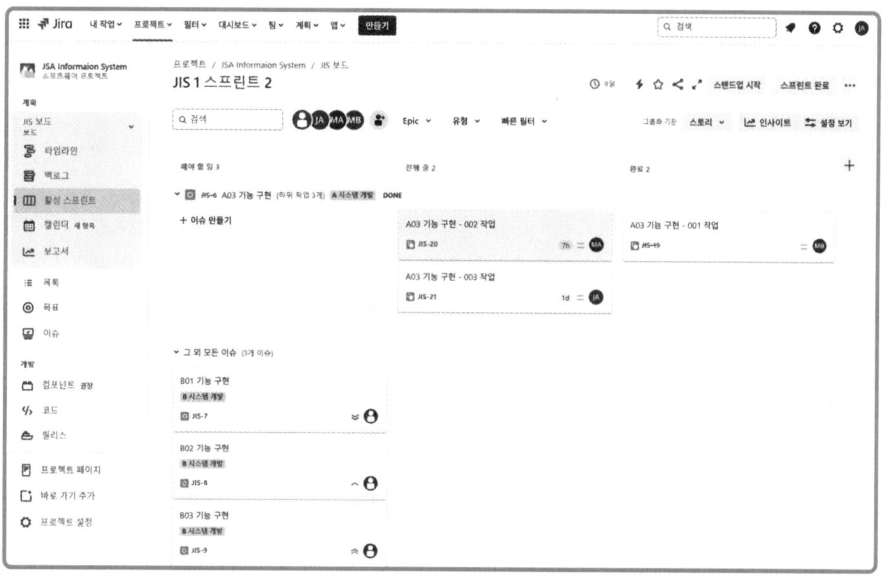

[이슈 정보] 창이 열리면 상단에 [---] 동작 아이콘을 클릭한다.

[--- > 플래그 추가]를 선택한다.

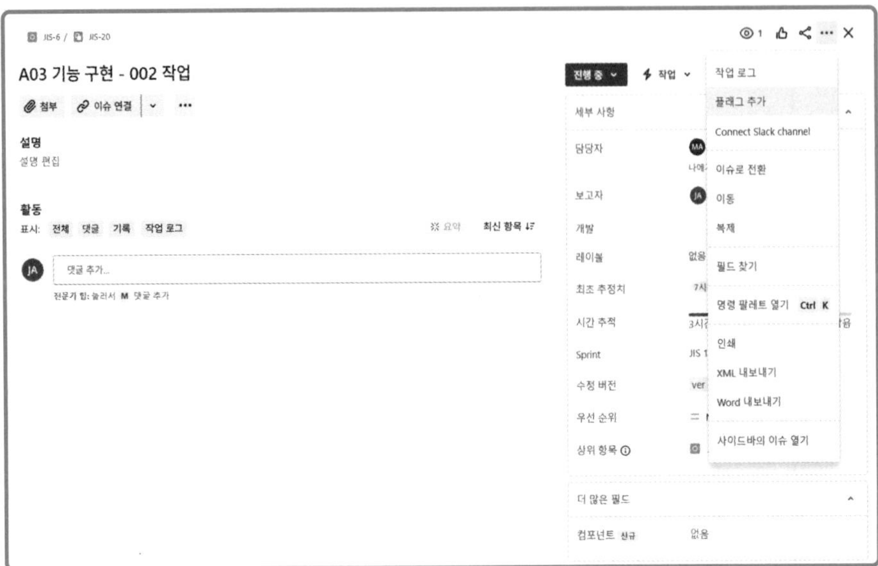

[플래그 추가]를 선택하면 [이슈 정보] 창에 [플래그 지정됨]이 나타난다.

[이슈 정보] 창을 닫고 활성 스프린트 화면으로 나와 보면 해당 이슈에 플래그 표시가 아래 그림과 같이 나타나 있다.

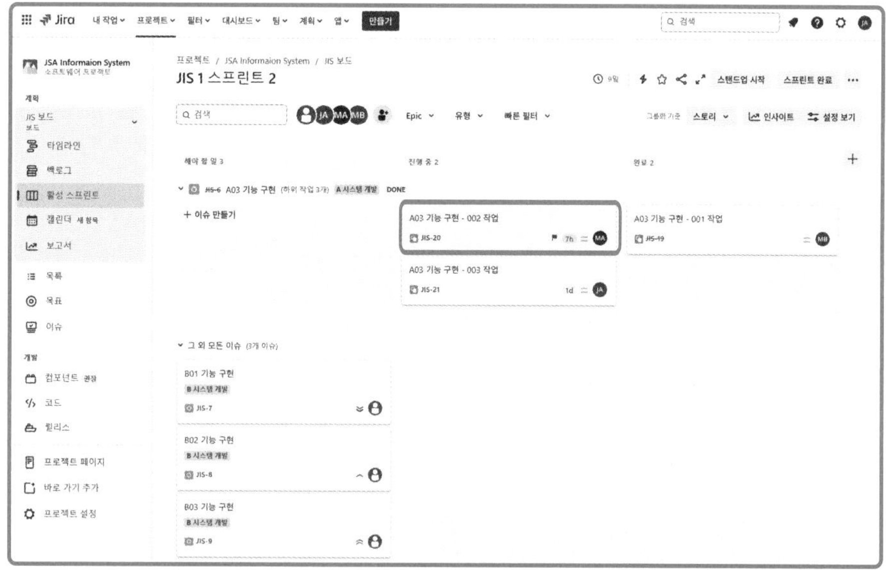

Jira Project

Chapter 15

사용자 정의

1. Jira Software의 이슈, 필드, 화면, 구성표 간의 관계를 이해한다.
2. 사용자 정의 기능에 대해 설명할 수 있다.
3. 사용자가 사용자 정의를 만들기 위해서 어떠한 단계를 거쳐야 하는지 알아본다.

Jira Softwaer에서 제공하는 기능에는 기본 기능과 더불어 사용자 정의 기능이 있다. 이번 장에서는 사용자 정의 기능에 대하여 상세히 알아본다. 사용자 정의 기능을 통하여 사용자는 보다 효율적이고 적합한 자료를 조합하여 결과물로 얻어낼 수 있는 장점이 있다. 먼저 사용자 정의 란 무엇이며 어떠한 것인지에 대한 이론을 학습한 다음에 Jira Software의 사용법으로 이론 학습에서 제시된 기능을 상세히 실습하여 사용자 정의 기능을 익히도록 한다.

핵심정리 01

1.1 사용자 정의 란?

1.1.1 이슈의 구성정보

Jira Software 업무처리 기본단위인 이슈를 구성하는 정보는 이슈형태에 관한 이슈유형 정보, 이슈가 담고 있는 내용에 관한 필드구성 정보 , 이슈정보 표시에 관한 화면구성 정보, 이슈 처리 업무절차에 관한 워크플로, 이슈 정보 접근에 대한 보안구성 정보, 이슈 알림에 관한 알람 구성 정보, 이슈 정보 관리에 대한 권한 정보 등이 있다.

사용자 정의란 Jira Software가 기본적으로 제공하는 이슈 구성 정보인 이슈유형, 필드구성, 화면구성, 워크플로 등을 사용자가 원하는 형태로 생성, 조합 또는 조립해서 만들어 쓸 수 있도록 하는 유용한 기능을 말한다.

1.1.2 Jira Software 구조

Jira Software의 이슈, 필드, 화면의 관계에 대해 한 번 살펴보기로 하자. 간단히 설명하면 Jira Software에서 이슈는 특정 필드Data의 집합이고, 이슈정보를 시각화한 것이 화면이다.

프로젝트에서 사용하는 이슈, 필드, 화면에 관련된 모든 구성정보는 테이블 형태 로 정보를 관리하는데 이를 구성표(scheme)라고 한다. 구성표는 Jira Software에서 가장 포괄적으로 자료를 담는 단위이다. Jira Software는 여러 가지 구성표를 통해 프로젝트 관련 정보를 통합 관리한다.

다음은 Jira 의 이슈, 필드, 화면, 구성표의 관계를 이해하기 쉽게 도식적으로 나타낸 것이다.

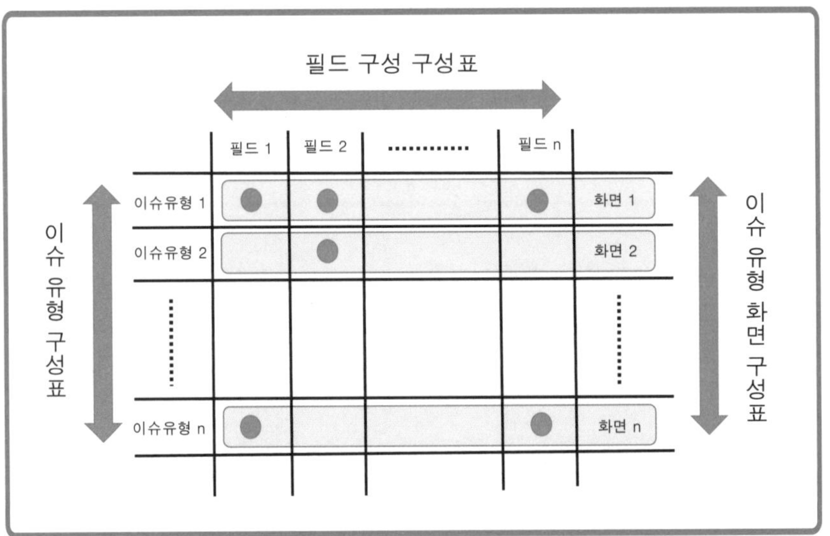

: : Note : :

① 이슈는 자료를 저장하는 가장 최소 단위인 필드 정보의 조합이다.
② 하나의 화면을 여러 개의 이슈유형이 사용할 수 있다.

1.2 사용자 정의 대상

1.2.1 사용자 정의 이슈유형

이슈는 Jira Software에서 기본적으로 제공하는 여러가지 유형이 있다. Epic, 사용자 스토리, 작업, 하위작업 등 다양한 이슈 유형이 제공되고 있다.

기본적으로 제공되는 이슈유형 이외에 사용자가 원하는 이슈유형을 정의하는 기능이 사용자 정의 이슈이다.

1.2.2 사용자 정의 필드

필드는 Jira Software에서 개별적인 자료를 저장하는 최하위 단위이다. 이슈이름, 담당자, 보고자, 우선순위, Story Point, 최초 추정시간 등 다양한 필드가 제공되고 있다.
사용자가 원하는 필드를 만들어 사용할 수 있는 기능이 사용자 정의 필드이다.

1.2.3 사용자 정의 화면

Jira Software에서 이슈 필드정보는 화면을 중심으로 구성되어 있다. 화면은 사용자가 원하는 프로젝트와 관련된 이슈 정보를 포괄적이고 광범위하게 연결시켜서 보여주는 인터페이스 단위이다. 이미 정의되어 있는 화면 이외에도 사용자가 원하는 자기만의 화면을 만들고자 할 경우에는 기존의 화면을 수정하거나 새롭게 만들어서 사용할 수 있다.

: : Note : :

① 사용자 정의 이슈유형, 필드, 화면 만들기
② 구성표에 등록하기
③ 프로젝트와 구성표를 연계 시키기

 Jira Software 활용하기 02

2.1 사용자 정의 이슈 유형

사용자 정의 이슈 유형으로 하부작업에 [활동]을 아래와 같이 추가해 보자

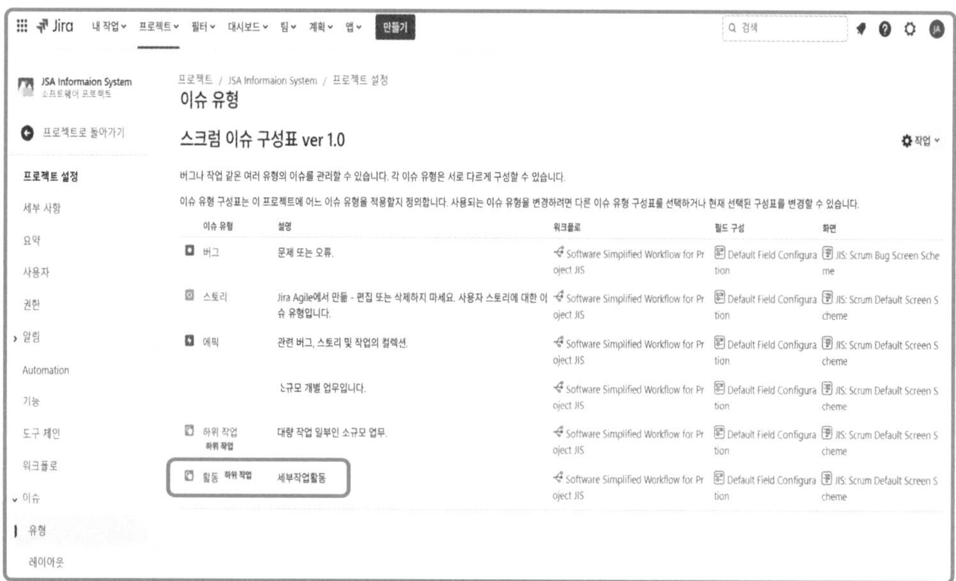

[프로젝트 설정] 메뉴로 으로 이동한다.

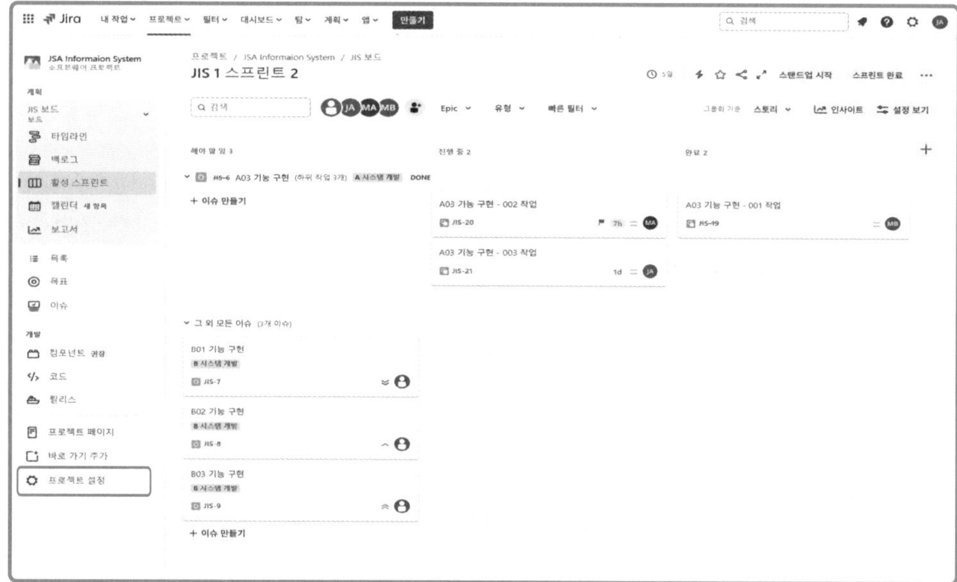

[프로젝트 설정 > 이슈 > 유형] 메뉴로 들어가면 프로젝트의 이슈 유형은 [Scrum Issue Type Scheme] 이며 이슈 유형으로는 스토리, 버그, 에픽, 작업, 하부작업으로 설정 된 것을 확인할 수 있다.

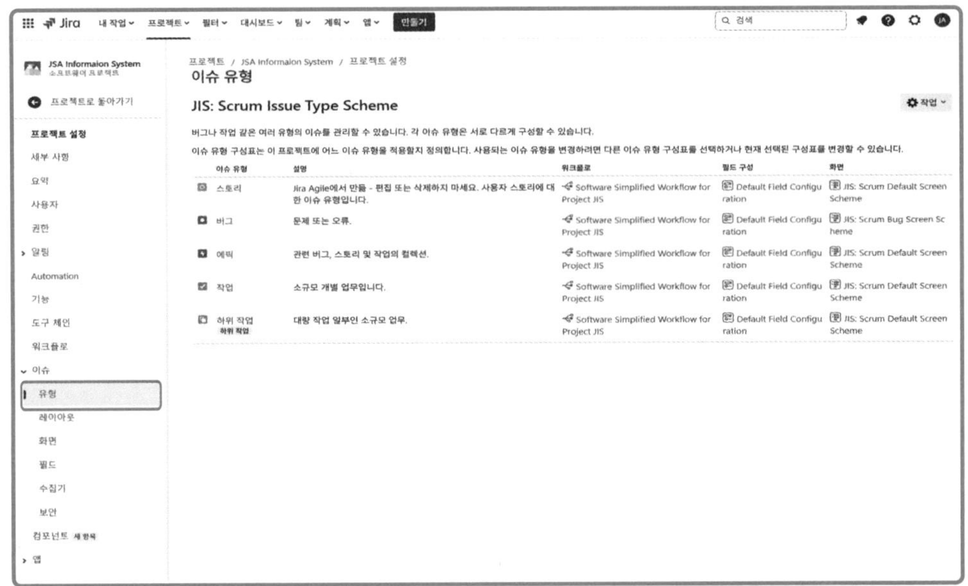

화면 우측 상단에 [설정]을 클릭한다.

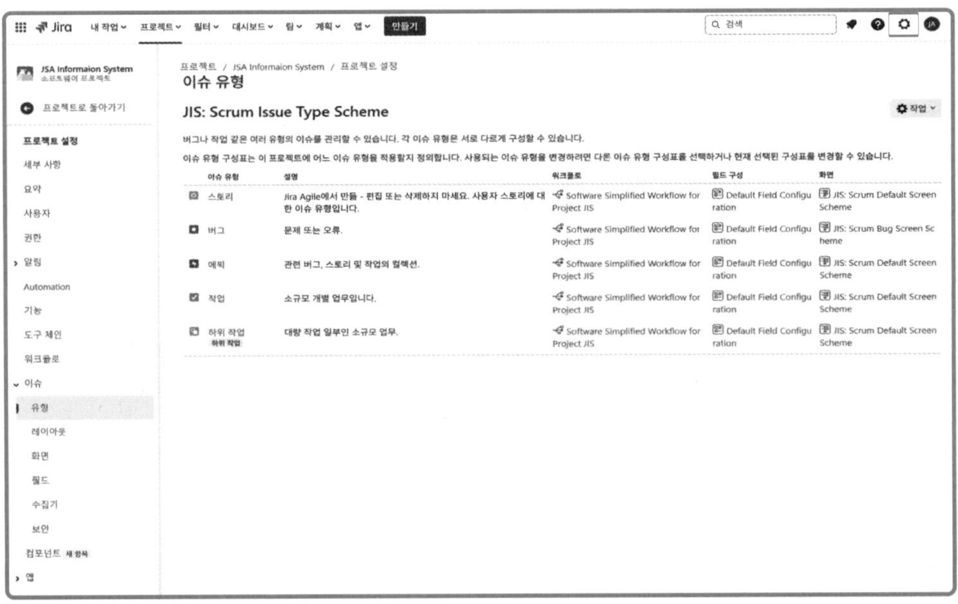

여러 가지 설정의 목록이 나타나면 [설정 > 이슈] 항목을 선택한다.

이슈 화면에서 현재 Jira Software의 이슈 유형 목록을 알 수 있다.

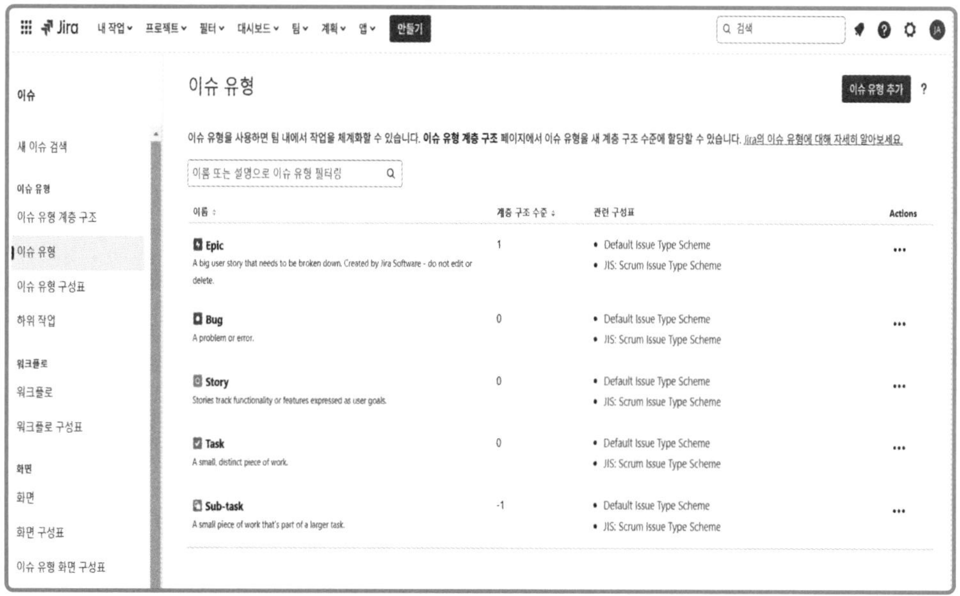

이슈 유형 화면에서 [이슈 유형 추가]를 클릭한다.

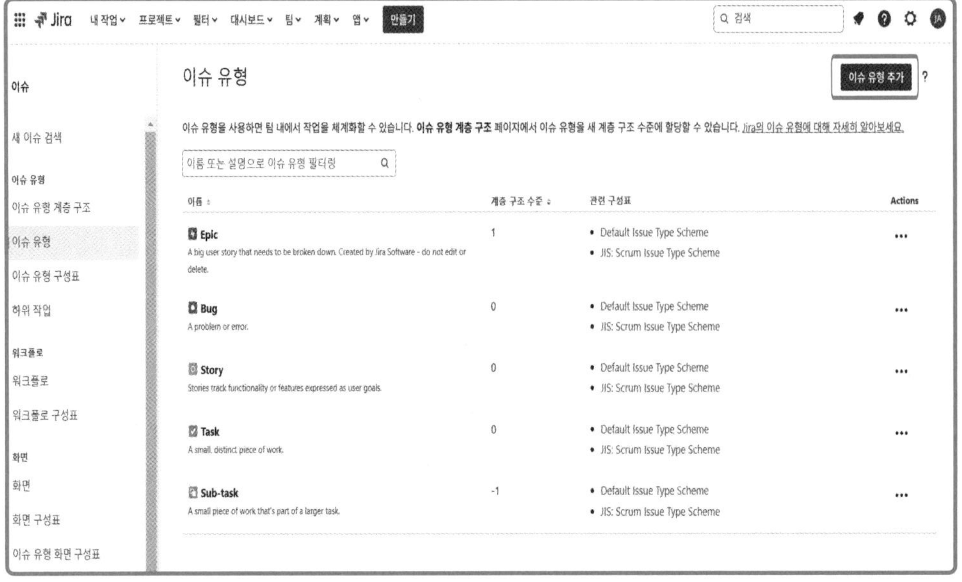

[이슈 유형 추가] 창이 나타난다.

추가할 이슈 유형 [이름] 에 "활동", [유형] 설명에 " 세부작업활동"을 입력하고 [유형] 선택 라디오 버튼에 "하위 작업 이슈 유형"을 선택하고 [추가]를 클릭 한다.

이슈 유형 화면에 추가한 이슈 유형인 [활동]이 나타난 것을 확인할 수 있다.

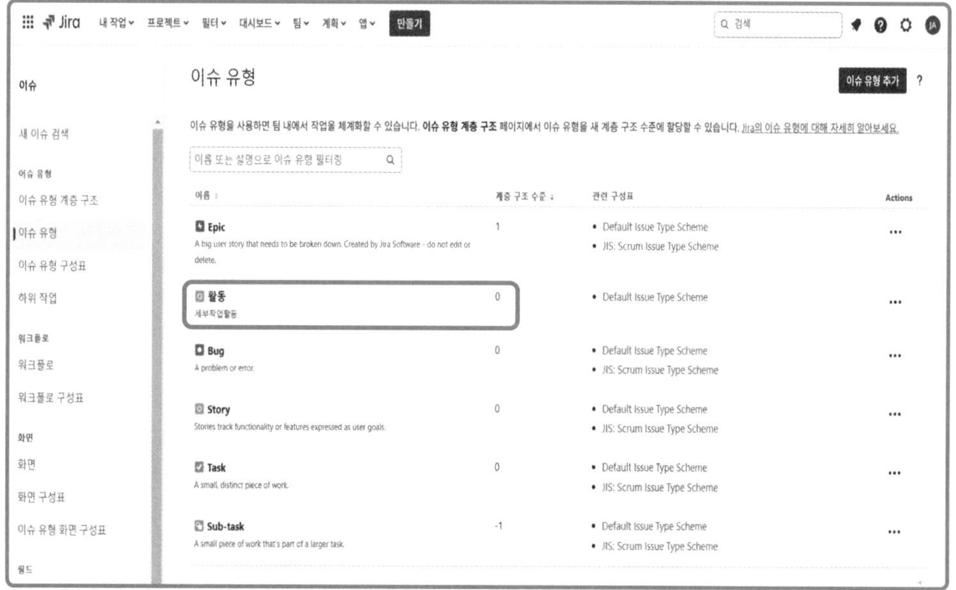

이제 프로젝트에서 사용할 이슈 유형 구성표를 만들어 보자. 만드는 방법은 현재 사용중인 이슈 유형 구성표를 복사하여 수정하는 방법으로 한다.

이슈 유형 화면에서 이슈 유형 구성표 화면으로 이동 한다.

이슈 유형 구성표 화면이 나타나면 프로젝트에서 사용중인 [Scrum Issue Type Scheme]의 [복사]를 클릭한다.

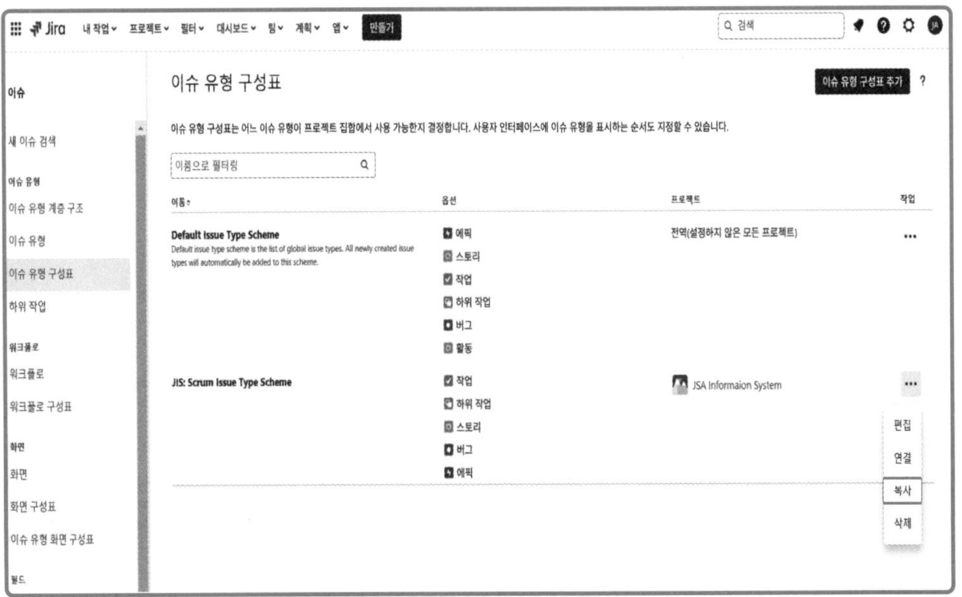

Add 이슈 유형 구성표 화면이 나타난다.

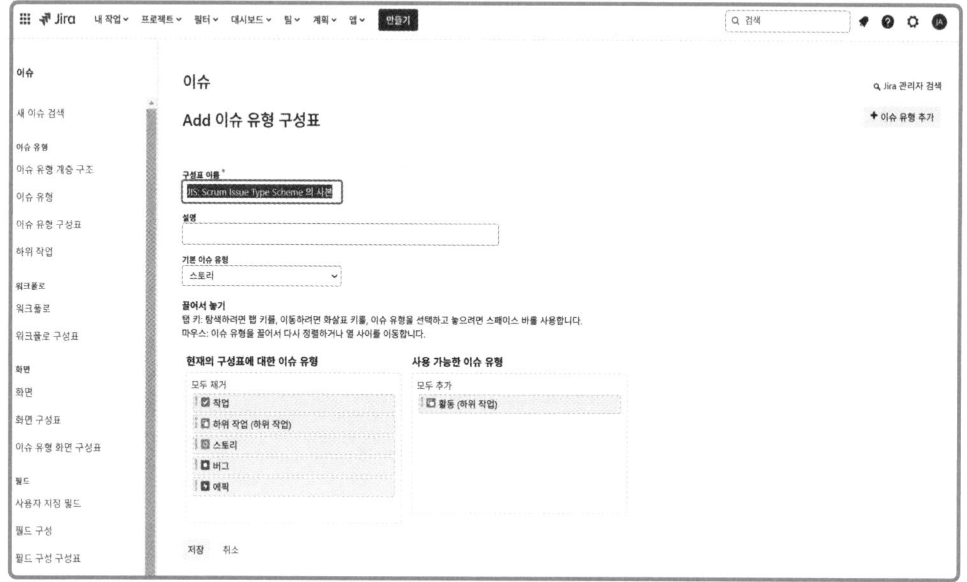

Add 이슈 유형 구성표 필드 입력 항목을 아래 그림과 같이 설정한 후 [저장]을 클릭한다.

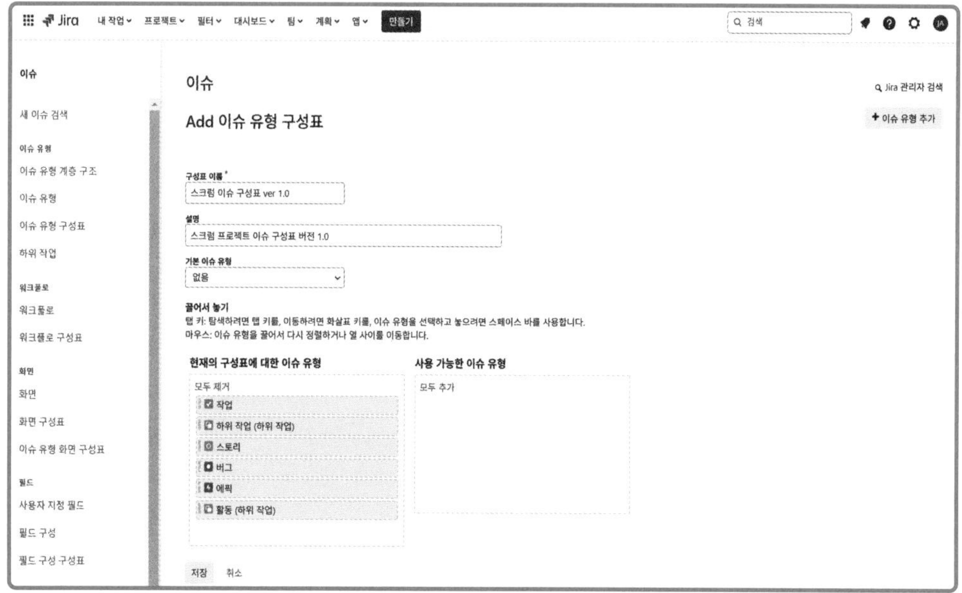

이슈 화면 구성표 화면에 새로 등록한 [스크럼 이슈 유형 구성표 ver 1.0]이 나타난다.

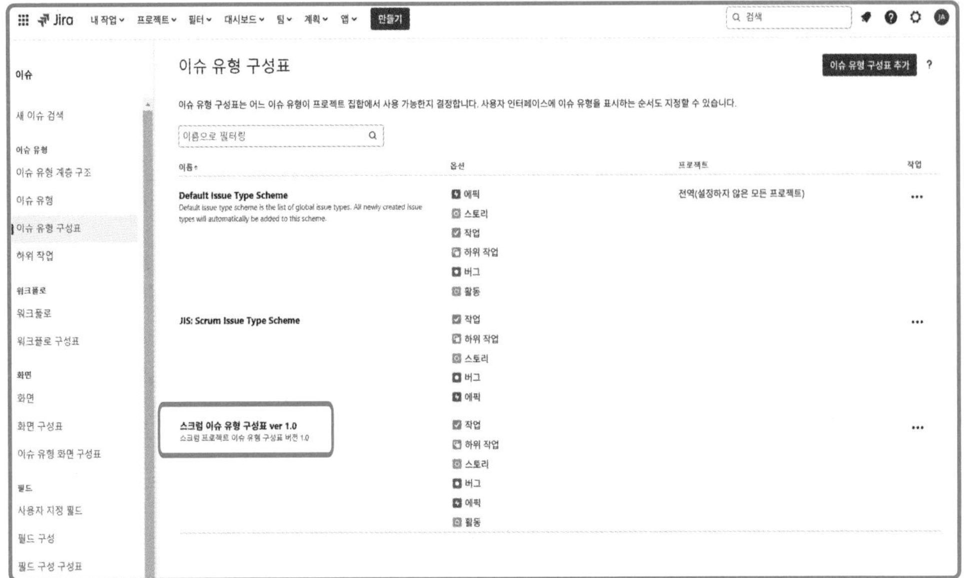

현재 프로젝트의 [프로젝트 설정 > 이슈 > 유형] 화면으로 이동 한다.

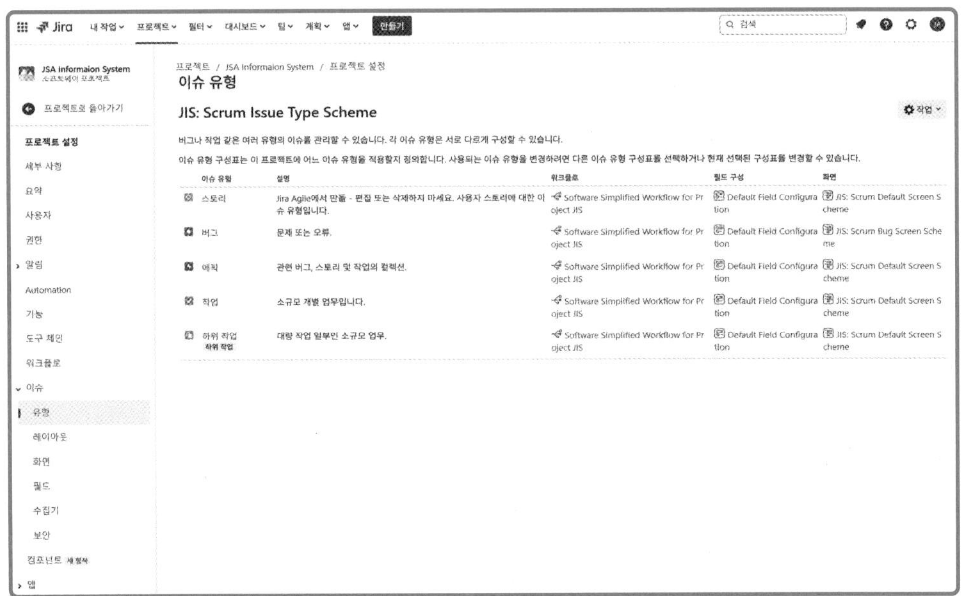

이슈 유형 화면에서 [작업 > 다른 구성표 사용]을 선택한다.

[기존 이슈 유형 구성표 선택] 라디오 버튼을 선택하고 새로 추가 한 [스크럼 이슈 구성표 ver 1.0]을 선택한 다음 [확인]을 클릭한다.

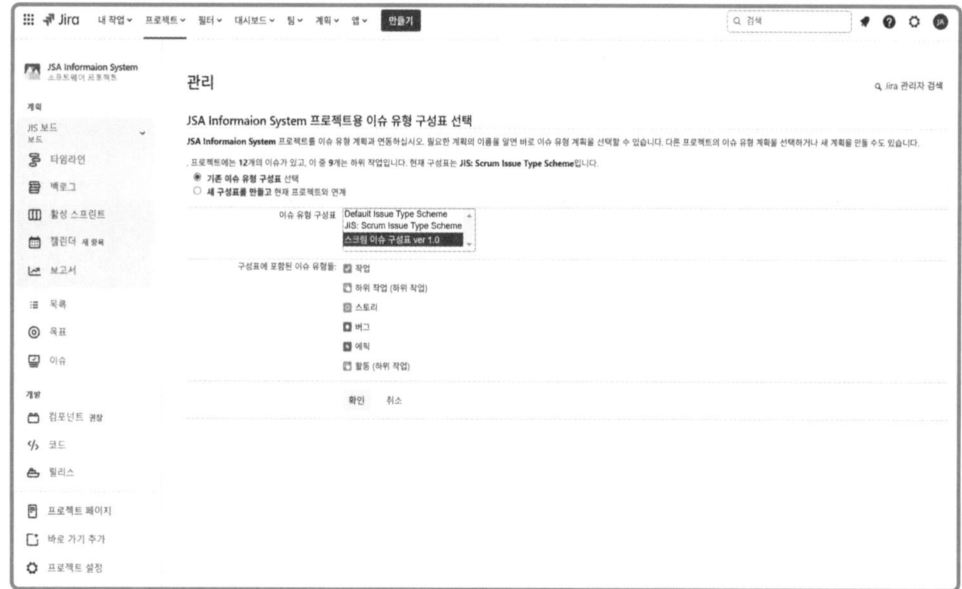

현재 프로젝트의 이슈 유형 구성표가 새로 만든 [스크럼 이슈 유형 구성표 ver 1.0]로 설정된 것을 확인할 수 있다.

이제 부터 하위작업에 새로 추가한 [활동] 이슈 유형을 사용할 수 있다.

: : Note : :

하위작업 이슈 유형은 반드시 상위 이슈가 등록되어야 나타난다.

2.2 사용자 정의 필드

만약에 아래 그림과 같이 사용자 정의 필드에 [위험등급]이라는 사용자 정의 필드를 만든다고 가정해 보자.

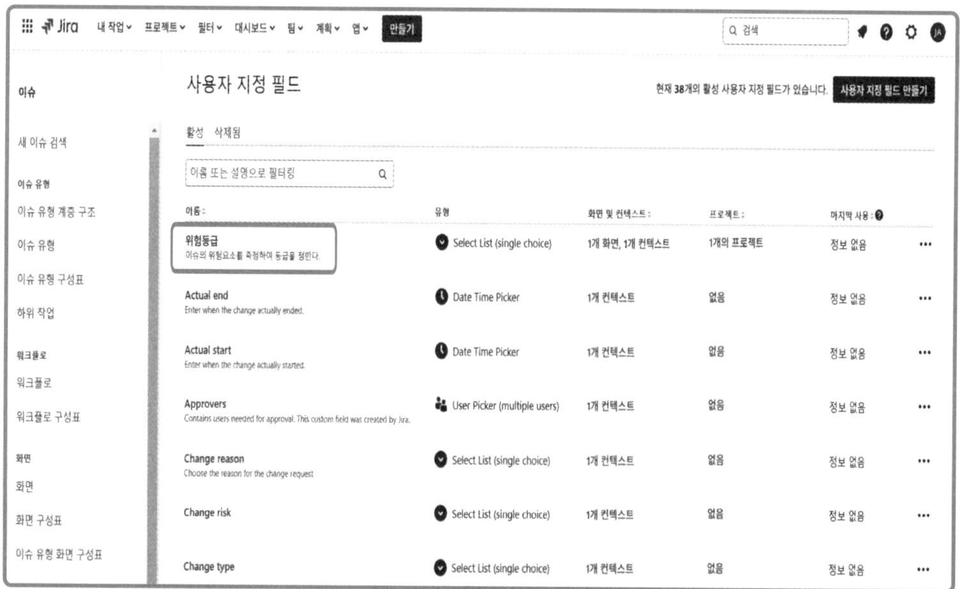

사용자 필드를 적용 할 현재 수행중인 프로젝트 활성 스프린트 화면에서 시작해보자.

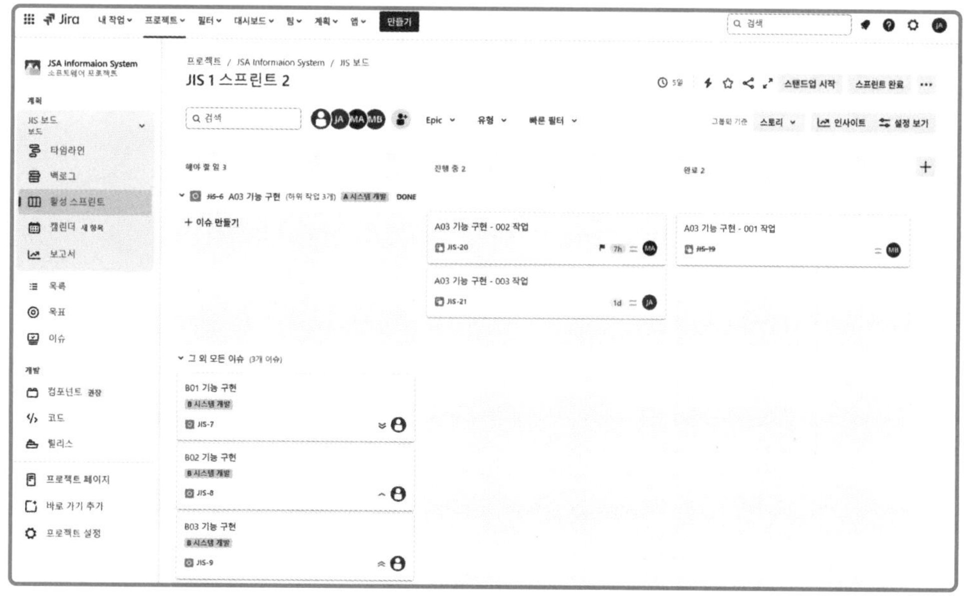

활성 스프린트 화면의 상단에 있는 [설정] 아이콘을 클릭한다.

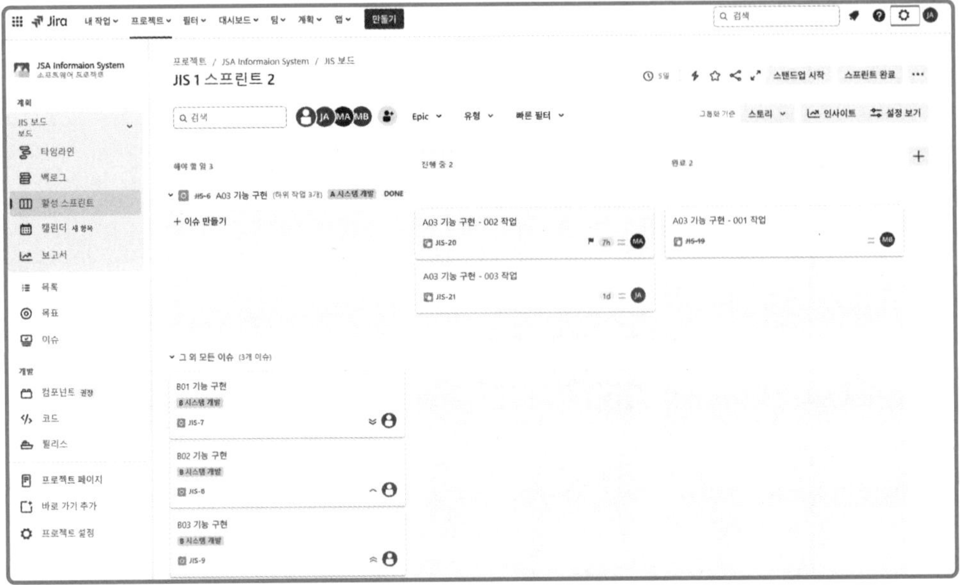

이슈 화면으로 들어 오면 다시 [필드 > 사용자 지정 필드]를 클릭한다.

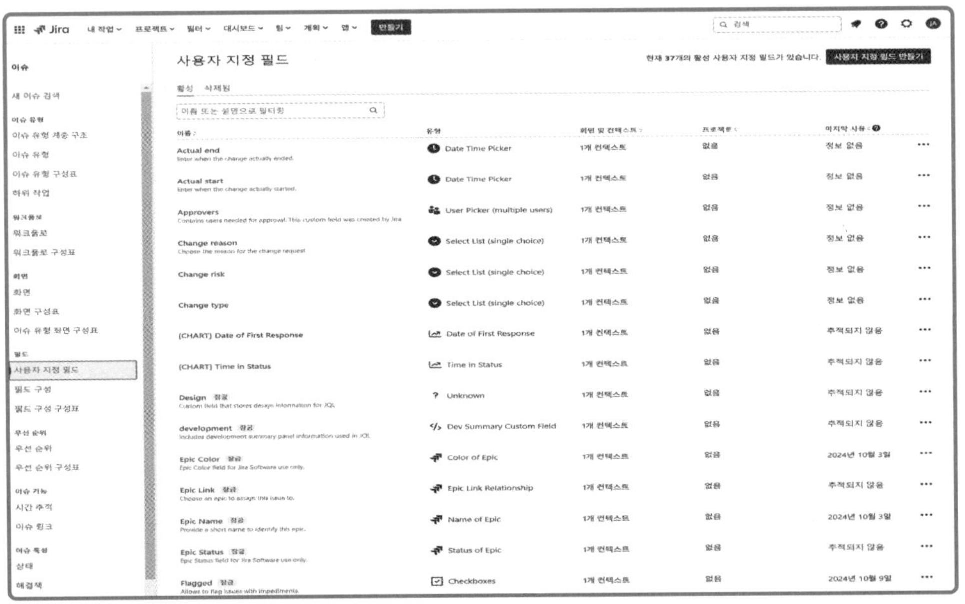

사용자 지정 필드 화면에서 [사용자 지정 필드 만들기] 를 클릭한다.

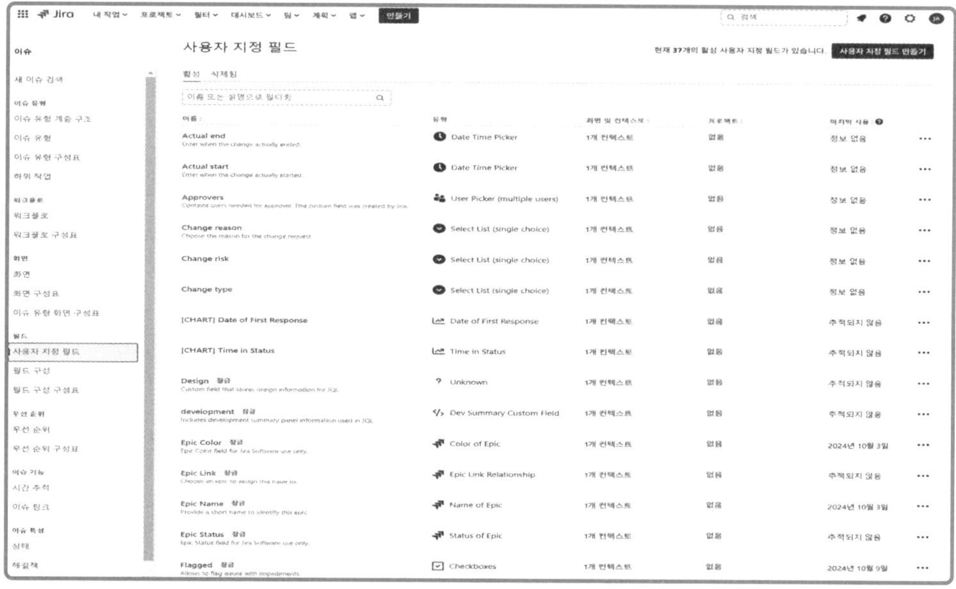

필드 유형 선택 창이 나타난다. [목록 선택 (단일선택)]을 선택하고 [다음]을 클릭한다.

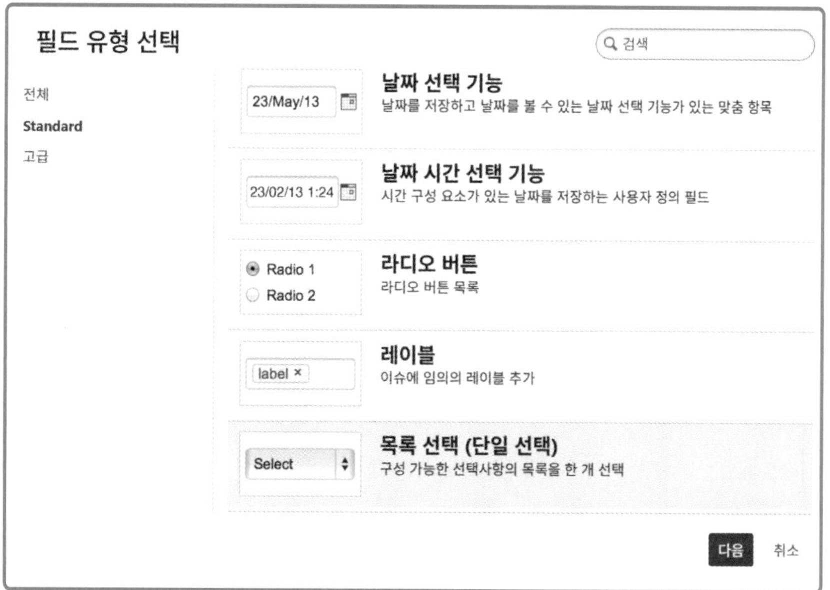

[목록 선택(단일 구성)] 필드 구성 창에 아래와 같이 이름과 설명, 옵션을 설정하고 [만들기]를 클릭한다.

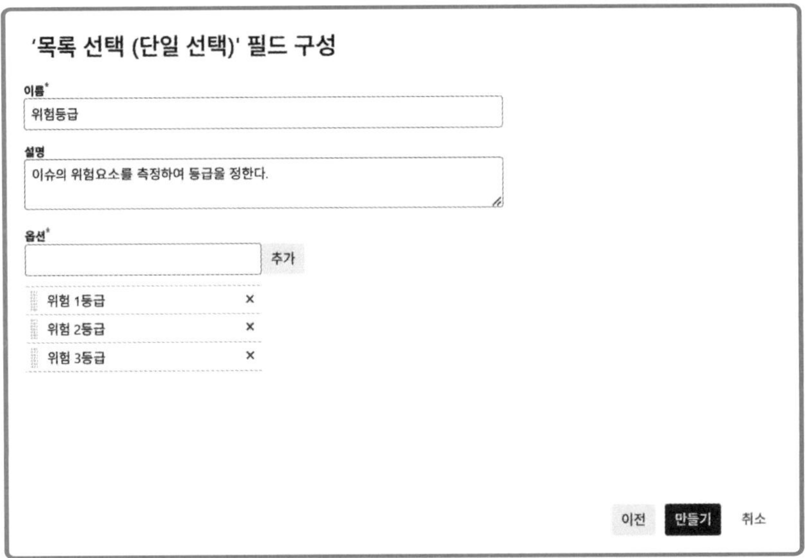

사용자 지정 필드인 [위험등급]을 화면과 연계 시키기 위해 현재 프로젝트의 [Scrum Default Issue Screen] 을 선택한다.

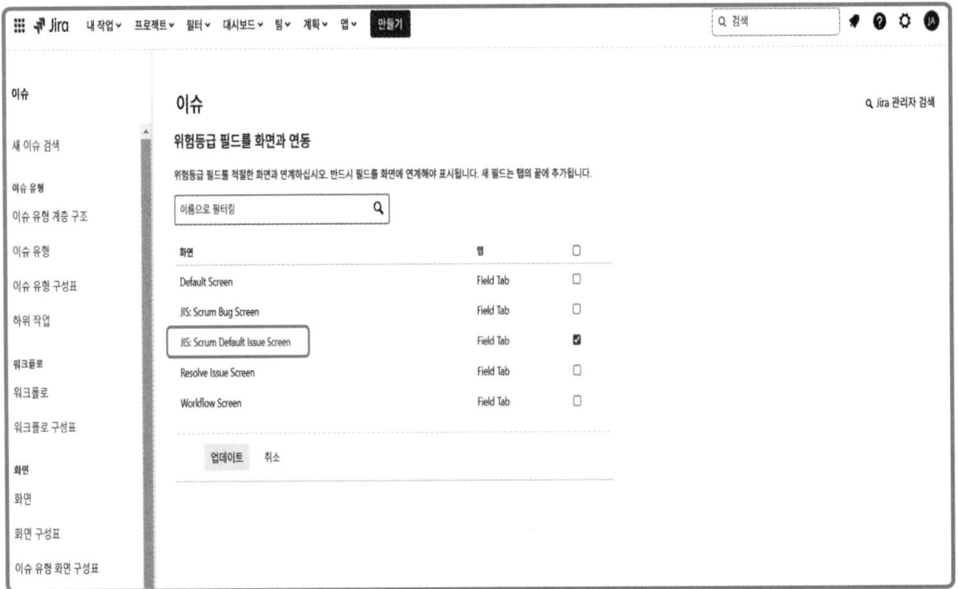

사용자 정의 필드에 [위험등급]이 활성화되어 나타난다.

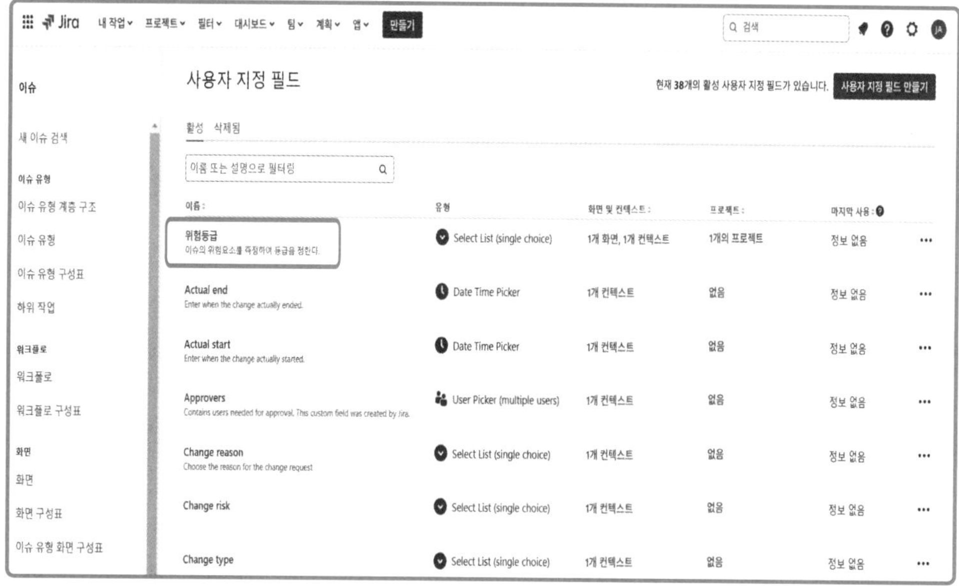

현재 프로젝트의 [프로젝트 설정 > 필드]에 가보면 사용자 지정 필드인 [위험등급] 필드가 있는 것을 확인할 수 있다.

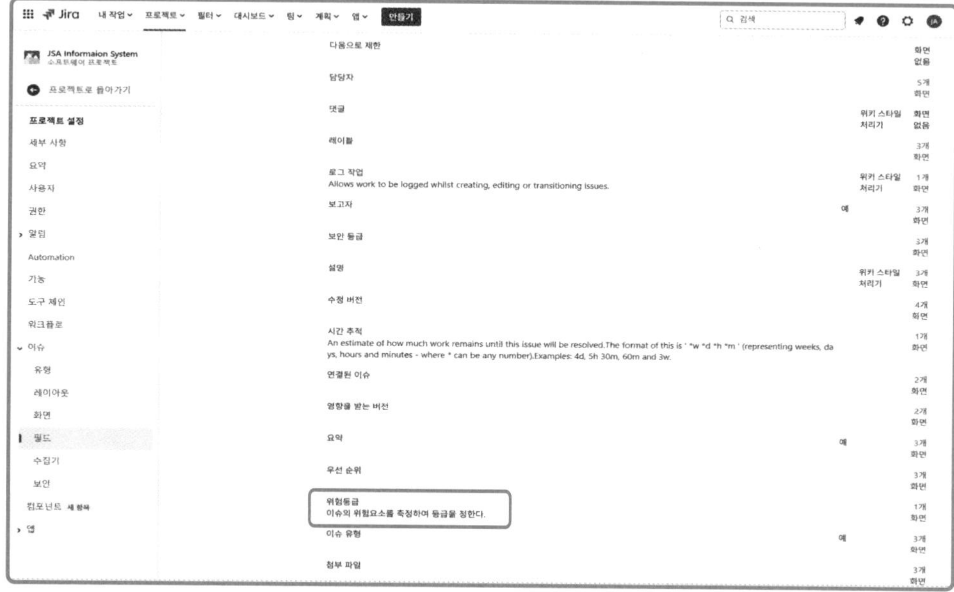

2.3 사용자 정의 화면

[이슈 정보] 창에 사용자 정의 필드 [위험등급]을 아래와 같이 나타내보자.

활성 스프린트 화면에서 [프로젝트 설정]을 클릭해 보자.

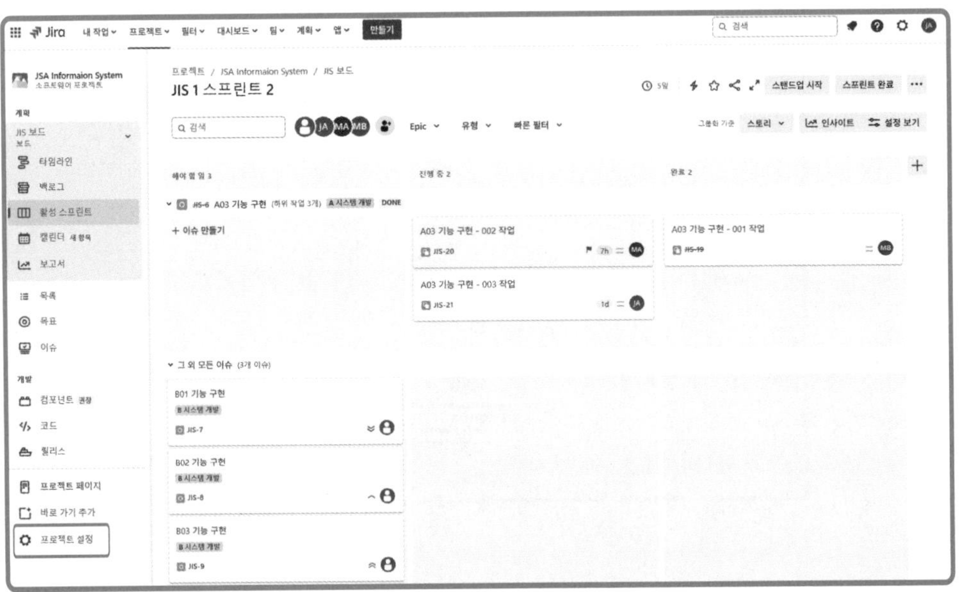

[프로젝트 설정 > 화면]에 들어가보면 프로젝트에서 현재 사용하는 2개의 화면 구성을 사용하고 있음을 알 수 있다.

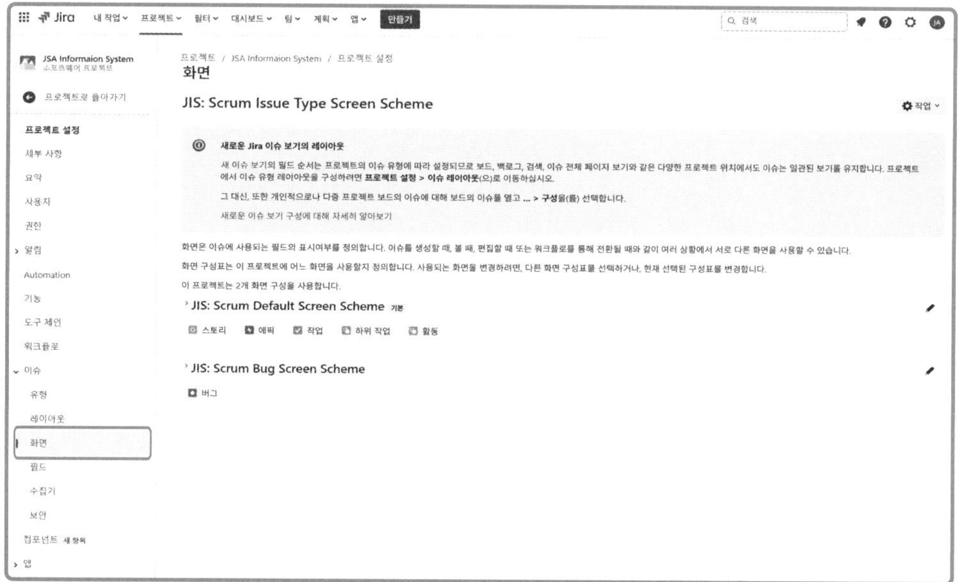

현재 프로젝트의 [Scrum Default Screen Scheme]를 클릭하면 5개의 이슈 유형이 3개의 작업에서 사용하고 있음을 알 수 있다.

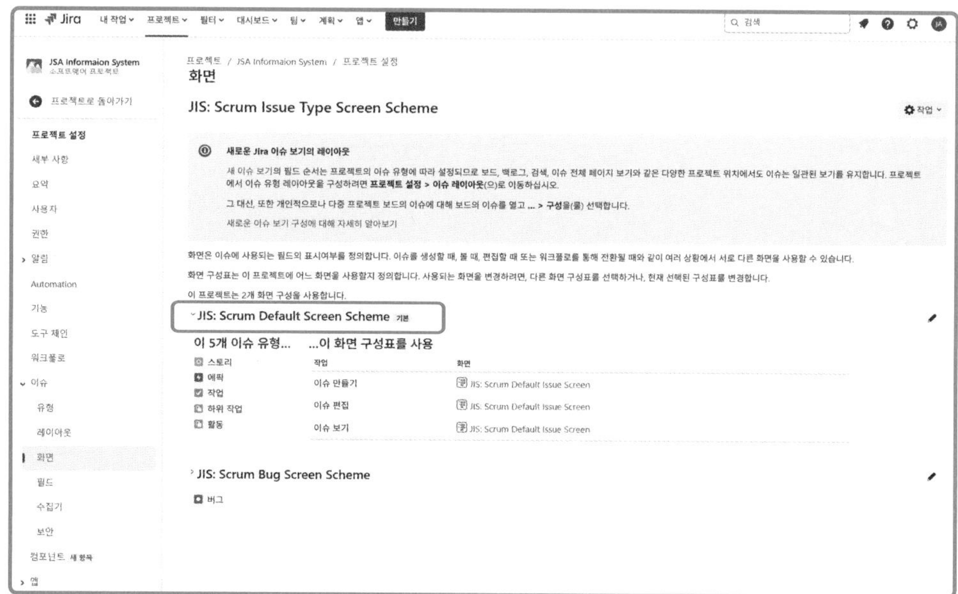

[Scrum Default Issus Screen] 을 클릭하면 이슈 필드 구성이 나타난다.

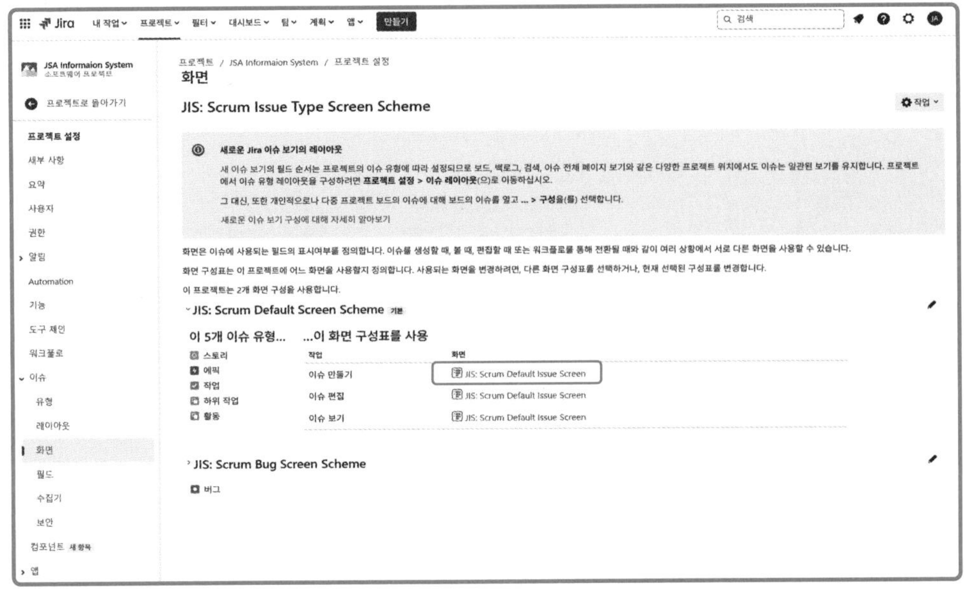

이슈 화면 구성에 현재 기본적으로 사용하는 필드가 나타난다. 사전에 위험등급 필드를 화면과 연결시키지 않았다면 위험등급 필드 추가가 필요하다. 위험등급 필드를 추가하려면 하단의 [필드 선택]을 클릭한다.

[필드 선택]을 클릭하면 추가할 수 있는 필드 항목이 나타나는데 그중 [위험등급]을 선택한다.

사용자 정의로 새로 만든 [위험등급]이 필드에 추가 된다.

다시 활성 스프린트 화면으로 와서 위험등급 표시가 필요한 하부 작업을 클릭한다.

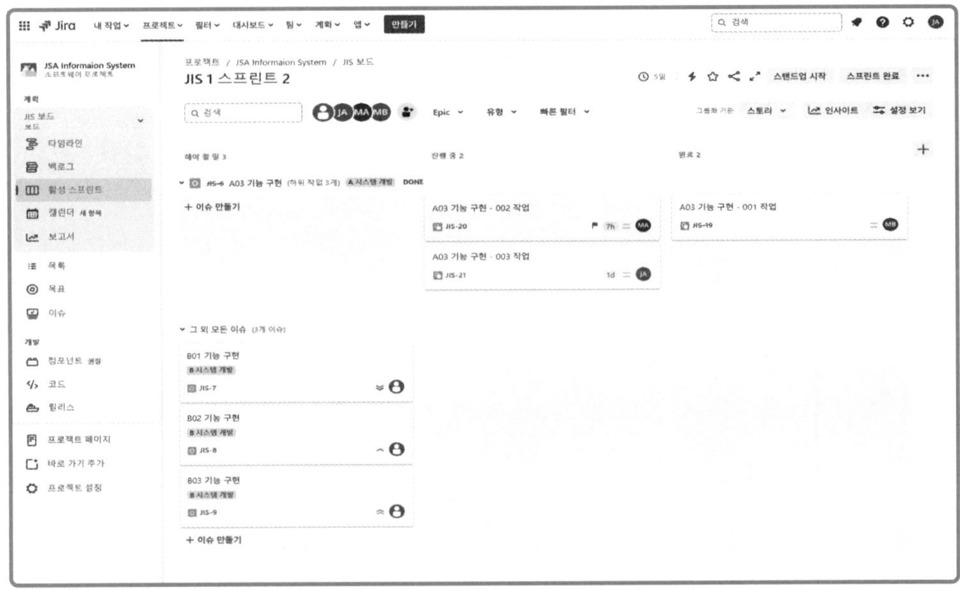

하부 작업 [이슈 정보]창에 사용자 정의 한 [위험등급] 필드가 나타나는 것을 확인할 수 있다.

Chapter 16

워크플로 작성

1. Jira Software의 이슈, 워크플로 간의 관계를 이해한다.
2. 워크플로 사용자 정의 기능에 대해 설명할 수 있다.
3. 사용자가 워크플로를 만들기 위해서 어떠한 단계를 거쳐야 하는지 알아본다.

Jira Software에서 제공하는 기능에는 기본 기능과 더불어 사용자 정의 기능을 공부하였다. 이번 장에서는 사용자 정의 기능 중 하나인 워크플로에 대하여 상세히 알아본다. 워크플로는 Jira Software의 강력한 사용자 편의 기능이며 실제 수행되고 있는 업무를 쉽게 지식화하고 프로세스화 할 수 있는 도구이다. 먼저 워크플로 사용법을 공부한 후 실제 Jira Software에서 다이어그램을 작성하고 이슈와 연결하는 방법을 공부해보자.

핵심정리 01

1.1 워크플로 (Workflow) 란?

업무 프로세스를 잘 정리하고 관리하는 것은 기업이나 조직에서 매우 중요한 일이다. 체계화된 업무프로세스는 효율적인 업무 처리와 일관된 업무 품질을 보장하기 때문이다.

Jira Software는 업무프로세스를 쉽게 편집하고 적용 시킬 수 있는 워크플로 (Workflow) 기능을 내장하고 있다.

스크럼에서는 Backlog Item을 업무 단위로 볼 수 있으며, Jira Software 에서는 이슈라고 볼 수 있다. 그러므로 Jira Software의 워크플로란 이슈처리의 흐름이며 또한 이슈의 상태가 앞으로 어떻게 전환되는 지를 표현한 프로세스를 의미한다.

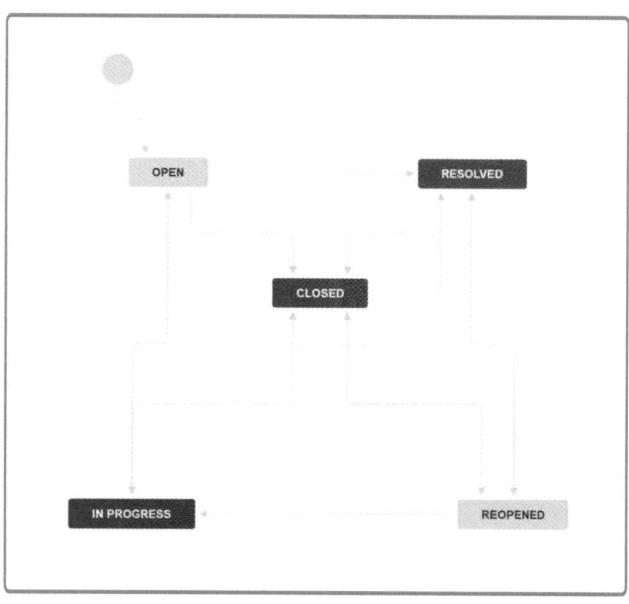

1.2 워크플로 사용 시 주의점

기업이나 조직에서 수행하는 업무를 크게 나누면 운영업무와 프로젝트로 구분할 수 있다.

지속성이 중요하고 반복적 업무성향이 강한 운영 업무에서는 업무 절차를 체계적으로 수립하고 관리하는 것이 매우 핵심적인 업무이다. 그러나 한시적이며 유니크한 프로젝트에서는 업무 절차를 세밀하게 정리하거나 체계화하는 것은 불필요한 프로젝트 팀 에너지 소모이며 프로젝트 종료 후에는 거의 무의미한 일에 가까울 수 있다.

왜냐하면 지금 수행하는 프로젝트와 모든 조건이 같은 프로젝트는 이 세상 어디에도 존재하지 않기 때문이다.

가능한 범위에서 프로젝트의 사용자 정의 워크플로 기능 사용을 최소화하고 특히, 스크럼에서는 Jira Software에서 기본적으로 제공하는 단순한 워크플로를 사용하는 것이 효율적이다.

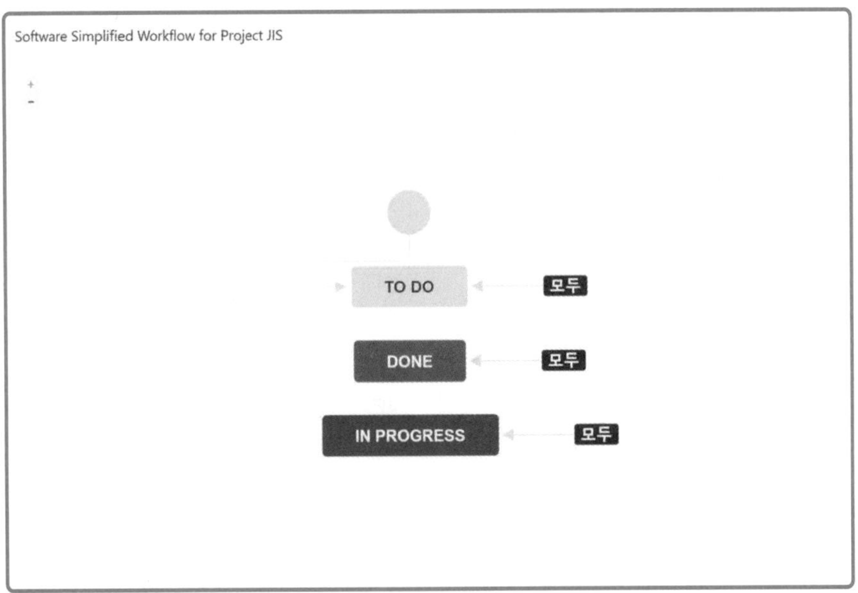

:: Note ::

① 프로젝트의 특성 : 한시성, 유일성, 점진적 상세화
② 운영업무의 특성 : 지속성, 반복성

1.3 워크플로 (Workflow) 작성

Jira SoftWare 워크플로 작성하는 법은 UML 다이어그램이나 Flowchart에 비해 아주 쉽다.

단순하게 워크플로 작성법을 설명하면 워크플로 작성은 이슈가 현재 어떤 상태(status)인지 앞으로 상태를 어떻게 전환(transition) 할 수 있는 지를 표현하는 것이다.

아래 그림은 작성된 Workflow가 Scrum Board 화면에서 어떻게 나타나며 동작하는지 보여준다.

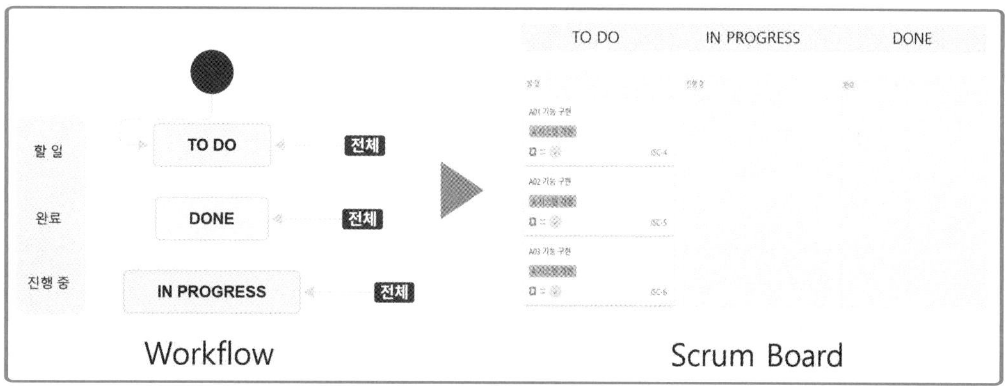

작성된 워크플로에서 이슈 상태(status)는 [할 일(TO DO)], [진행 중(IN PROGRESS)], [완료(DONE)] 세가지로 표현되었으며 이슈 전환(transition)은 [전체], "전체"는 이슈가 앞의 세가지 상태로 자유롭게 이동할 수 있음을 표현 한 것이다.

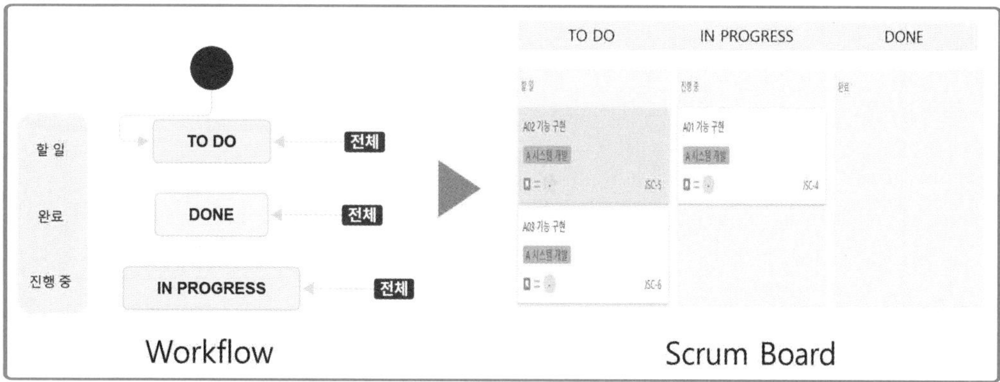

Jira Software 활용하기 02

Jira Software

프로젝트 만들기

타임라인 작성

백로그 등록

팀원배정

팀 빌딩

프로젝트 완료

스프린트

스프린트 계획

스프린트 생성

데일리 스크럼

스프린트 리뷰

스프린트 회고

스프린트

스프린트

스프린트

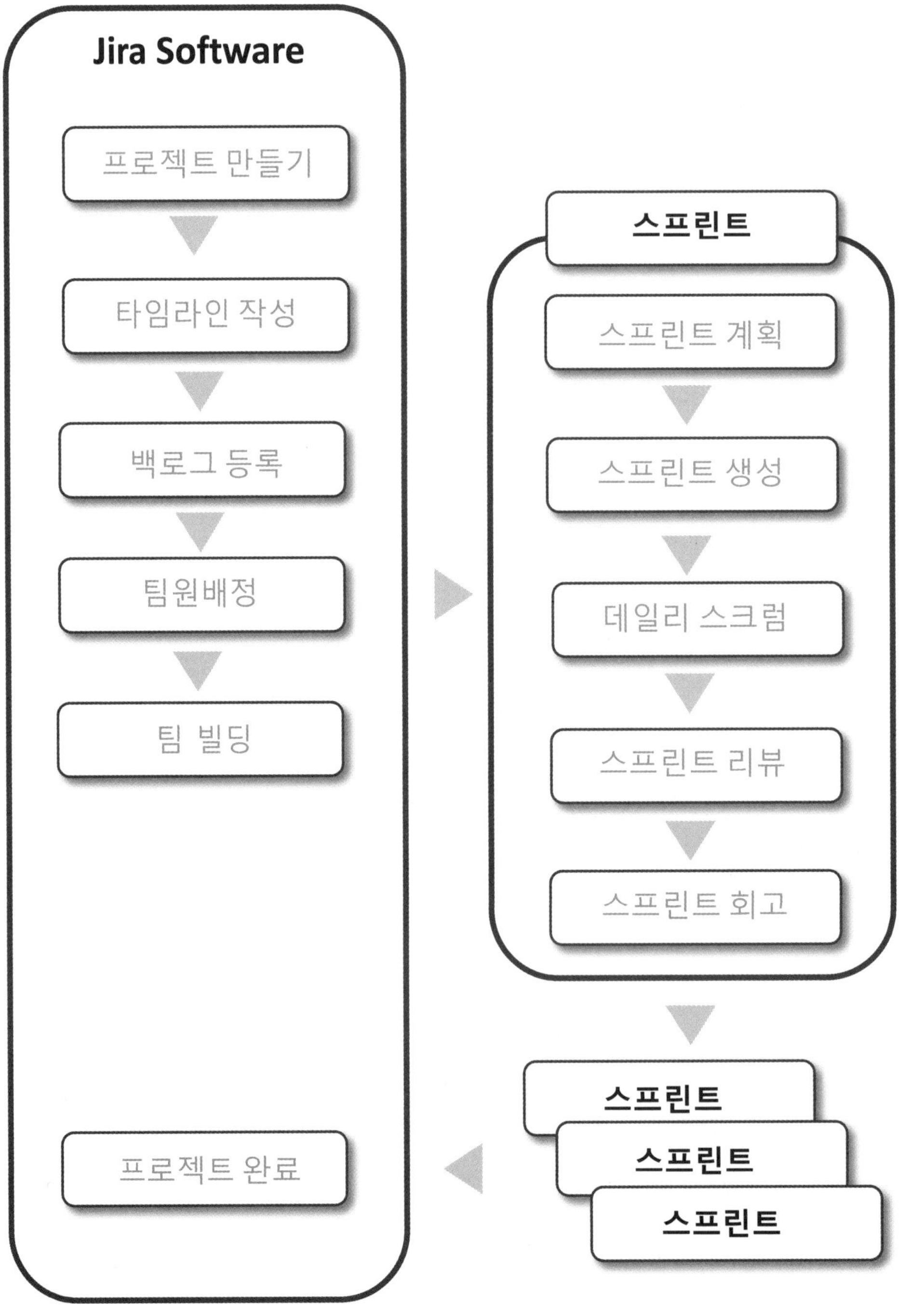

2.1 워크플로 및 보드 작성 실습 목표

아래 그림과 같은 워크플로를 추가해보자. 아래 워크플로는 기본적인 Scrum Workflow 와 비슷하나 다른 점은 Done상태 다음에 산출물 백업 상태를 추가했고 이슈를 DONE상태에서 산출물 백업 상태로 전환시킬 수 있는 워크플로이다.

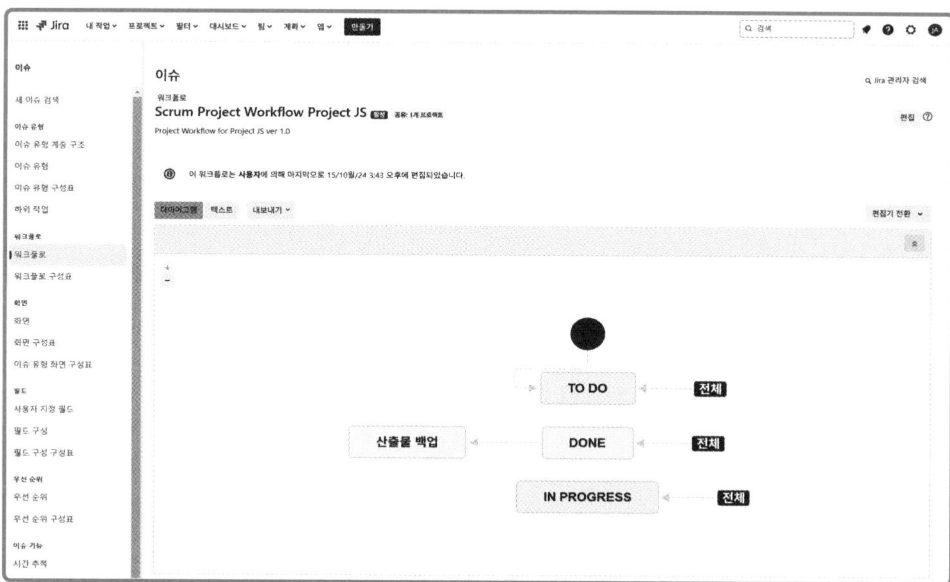

다음은 사용자 정의한 워크플로를 스크럼 보드에 반영한 그림이다. 위 그림과 같은 사용자 정의 워크플로를 만든 이 후에 스크럼 보드도 아래 그림과 같이 수정해 보자

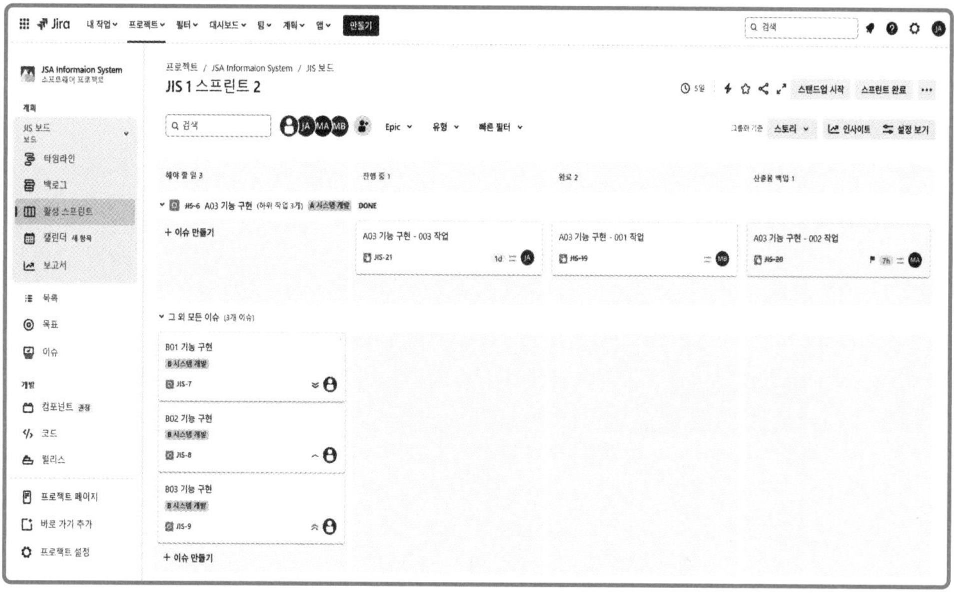

2.2 워크플로 다이어그램 작성

활성 스프린트 화면에서 [프로젝트 설정]을 클릭한다.

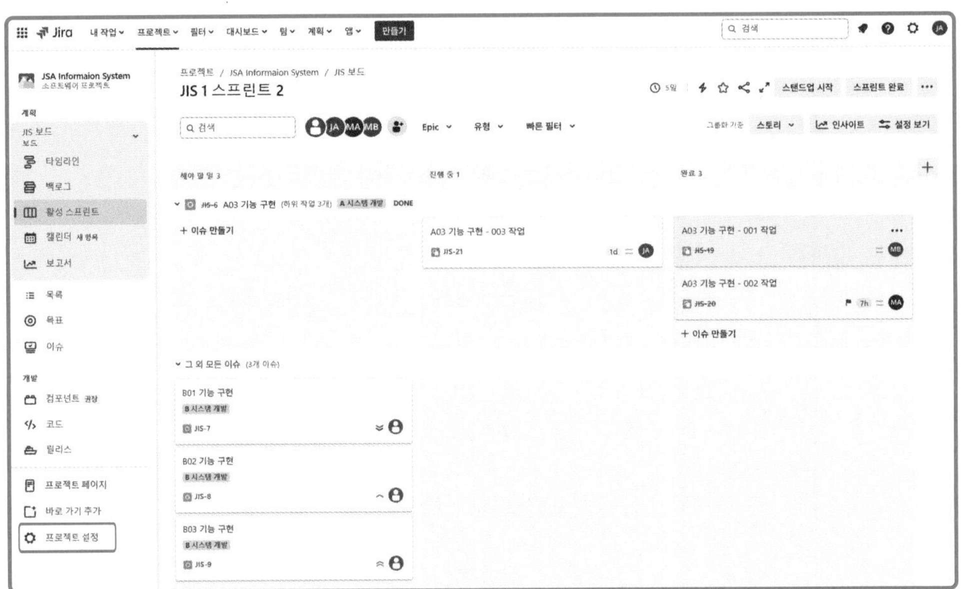

[프로젝트 설정 > 워크플로]를 선택하면 현재 사용중인 워크플로 구성표가 나온다.

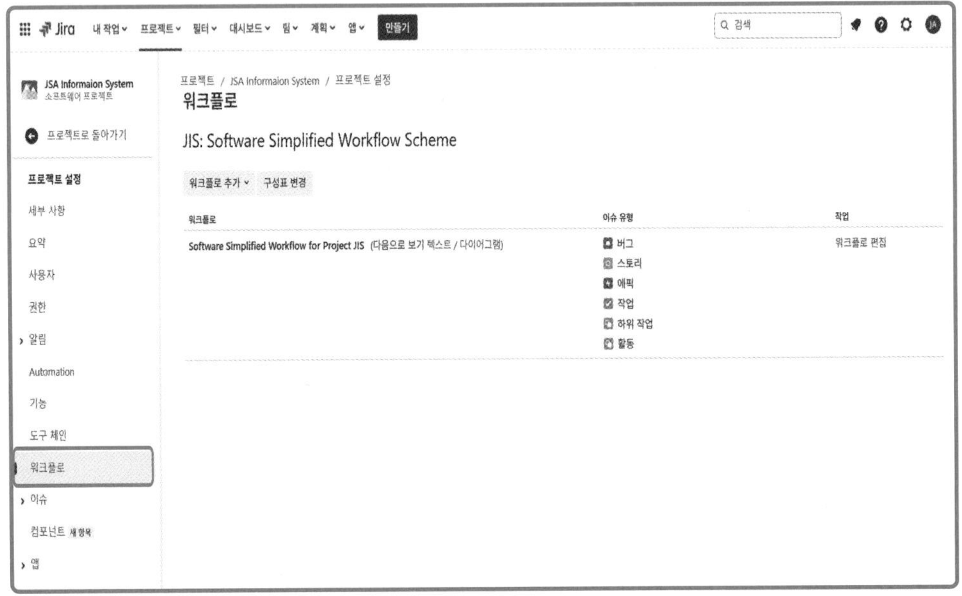

워크플로 이름 옆에 [다음으로 보기 텍스트 / 다이어그램]에서 다이어그램을 선택하면 아래와 같은 워크플로 다이어그램이 나타난다.

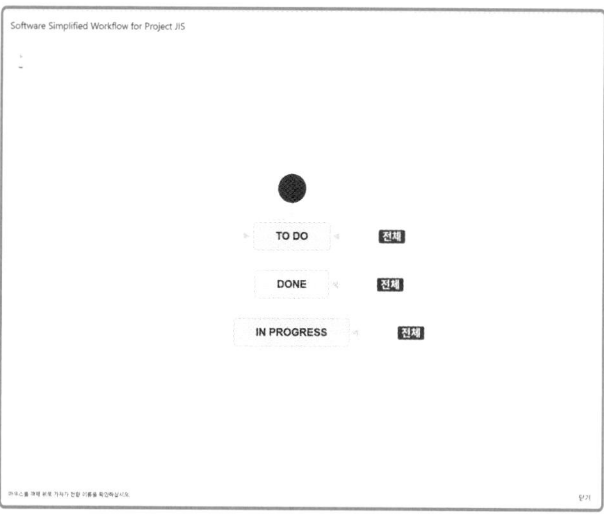

전환 아이콘 [모두]에 마우스를 이동하면 이슈 상태 전환에 대한 설명이 나타난다.

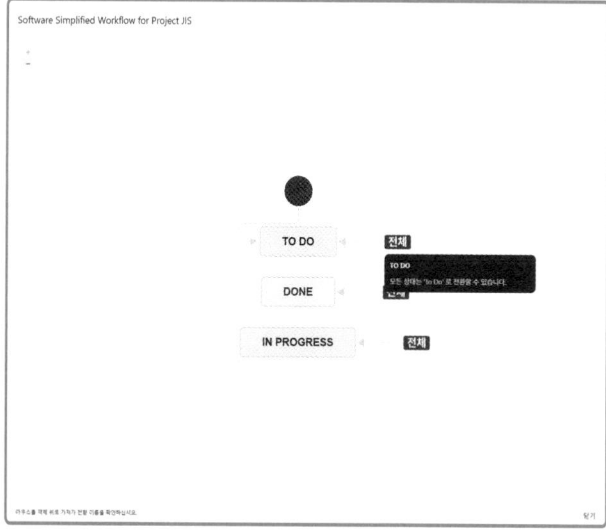

[프로젝트 > 워크플로] 화면에서 [설정] 버튼을 클릭한다.

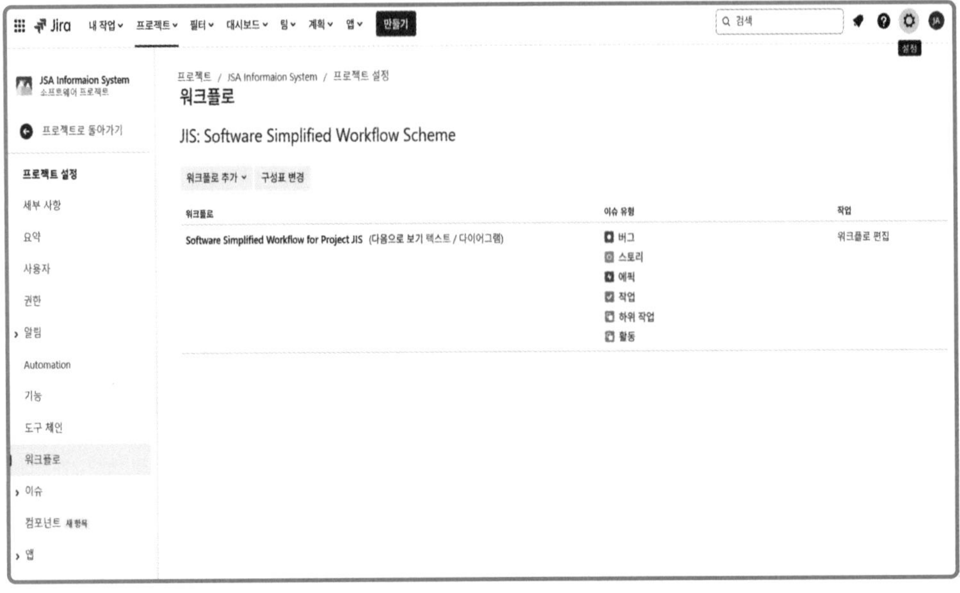

설정 선택 메뉴가 나타나고 [설정 > 이슈]를 선택한다.

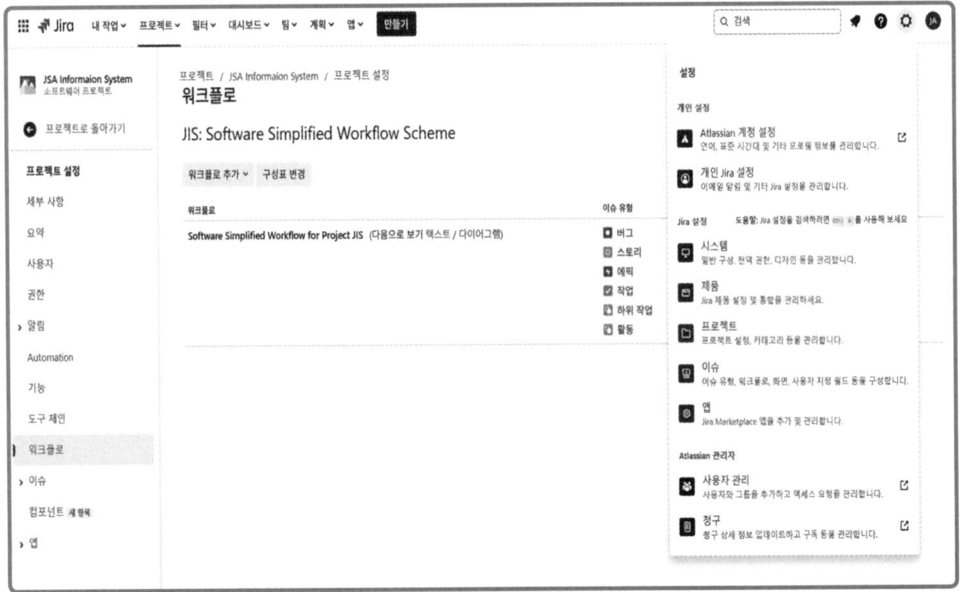

현재 활성 상태인 워크플로 리스트가 나타난다.

현재 프로젝트의 워크플로를 복사해서 사용자 정의 워크플로를 만들어 보자. 리스트 중에 세번째 위치한 현재 프로젝트에서 사용중인 [Software Simplified Workflow] 작업에서 [복사]를 클릭한다.

[워크플로 복사] 창이 나타나면 새로 만들 워크플로의 이름과 설명을 입력한 다음에 [복사] 버튼을 클릭한다.

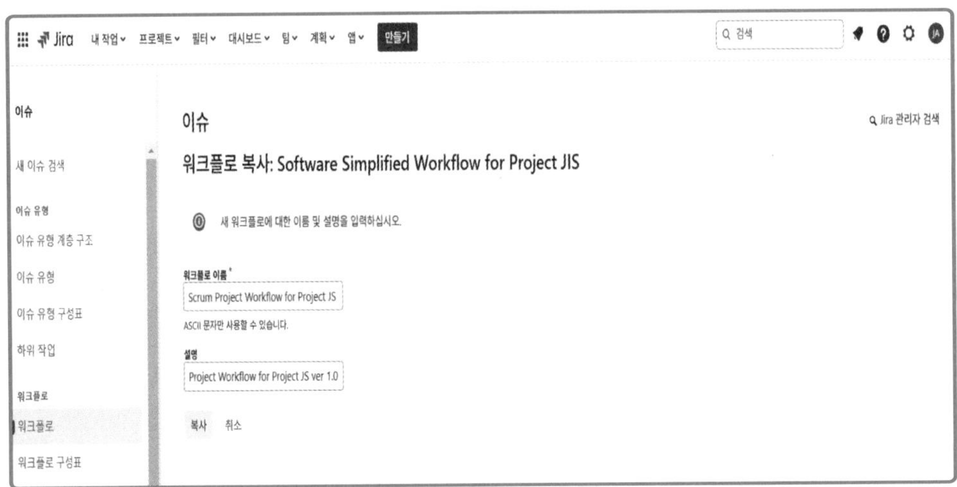

기존 워크플로를 복사한 사용자 정의 워크플로 다이어그램이 나타난다.

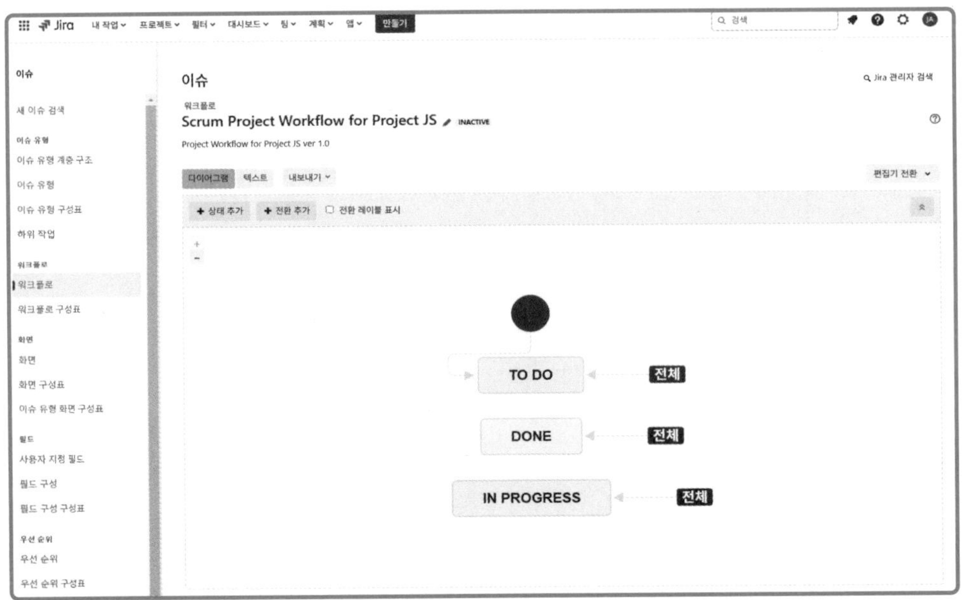

현재 나타난 다이어그램을 수정하여 산출물 백업 상태와 전환을 만들어 보자.

[상태 추가]를 선택한 후에 추가 할 상태 이름으로 "산출물 백업" 을 입력한 후 [추가] 를 클릭한다.

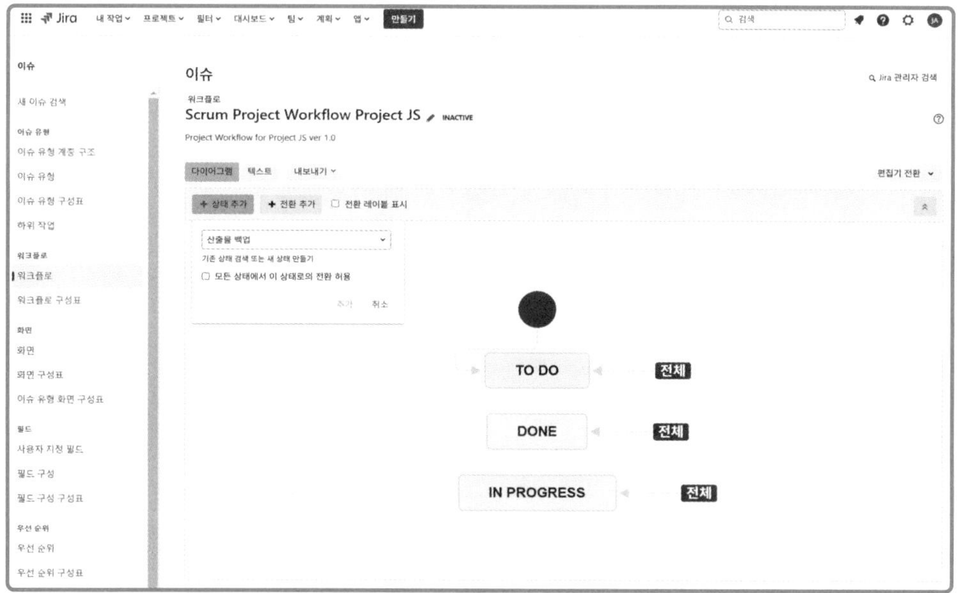

새로운 상태 만들기 화면에서 설명을 입력하고 [범주 > 완료]를 선택한다.

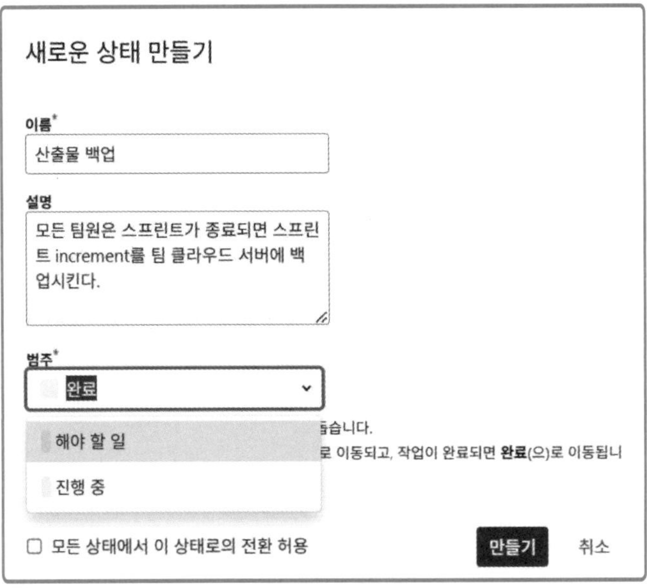

모든 설정이 끝났으면 [만들기]를 클릭한다.

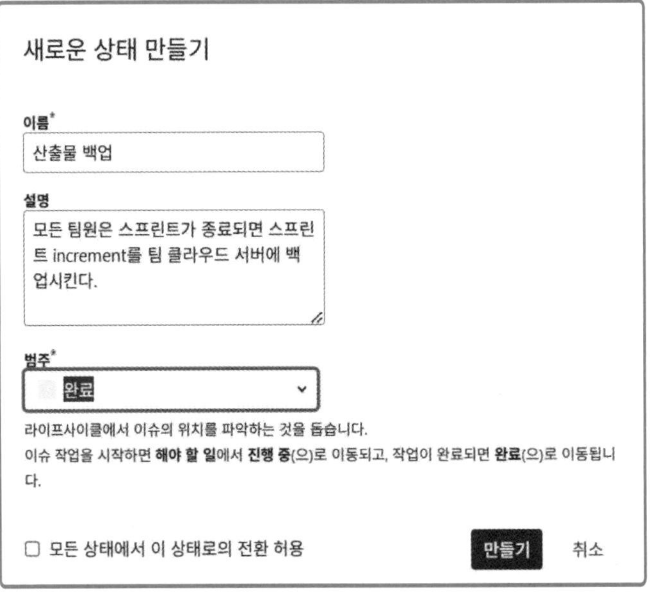

다이어그램에 산출물 백업 상태가 표시되면 다음 단계로 [전환 추가]를 선택한다.

[전환 추가]를 선택하면 아래와 같은 [전환 추가] 창이 나타난다.

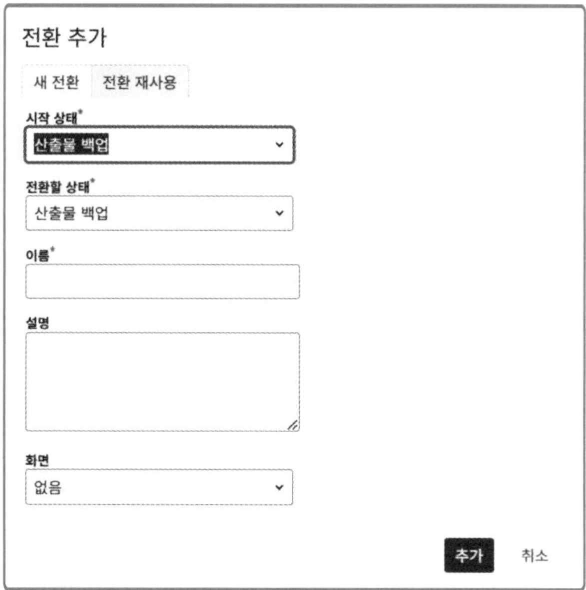

[전환 추가]창에서 전환은 Done상태에서 산출물 백업 상태로 설정하고 설명을 입력하고 [추가]버튼을 클릭한다.

워크플로의 모든 설정이 완료되면 아래와 같이 나타난다.

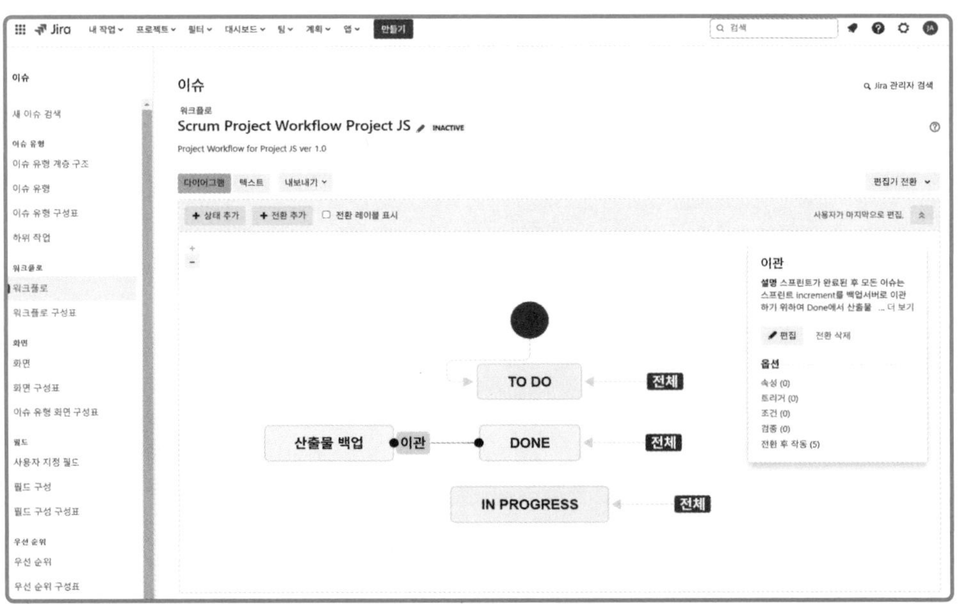

다시 [이슈 > 워크플로]화면으로 이동한다. 새로 정의한 워크플로를 확인하려면 [비활성 워크플로]를 선택 한다.

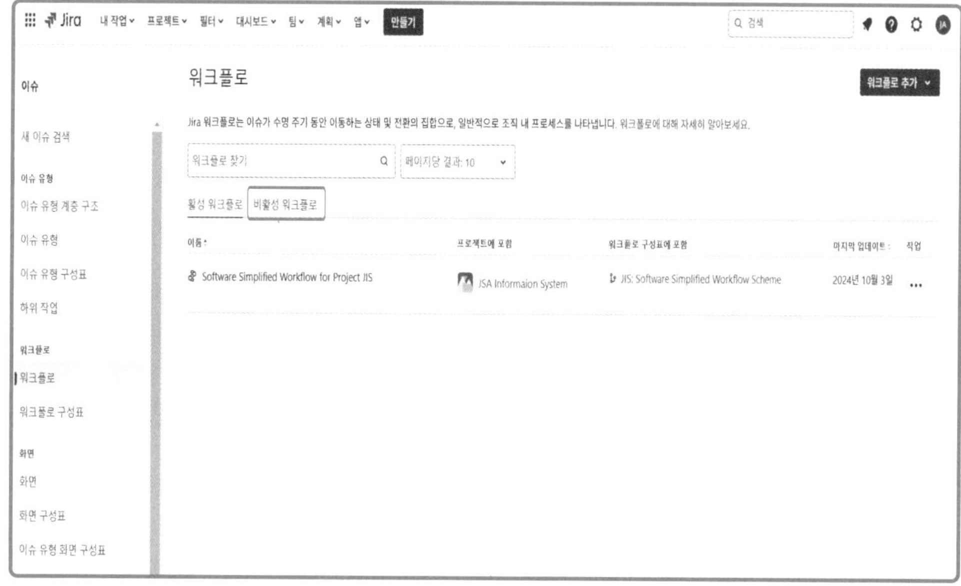

[비활성 워크플로]을 선택하면 새로 사용자 정의한 워크플로가 나타난다.

이제 현재 프로젝트와 새로 정의한 워크플로를 연계해 보자. 다시 현재 프로젝트의 [프로젝트 설정 > 워크플로] 화면으로 이동한다.

[워크플로 추가 > 기존 추가]를 선택한다.

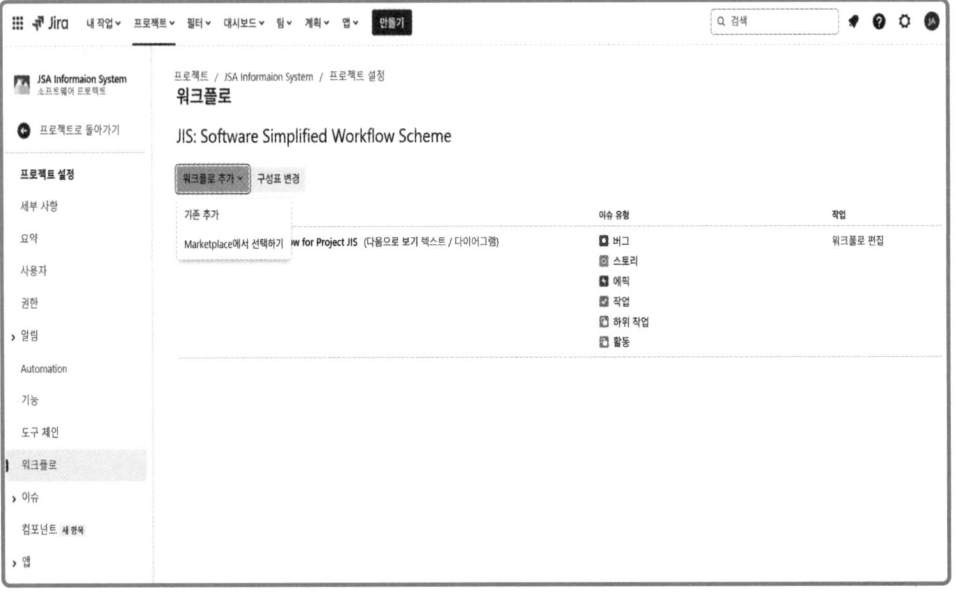

기존 추가 화면에서 새로 정의한 워크플로를 선택하고 [다음]을 클릭한다.

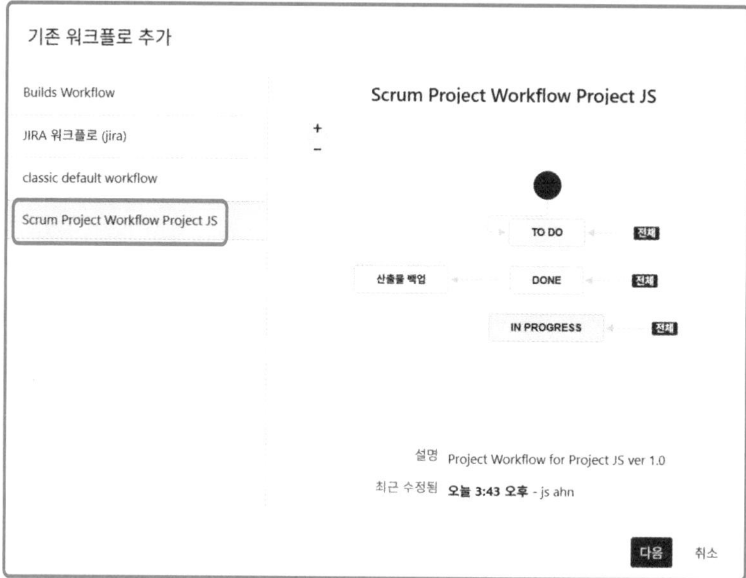

추가할 워크플로와 연결할 [이슈 유형 선택] 창이 나타난다.

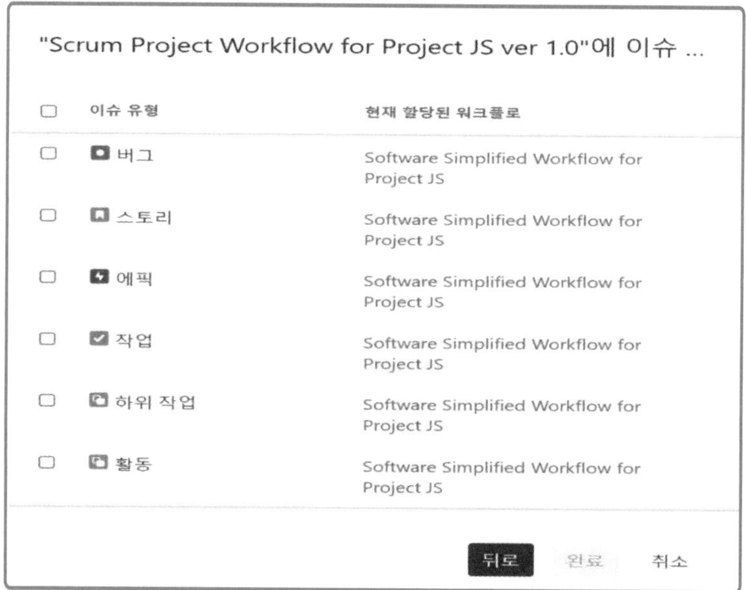

모든 이슈 유형을 선택하고 [완료]를 클릭한다.

다시 [프로젝트 설정 > 워크플로] 화면으로 와보면 새로 설정한 워크플로가 지정되어 있다. 워크플로 배포를 위해 상단 메뉴에 [게시]를 클릭한다.

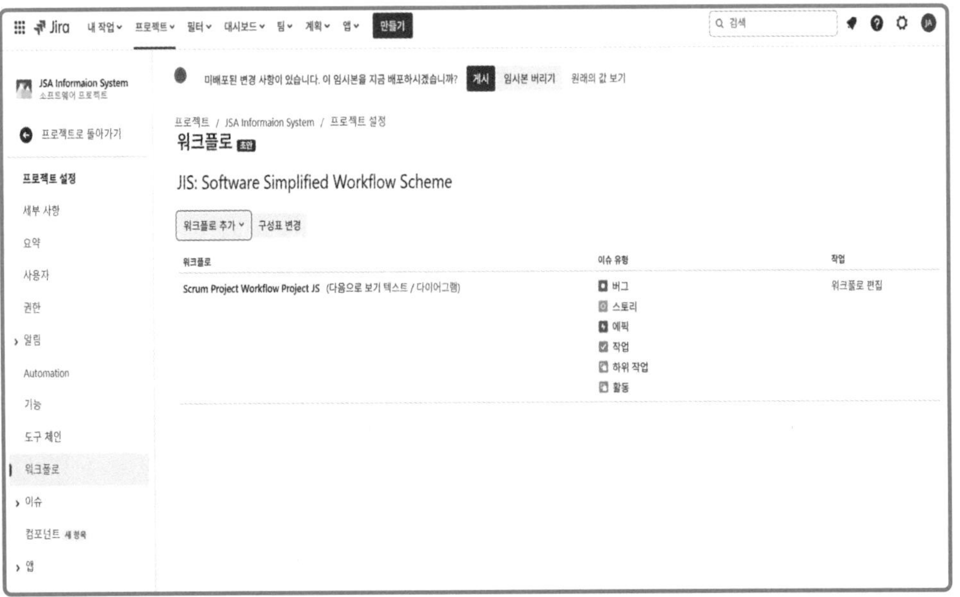

워크플로 개시 화면이 나타나면 [연계] 버튼을 클릭한다.

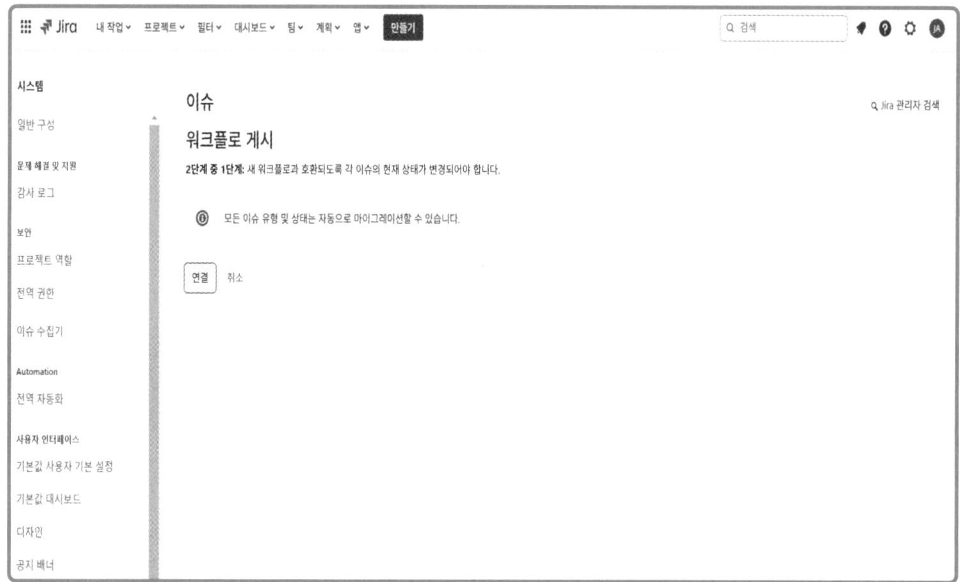

워크플로 마이그레이션이 완료되면 워크플로가 연결되고 게시된다.

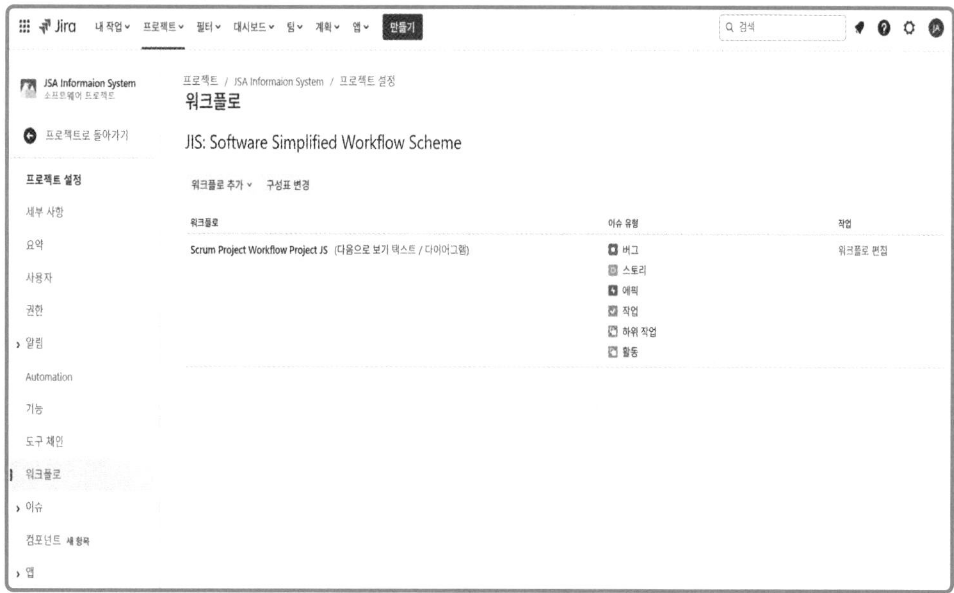

워크플로 설정에 필요한 모든 작업이 완료 되었다.

새로 설정한 워크플로가 작동하는지 확인하기 위하여 활성 스프린 화면으로 이동하여 산출물 백업 상태를 만들 완료 상태의 이슈를 선택한다.

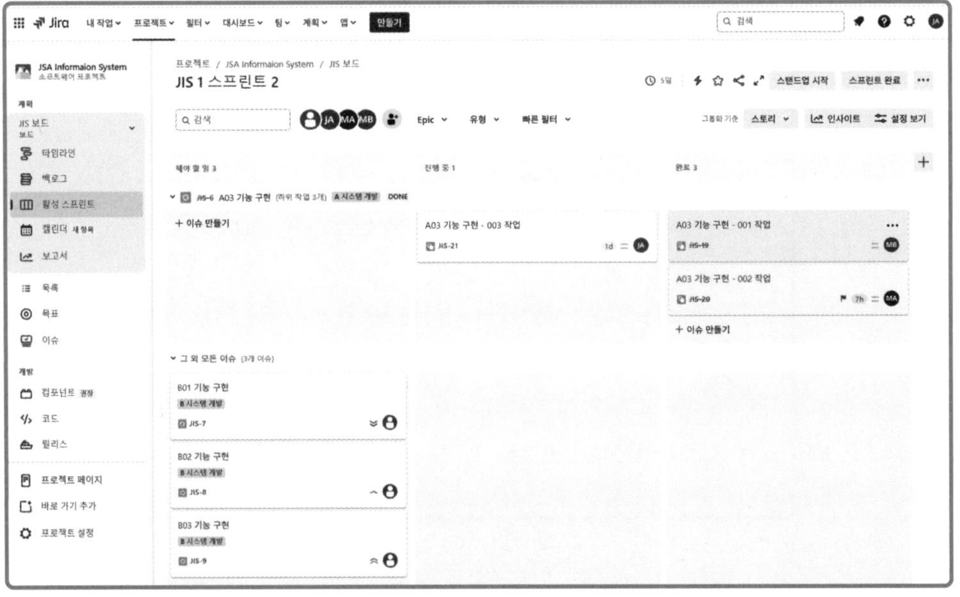

해당 이슈의 상태 설정 필드를 누르면 [이관 > 산출물 백업]이 나타남을 확인할 수 있다.

해당 이슈의 상태를 [산출물 백업]으로 설정한다.

2.3 스크럼 보드 설정

활성 스프린트 화면에서 새로 만든 워크플로의 보드를 설정해 보자

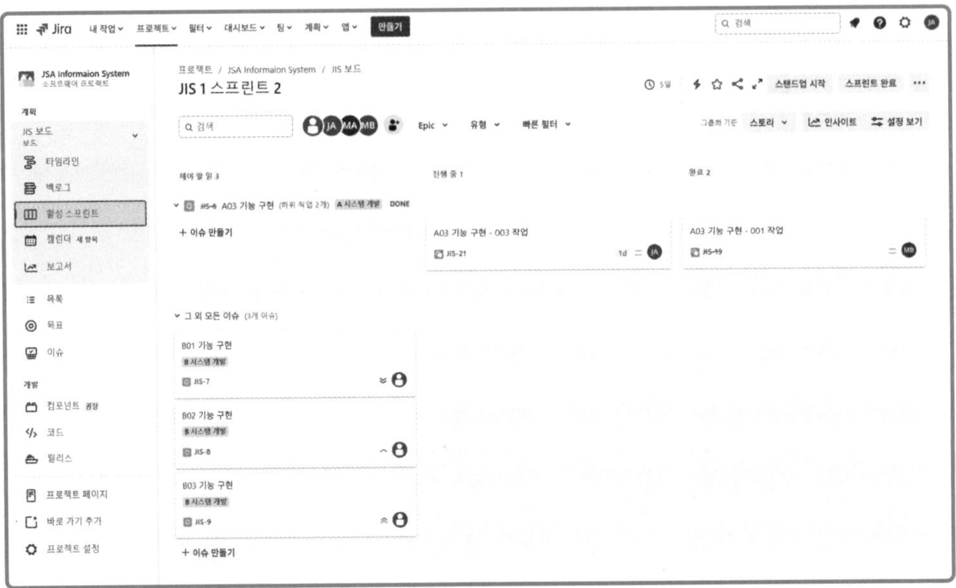

설정 아이콘을 선택하여 [보드 구성]을 선택한다.

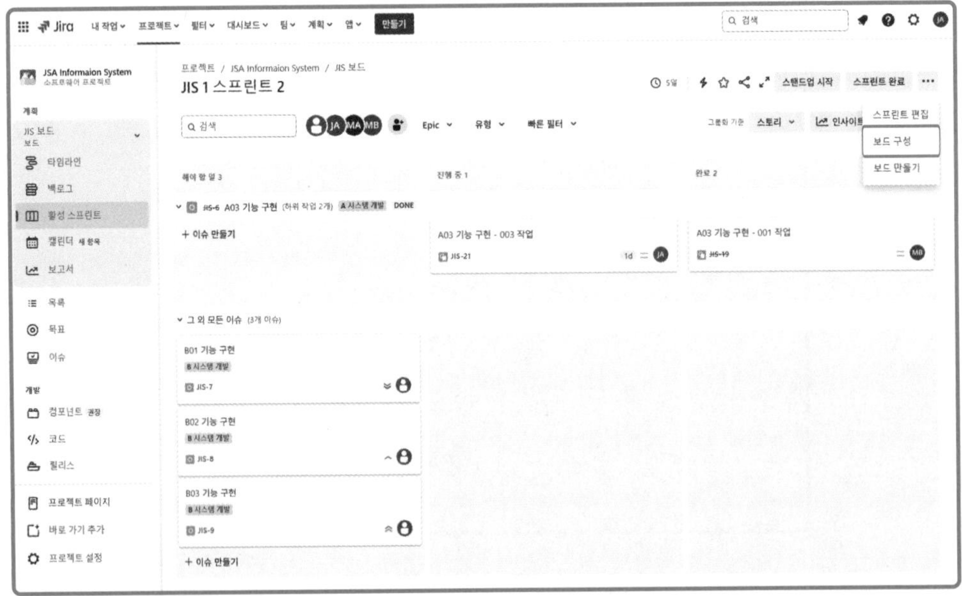

[보드 구성 > 열] 화면에서 보드 설정을 시작한다.

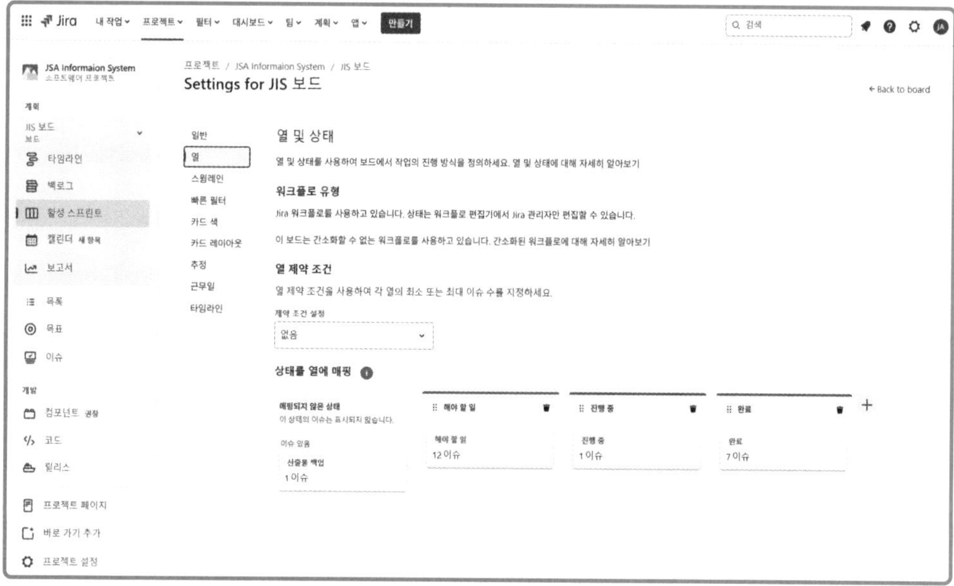

[+] 버튼을 선택하여 새로운 열을 아래 그림과 같이 만든다.

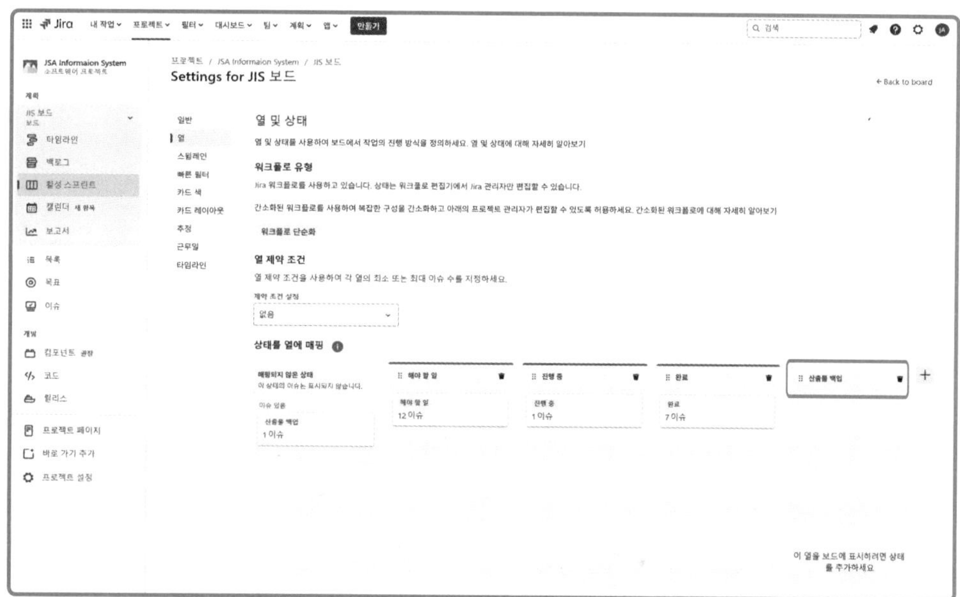

산출물 백업 이슈 아이콘 박스를 새로 만든 열로 드래그 하여 산출물 백업 열과 매핑 시킨다. 그리고 상단의 [Back to board]를 클릭한다.

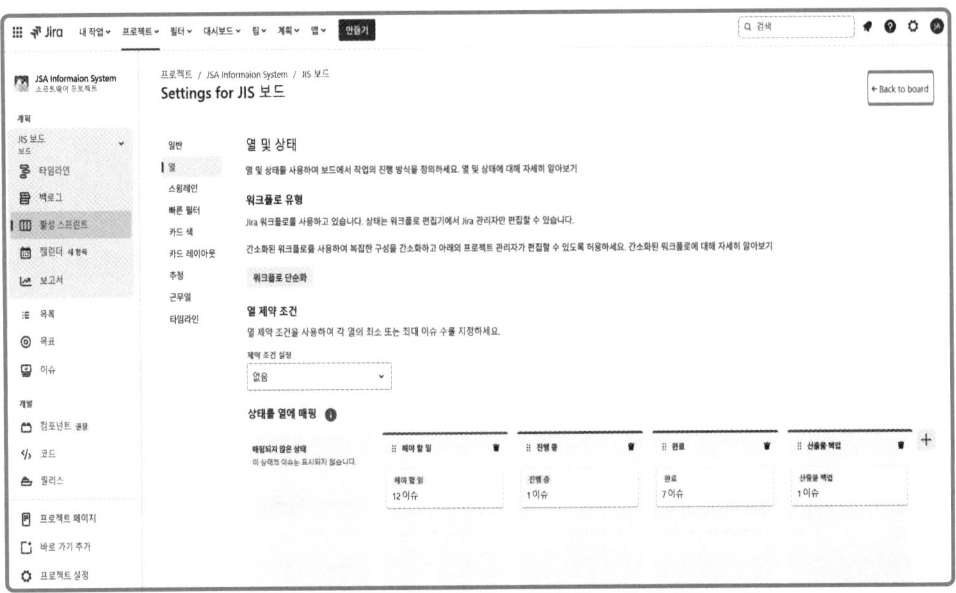

현재 프로젝트의 활성 스프린트 화면에 산출물 백업 열이 포함된 수정된 보드가 나타난다.

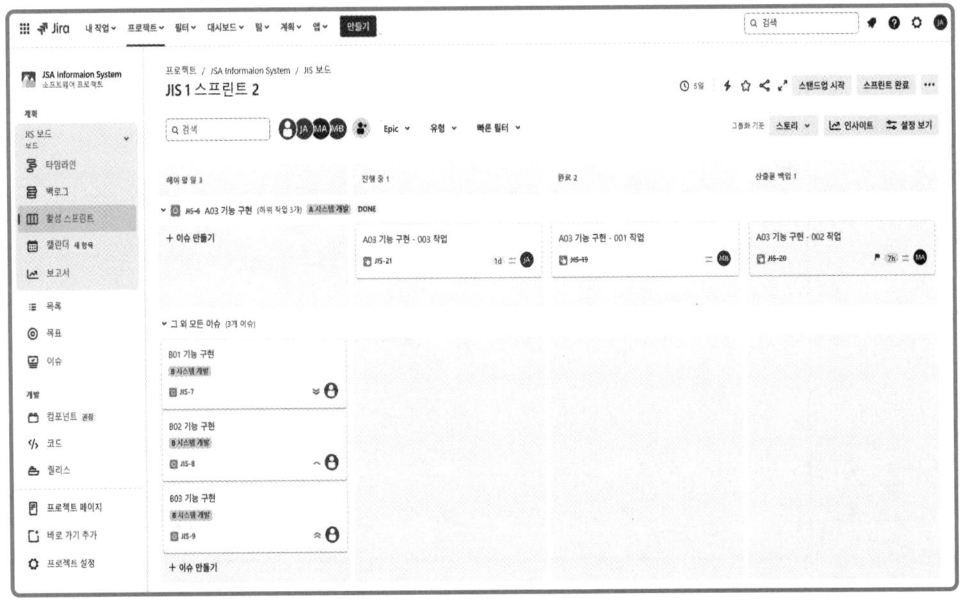

Chapter 17

대시보드 작성

1. Jira Software 에서의 대시보드란 무엇인지 알아본다.
2. 대시보드 작성 방법을 알아본다.
3. 대사보드를 통한 프로젝트 통합 관리의 이점을 설명할 수 있다.

지금까지 Jira Software를 통한 스크럼 프로젝트 관리에 필요한 계획수립 방법과 스프린트 수행방법 그리고 고급 기능 활용에 이르는 대부분의 사용법을 학습하였다. 마지막으로 대시보드를 이용한 프로젝트 통합 관리 방법에 대하여 학습해 본다. 대시보드를 구축하는 것은 프로젝트 관리 차원이나 포트폴리오 관리 측면에서 매우 효율적인 방법이다. 먼저 Jira Software 에서의 대시보드 통합관리에 대하여 학습한 다음 대시보드를 만드는 방법에 대하여 알아본다.

핵심정리

1.1 대시보드 통합 관리(Project integration management)

일반적으로 기업에서는 다수의 프로젝트를 동시에 수행하거나 혹은 많은 인력이 투입되는 대규모 프로젝트를 진행하는 경우가 많다. 이런 경우 모든 프로젝트를 일관되게 관리하는 것과 다수의 작업에서 만들어지는 프로젝트 정보를 실시간으로 수집하고 또한 수집된 프로젝트 정보를 중요도에 따라 분류 관리하여 프로젝트의 현재 상황을 파악하는 것은 매우 어렵다.

Jira Software의 대시보드(Dashboard)는 이런 문제를 근본적으로 해결할 수 있는 솔루션이다.

이번 장에서는 프로젝트 상황을 실시간으로 가시화하고 통합 관리할 수 있는 Jira Software 대시보드(Dashboard)을 만드는 방법을 살펴보기로 한다.

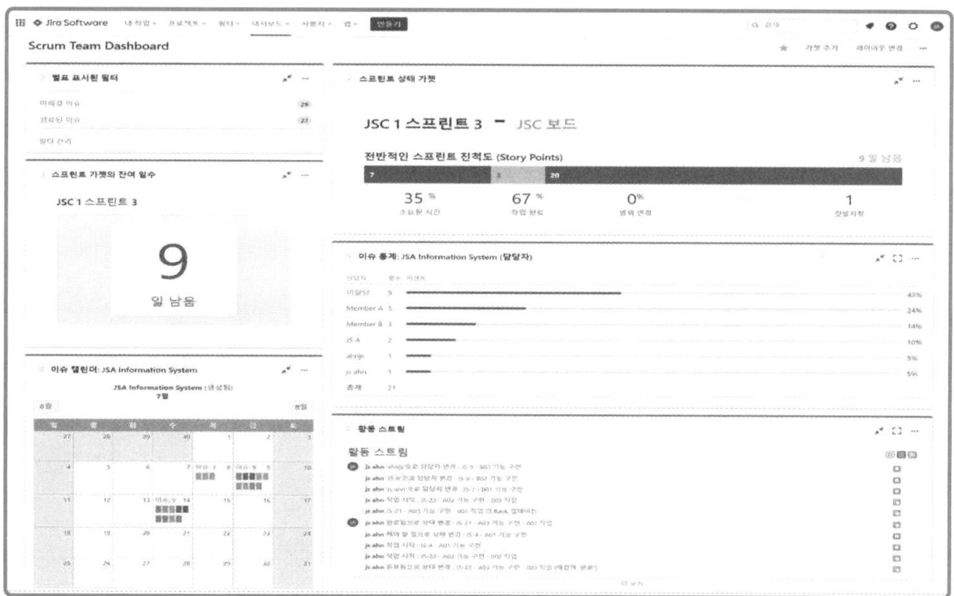

1.2 포트폴리오 관리(Portfolio Management)

포트폴리오(Portfolio)는 전략적 목표 달성을 위해서 프로젝트나 프로그램들을 효율적으로 관리할 수 있도록 적절히 묶어 놓은 그룹으로, 프로젝트나 프로그램이 어떻게 잘 할 것인가의 관점이라면 포트폴리오는 어떻게 올바른 일을 선택할 것인가의 관점이다.

이와 같이 프로젝트를 그룹화하여 포트폴리오로 관리하는 것은 모든 프로젝트에 대하여 전체적으로 조망할 수 있는 관점을 제공하고 그것은 기업 프로젝트 수행 전략과 연계된다.

프로젝트는 타 프로젝트와 많은 상호 작용을 통해 영향을 주고받는다. 특히 자원 점유 부분에서 다양한 이슈들이 발생한다. 따라서 조직의 전략적 차원에서 우선 순위가 높은 프로젝트에 할당 우선 순위를 부여하고, 자원의 복수 프로젝트 할당에 대한 관리를 위해 프로젝트들을 프로그램으로 묶어서 관리하고 또 다시 포트폴리오를 통하여 전략적으로 프로젝트를 통합 관리하는 것이 필요하다 .

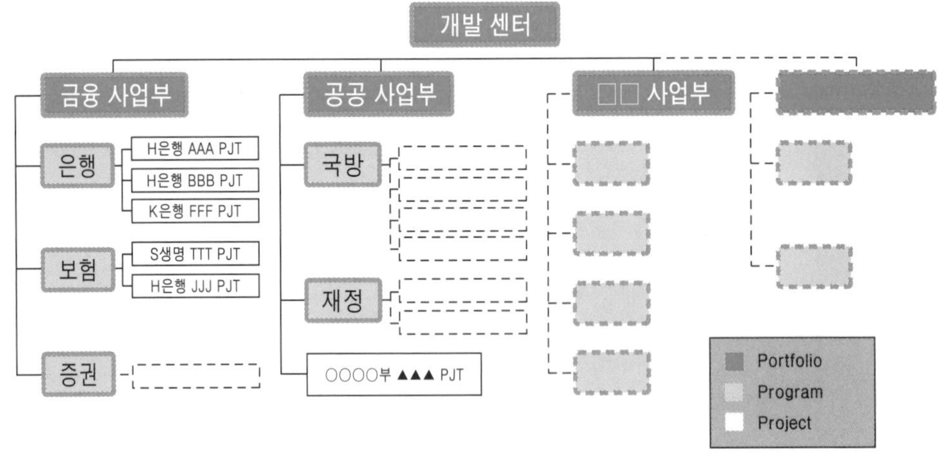

[프로젝트, 프로그램, 포트폴리오 예]

1.3 전사적 프로젝트관리(EPM : Enterprise Project Management)

1.3.1 전사적 프로젝트관리(EPM)

비즈니스 환경이 점점 복잡해짐에 따라 프로젝트 관리는 단순히 1개의 프로젝트를 관리하는 범주를 벗어나, 회사의 전략에 맞는 프로젝트 선정 및 실행이나 사업전략의 성공적 구현을 위한 조직적인 프로젝트 관리를 필요로 하게 되었다.

조직환경도 단순한 운영환경 위주에서 복잡하고 다양한 조직으로 변화되었으며, 프로젝트도 경영 혁신이나 MBP등의 형태로 다양하게 나타나, 비 반복적 업무인 프로젝트를 반복적으로 수행하는 조직이 늘어났다.

전사적 프로젝트 관리는 전략과 실행의 연결을 강화하고 프로젝트 결과물을 조직의 성공과 동일시하는 관점으로, 전사 차원에서 프로젝트들이 기업의 전략적 목표를 향하도록 조율하는 것을 말한다.

1.3.2 EPM을 위한 프로젝트, 프로그램, 포트폴리오 관리

전사적 프로젝트 관리를 위해서는 업무 처리 규모에서 프로젝트, 프로그램, 포트폴리오 관리가 가능해야 한다.

포트폴리오 관리에서는 회사의 전략과 사업의 영향, 추진 방향에 따라 포트폴리오를 선택하고 자원을 집중하며 그에 맞는 프로그램들을 착수할 수 있는 역량이 필요하다. 프로그램 관리에서는 해당 사업 분야의 프로젝트들을 착수 시키는 동시에 프로젝트에서 표준화 하거나 공통으로 활용될 수 있는 부분을 발굴하고 개발함으로써 수익 창출을 극대화하고 조직의 역량을 개발할 수 있어야 한다.

프로젝트 관리에서는 프로젝트 자체의 범위, 일정, 원가를 체계적으로 관리하되, 프로그램과 연관이 있는 lessons learned 공유나 원가관리, 포트폴리오와 연관이 있는 자원, 위험 이슈 등을 상위단계 통합 프로세스와 통합시킬 수 있어야 한다.

1.3.3 EPM의 핵심 3요소

전사적 프로젝트 관리 체계를 위해 필요한 핵심 3요소는 방법론, 조직, 솔루션이다.

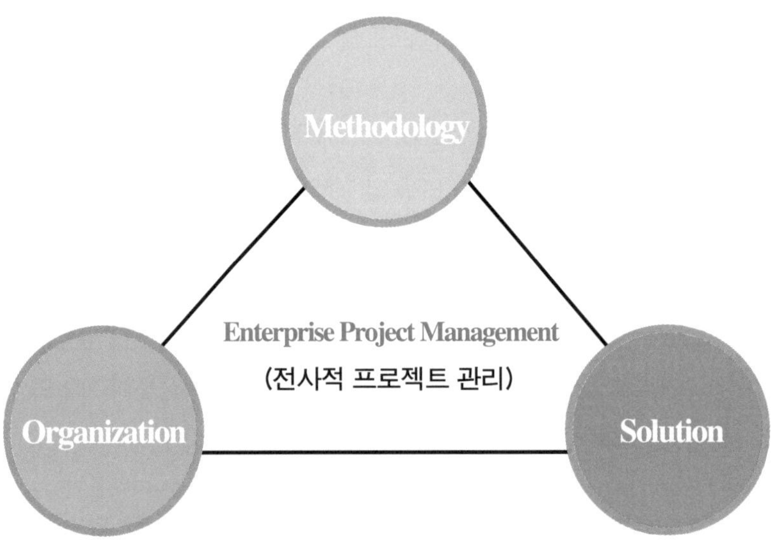

Jira Software 활용하기 02

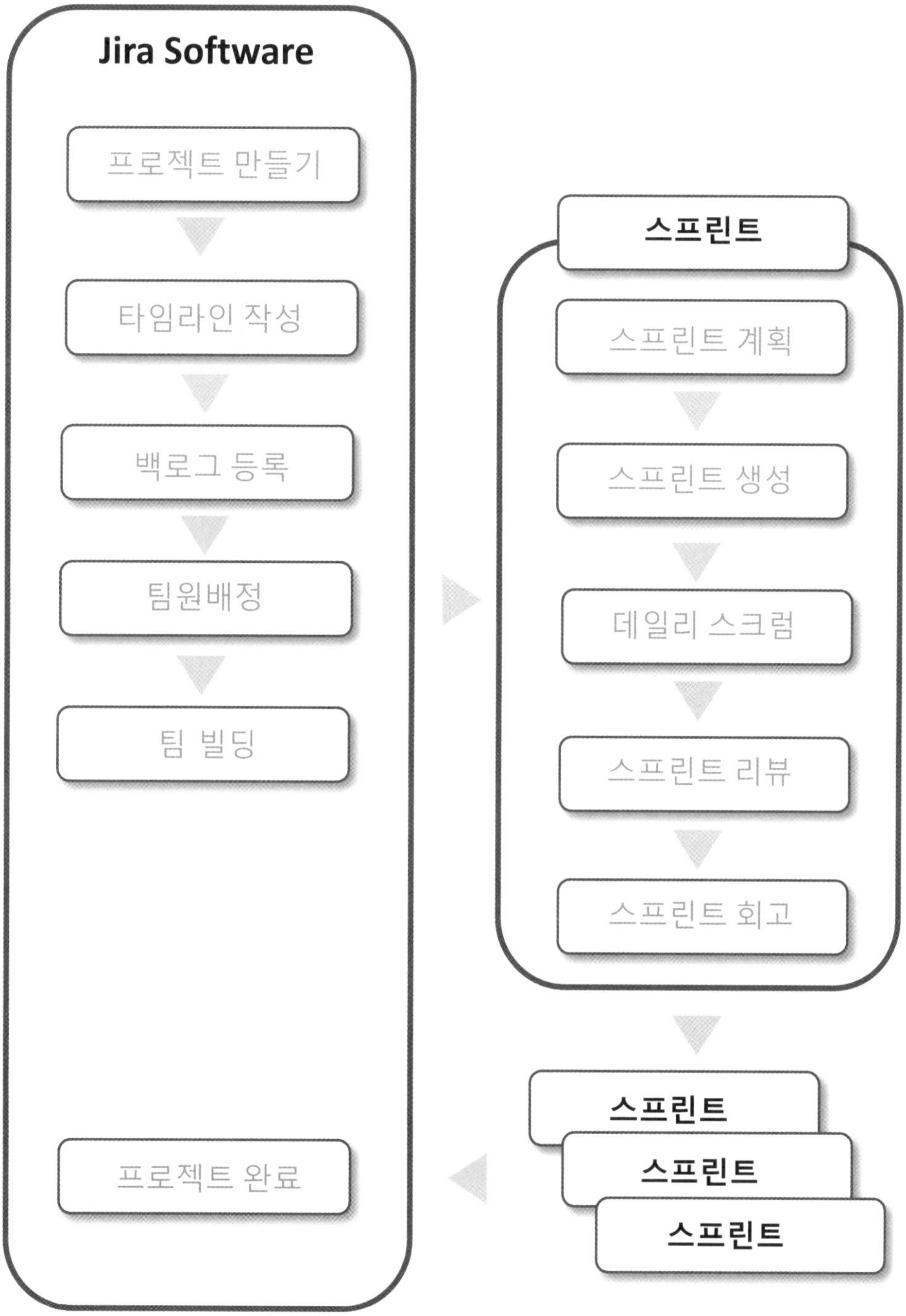

Jira Software

프로젝트 만들기

타임라인 작성

백로그 등록

팀원배정

팀 빌딩

스프린트

스프린트 계획

스프린트 생성

데일리 스크럼

스프린트 리뷰

스프린트 회고

스프린트

스프린트

스프린트

프로젝트 완료

2.1 대시보드 만들기

2.1.1 대시보드

대시보드는 프로젝트 작업을 실시간으로 통합 관리할 수 있는 기능을 제공한다. 스프린트 진행 상황, 작업자별 업무 할당과 수행 내역, 완료된 이슈와 미완료 이슈 표시 등 다양한 프로젝트 관리 정보를 한눈에 모니터링할 수 있도록 보드 형태로 시각화 정보를 제공한다.

Jira Software는 프로젝트 정보를 처리할 수 있는 다양한 위젯을 내장하고 사용자에게 제공하여 사용자들이 손쉽게 대시보드를 작성하고 사용할 수 있도록 지원하고 있다.

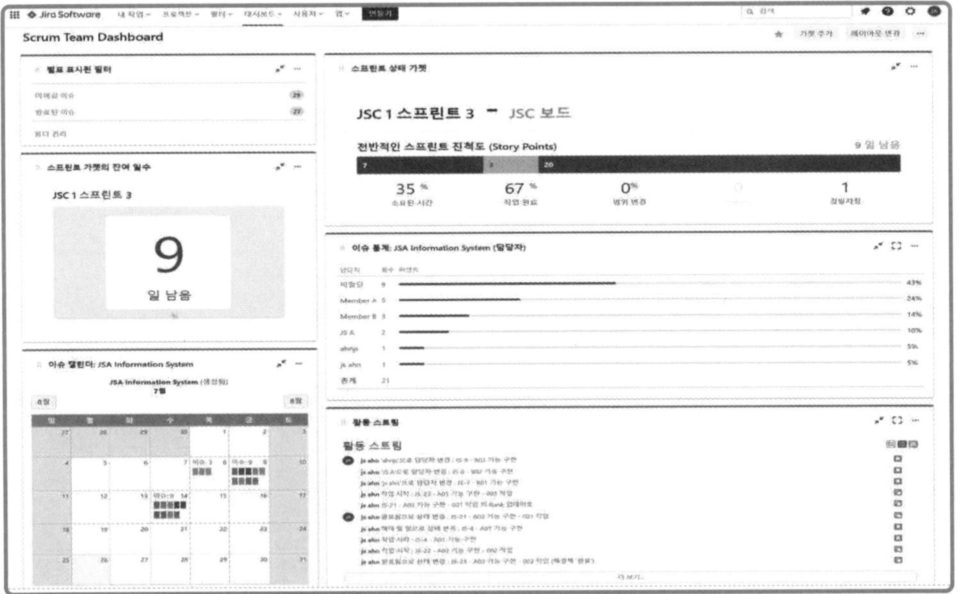

2.1.2 대시보드 작성

대시보드를 같이 작성 해보자. 활성 스프린트 화면에서 상단 메뉴인 [대시보드]를 클릭한다.

[대시보드 > 대시보드 만들기]를 클릭한다.

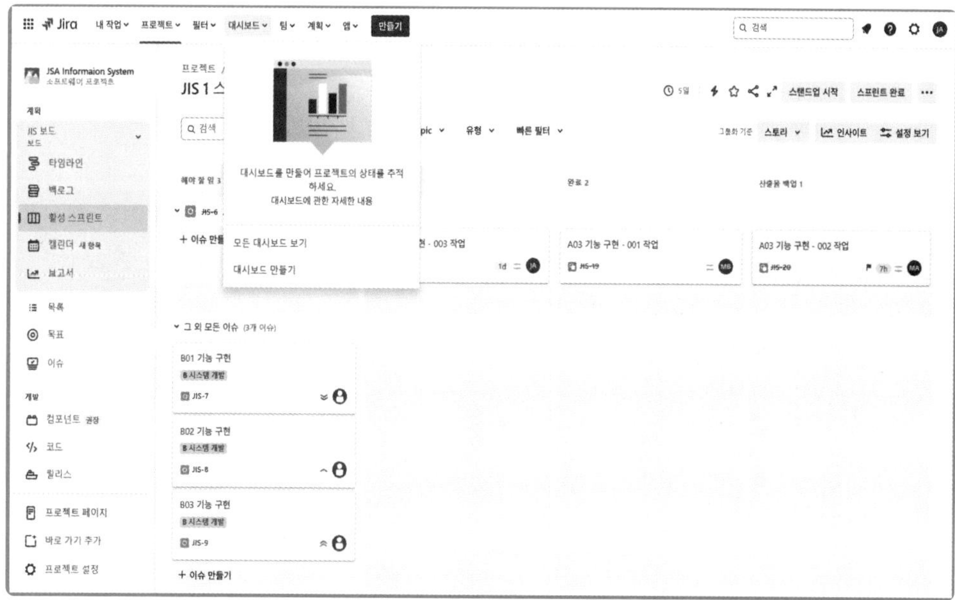

[대시보드 만들기] 창이 아래와 같이 열린다.

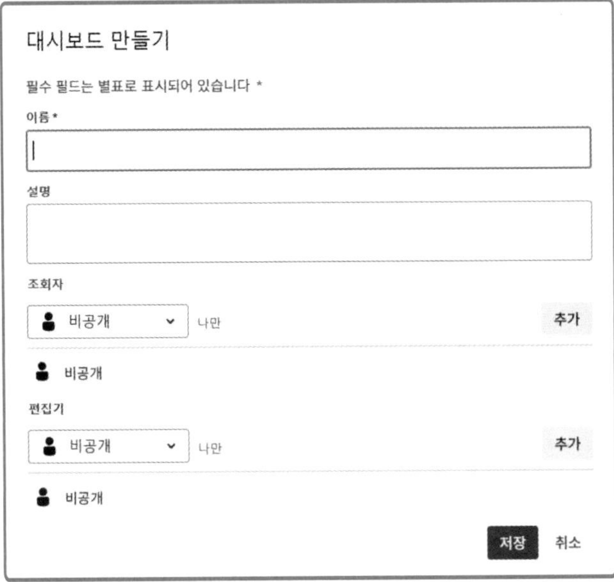

[대시보드 만들기] 창에 새로 만들 대시보드의 이름과 설명 그리고 엑세스 정보를 입력하고 [추가] 를 클릭한 다음 [저장]을 선택한다.

새로 만든 대시보드 화면이 나타난다.

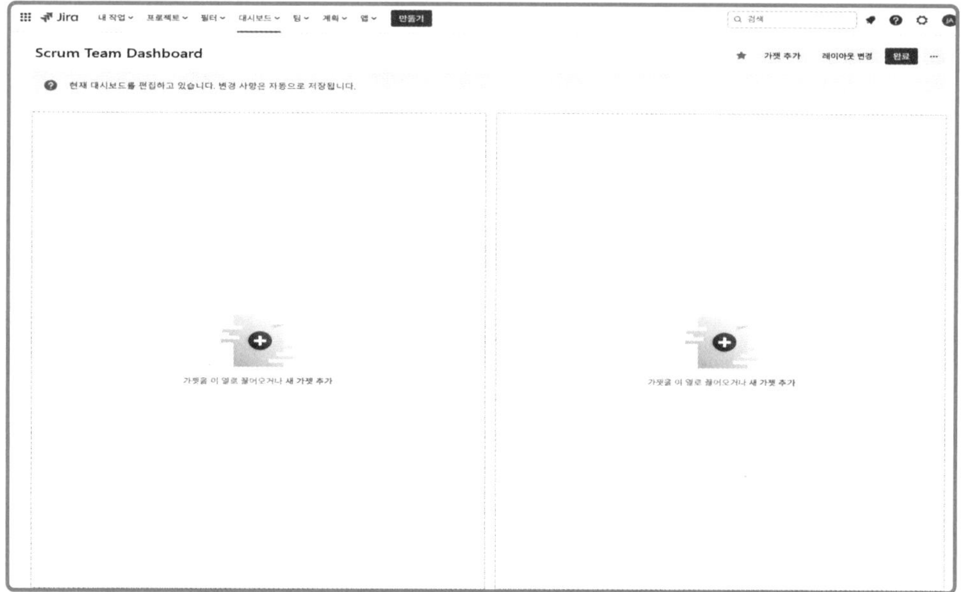

상단 메뉴인 [가젯 추가] 를 클릭한다.

[가젯 추가] 버튼을 클릭하면 [가젯 추가] 창이 열린다.

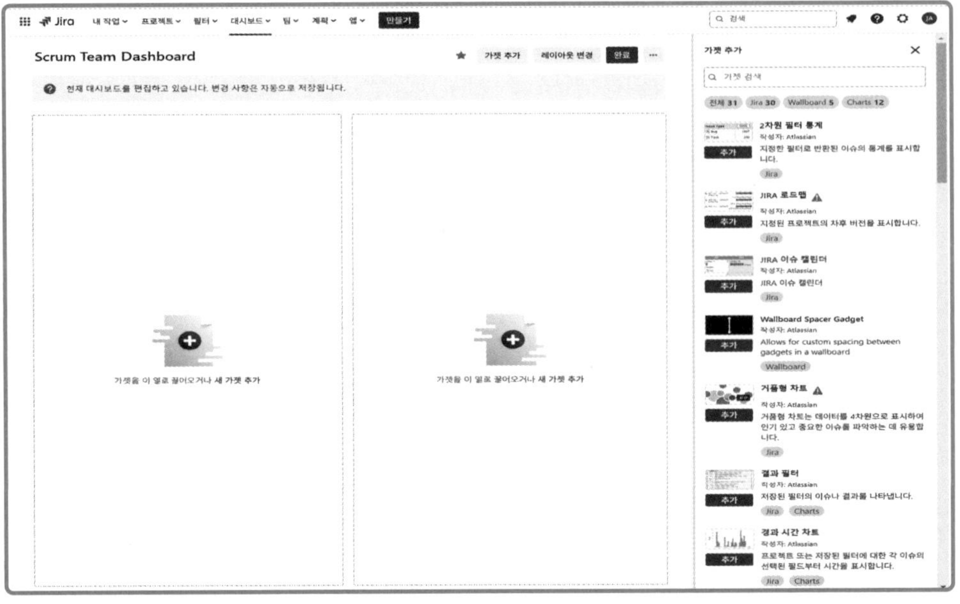

[가젯 추가] 창에 다양한 가젯이 나타나면 스크롤을 이용하여 원하는 가젯을 검색할 수 있다.

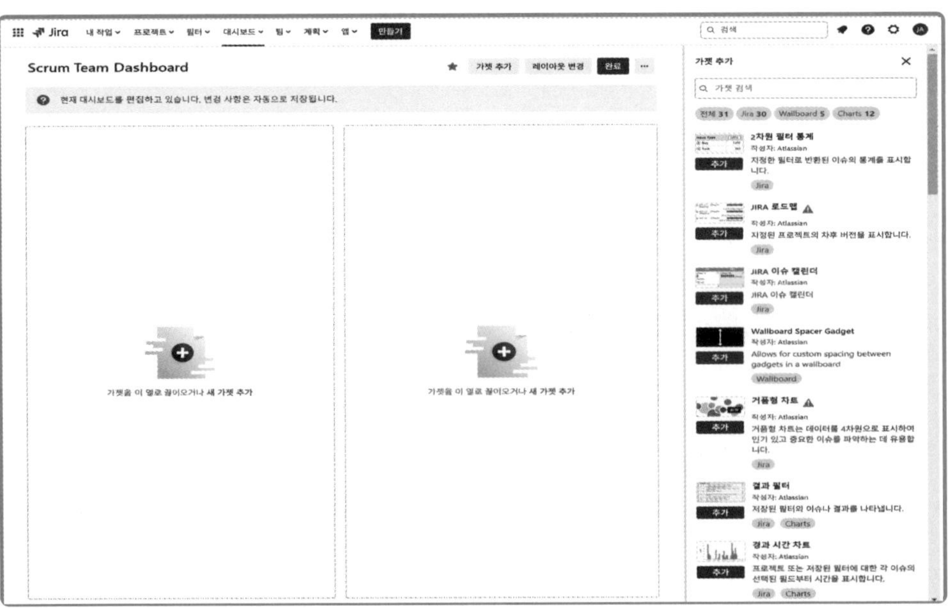

제공하는 가젯 중 [스프린트 상태 가젯]을 선택해 보자.

[스프린트 상태 가젯] 설정 메뉴가 대시보드에 나타난다. 설정 메뉴에 아래 화면과 같이 스프린트에 관련된 정보를 입력하고 [저장]을 클릭한다.

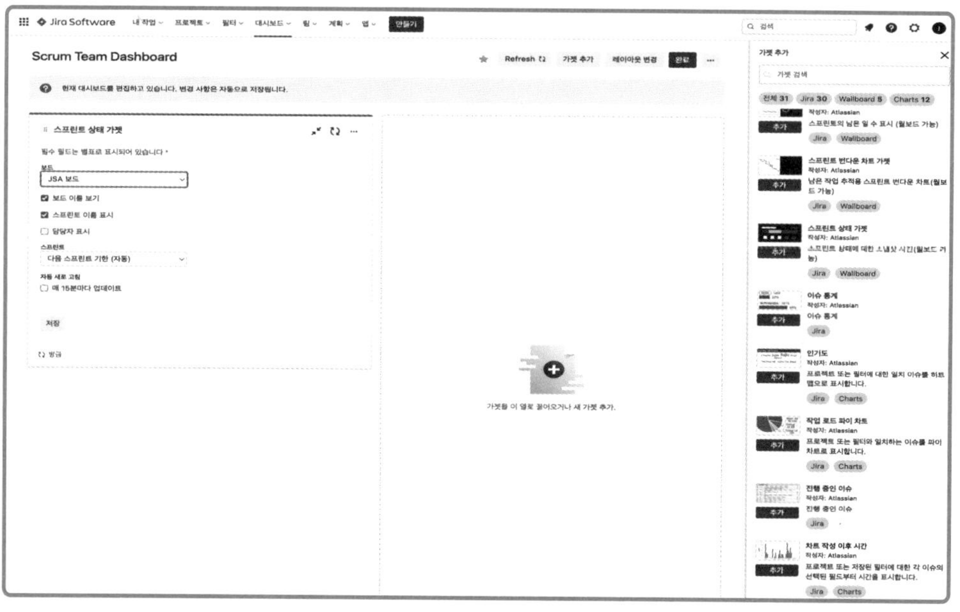

대시보드에 스프린트 상태 가젯 정보가 가시적으로 나타난다.

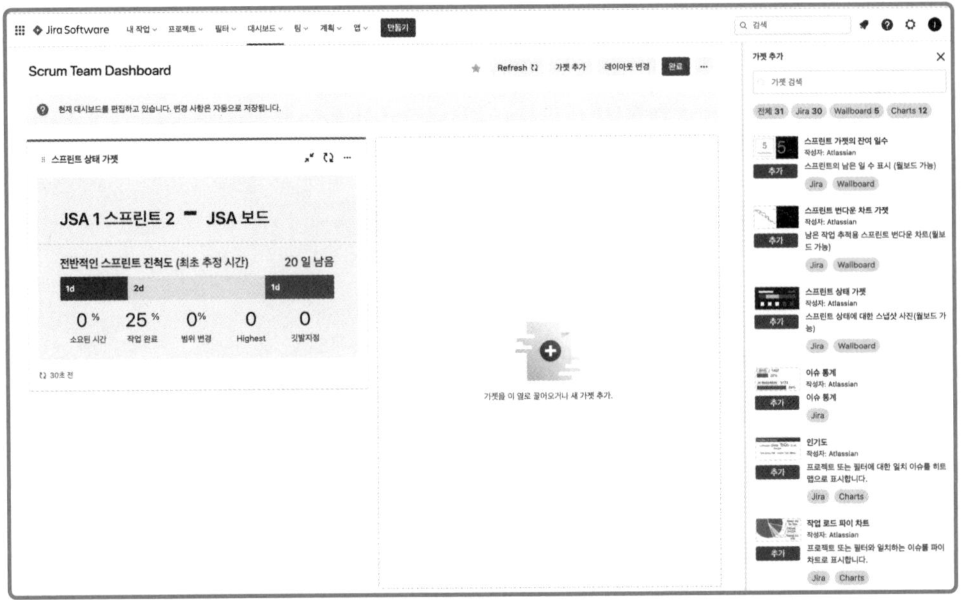

대시보드 상단에 [레이아웃 변경]을 사용하면 대시보드를 다양한 레이아웃으로 표현할 수 있다.

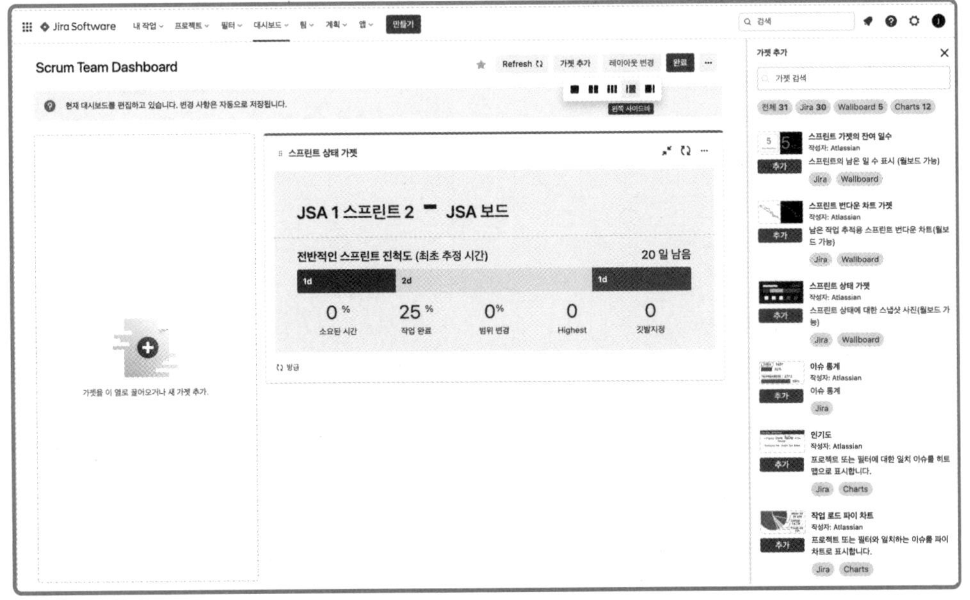

동일한 방법으로 필요한 가젯들을 대시보드에 설치하여 아래 화면과 같이 프로젝트 대시보드를 원하는 대로 편집하여 사용할 수 있다.

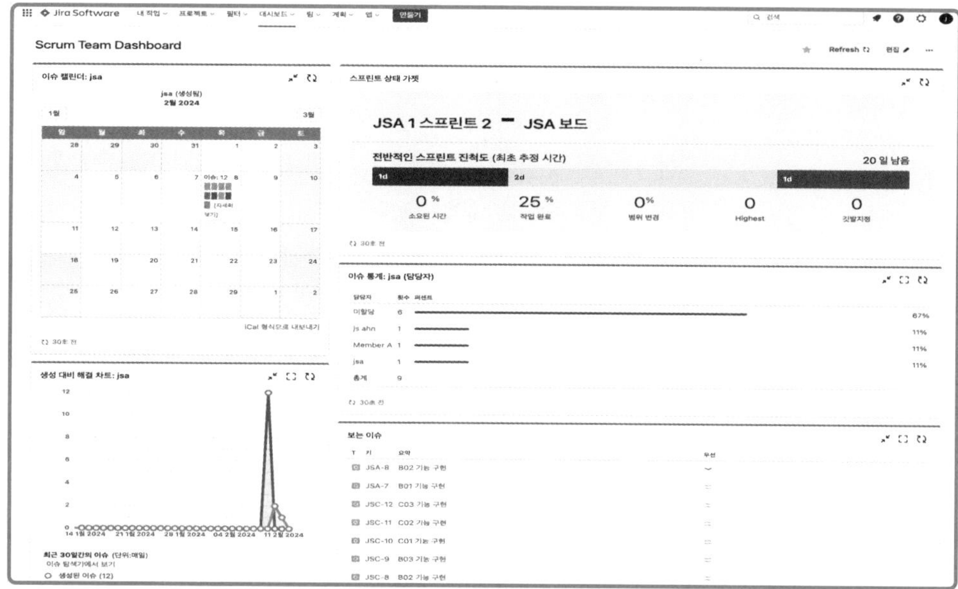

정리하기

Chapter11

이슈검색 [Jira Software에서 어떻게 이슈를 검색할 수 있는가?]

효과적으로 프로젝트 데이터를 원하는 형태로 검색 및 집계하려면 이슈 필터링 기능과 이슈 검색 기능을 활용할 수 있어야 한다. 필터링 기능이란, 이슈 데이터들을 필요한 형태로 만들어 주고 분석할 수 있도록 도와주는 기능이다. 필터링에는 일반적으로 완료 및 미완료 이슈 등 다양한 분류로 필터링할 수 있다. 필터링이 특정한 조건에 맞는 이슈를 검색하는 기능이라면, 이슈검색은 검색조건을 사용자가 정의해서 사용하는 기능이다. 일반검색, 고급검색, JQL 검색으로 구분할 수 있다.

Chapter12

릴리즈 및 버전 관리 [Jira Software에서 릴리즈 및 버전 관리 기능 활용하기]

Jira Software에서는 산출물의 버전을 생성시키고 만들 수 있는 기능과 산출물의 릴리즈를 관리할 수 있는 기능을 제공한다. 이러한 버전과 릴리즈 관리 기능을 잘 활용한다면 체계적인 프로젝트 형상 관리가 가능하다.

Chapter13

일정관리 [Jira Software에서 일정관리하기]

일정 관리는 일정을 계획과 동일하게 유지시키는 것이며 주요 제약 사항인 종료 일정을 준수하여 프로젝트를 수행하는 것을 말한다. 원활한 일정 관리를 위해서는 우선순위가 높은 주요 이슈의 중점적인 관리가 필수적이다. 주요 이슈의 작업에서 지연이 발생한다면 이것은 전체 프로젝트 일정에 영향을 미치게 된다. 스프린트 계획 시, 이슈 추정시간에 대한 정보와 실제 종료 시간에 대한 정보이력 관리는 후행 스프린트 계획 수립의 매우 중요한 정보이다.

Chapter14

위험관리 [Jira Software에서 위험관리하기]

위험과 문제의 다른 점은 위험은 확률적인 부분이며 아직 문제화되지 않았다는 것이고, 문제는 이미 발생한 사건이며 해결해야 될 사항이라는 점이다. 프로젝트를 관리하는 입장에서 생각해보면 문제는 해결 방법대로 수행하면 되지만, 위험은 대응 방법에 대한 계획 수립, 위험 식별, 감시 등 문제보다 복잡한 부분이 많이 있다. 그렇기 때문에 위험 관리가 어려운 것이다. Jira Software를 이용한 위험 관리는 위험이 식별된 이슈에 대해 모니터링 하는 기능과 모니터링 결과를 알람으로 이슈담당자 혹은 위험관리자에게 전달하는 기능에 초점을 맞추고 있다.

Chapter15 **사용자 정의 [Jira Software에서 사용자 정의 대상은 무엇인가?]**

Jira Software에서 사용자 정의 대상은 이슈에 관한 정보들이다. 이슈 유형, 이슈 필드, 이슈 화면과 같은 정보들이며 이슈의 정보들을 사용자가 원하는 대로 정의하여 다양한 프로젝트 이슈 정보를 관리하고 사용할 수 있게 한다.

Chapter16 **워크플로 작성 [Jira Software에서 업무절차는 어떻게 표현 할 수 있는가?]**

워크플로는 체계적으로 업무를 정리하고 표현하는데 유용하게 사용할 수 있는 도구이다. 또한 업무흐름을 손쉽게 프로젝트에 적용시킬 수 있는 Jira Software의 강력한 기능이다. 하지만 워크플로의 적용 시에 주의할 점도 있다. 프로젝트의 특성을 이해하고 사용하는 것이 매우 중요하며 한시적이거나 반복성이 없는 프로젝트에서 업무정리 및 재사용을 위해 워크플로 기능을 사용하는 것은 불필요한 작업이다.

Chapter17 **대시보드 작성 [대시보드를 이용한 프로젝트 통합 관리란 무엇인가?]**

프로젝트는 어떤 프레임워크를 사용하든지 지켜야 할 원칙이 있다. 바로 모든 정보가 반드시 통합되어 관리되어야 한다는 것이다. 이점은 스크럼도 예외가 될 수없다. 많은 사람들이 스크럼은 소규모 프로젝트 관리에 유용한 프레임워크이며 대형 혹은 엔터프라이즈급 프로젝트에는 사용하기 어렵다고 생각한다. 한편으로는 맞는 말이지만 다른 한편으로는 틀린 말이다. 맞는 부분은 소규모 그룹화된 이슈를 단기간의 스프린트로 구현하고 관리한다는 점이며 틀린 부분은 조직적으로 잘 계획된 스프린트를 반복적으로 중첩시키면 큰 모줄로 구성된 프로젝트도 수행 가능하다는 점이다. 후자인 대형 혹은 엔터프라이즈급 프로젝트에 스크럼을 사용 시 반드시 통합관리 기능이 제공되어야 하며 이는 Jira Software의 대시보드 기능으로 어느 정도까지는 구현 가능하다.

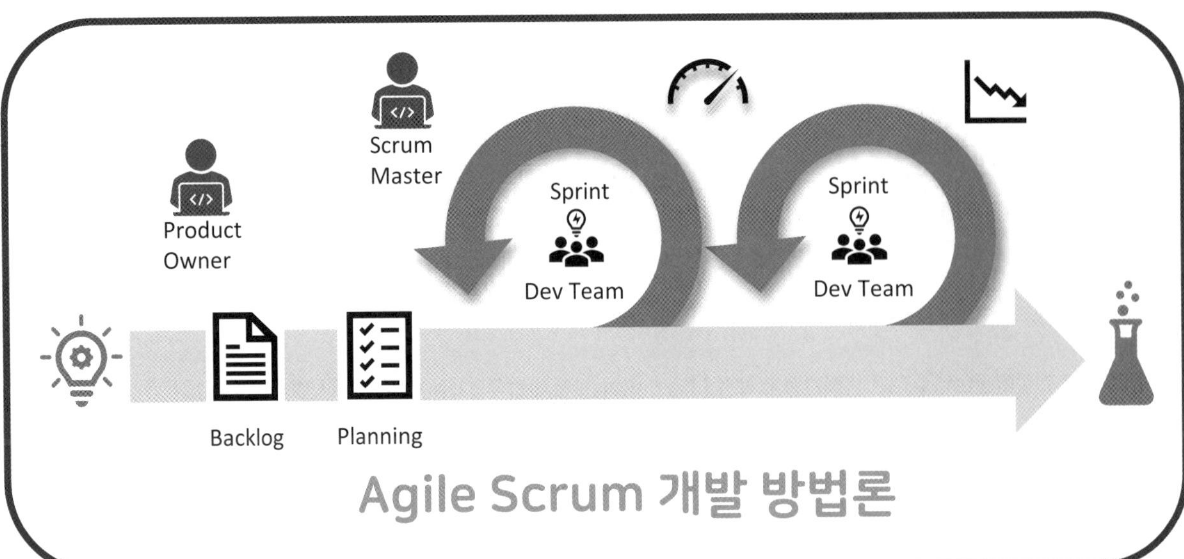
Scrum
Master
Product
Owner
Sprint
Dev Team
Sprint
Dev Team
Backlog
Planning
Agile Scrum 개발 방법론

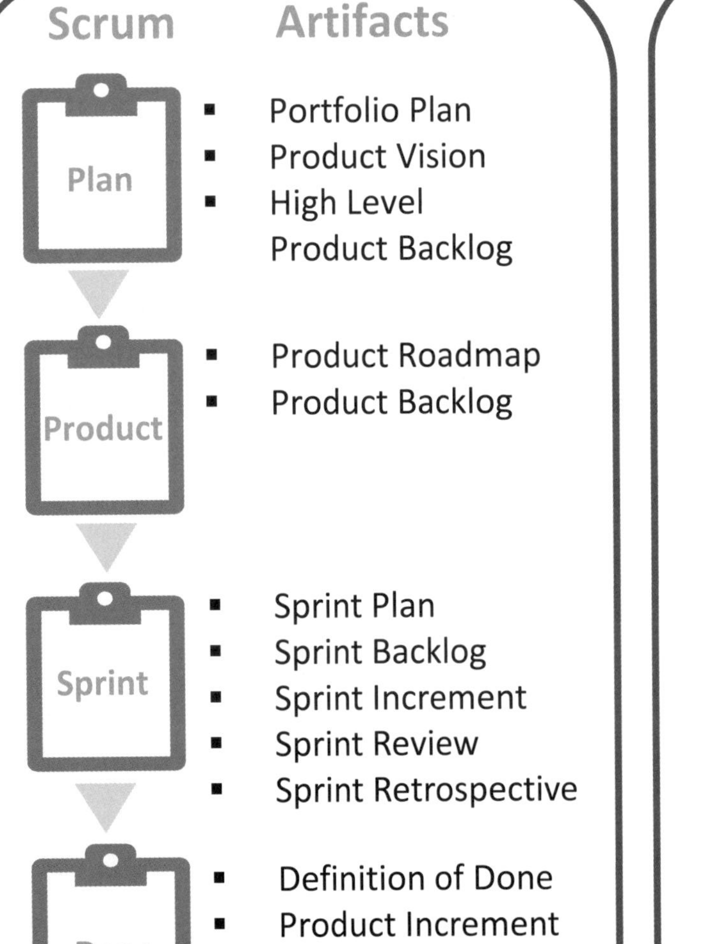
Scrum
Artifacts
Plan
Portfolio Plan
Product Vision
High Level
Product Backlog
Product
Product Roadmap
Product Backlog
Sprint
Sprint Plan
Sprint Backlog
Sprint Increment
Sprint Review
Sprint Retrospective
Done
Definition of Done
Product Increment

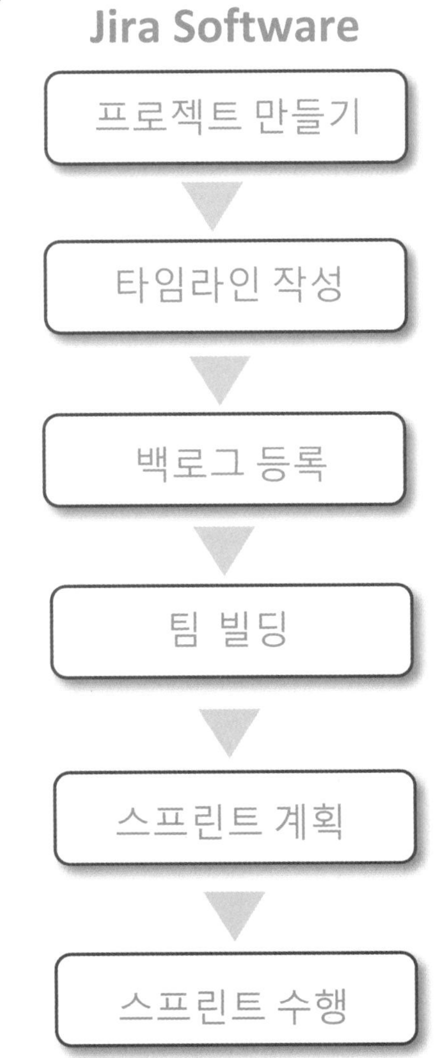
Jira Software
프로젝트 만들기
타임라인 작성
백로그 등록
팀 빌딩
스프린트 계획
스프린트 수행

Jira Scrum Project Map

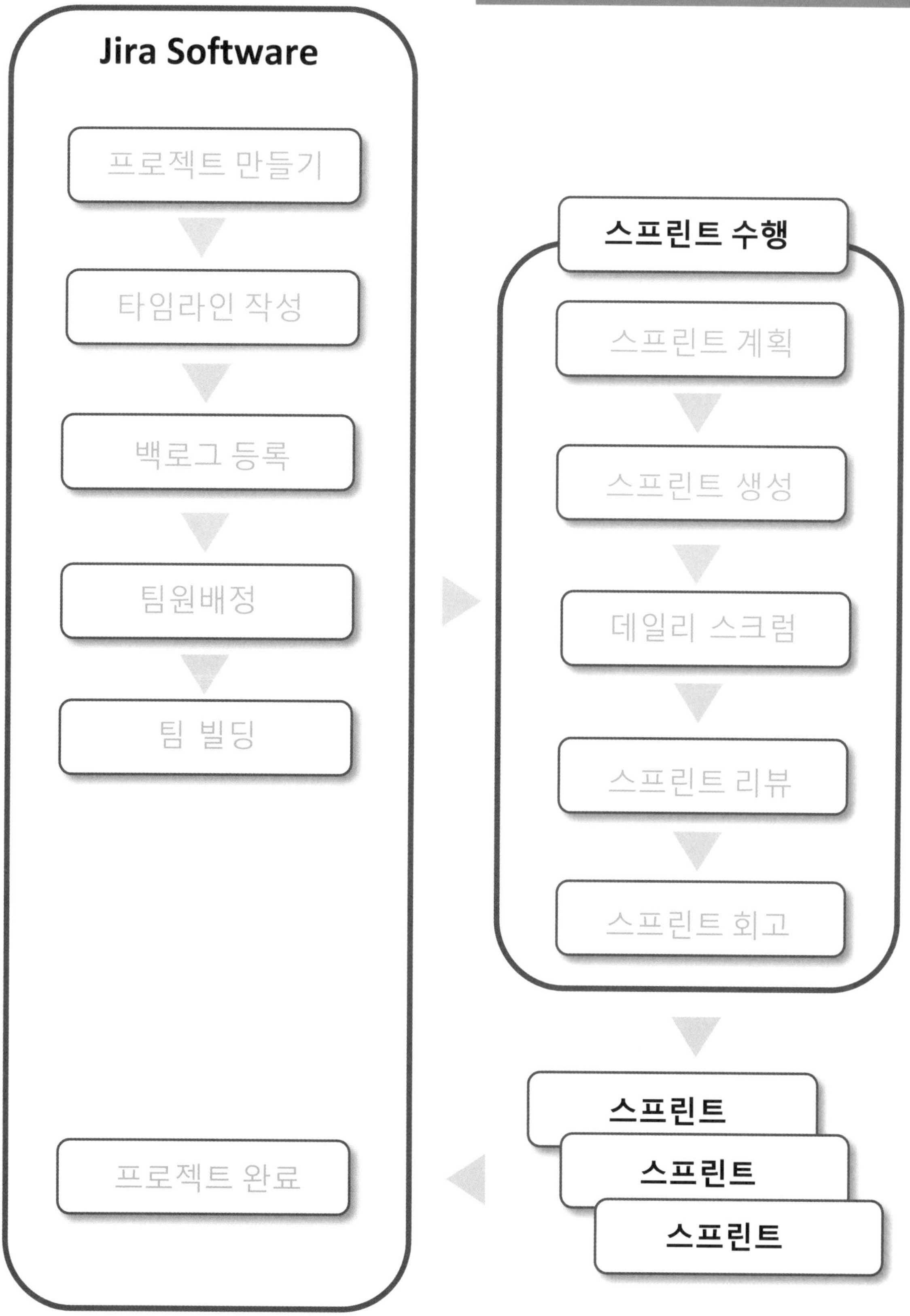

Jira Software

프로젝트 만들기

타임라인 작성

백로그 등록

팀원배정

팀 빌딩

스프린트 수행

스프린트 계획

스프린트 생성

데일리 스크럼

스프린트 리뷰

스프린트 회고

스프린트

스프린트

스프린트

프로젝트 완료

Jira Project

찾아보기

ㅅ

ㅋ

ㅎ

ㅌ

ㅍ

A~Z